[美] 亚历山德拉 · 霍罗威茨 著
季之楠 译

INSIDE OF A DOG

WHAT DOGS SEE, SMELL, AND KNOW

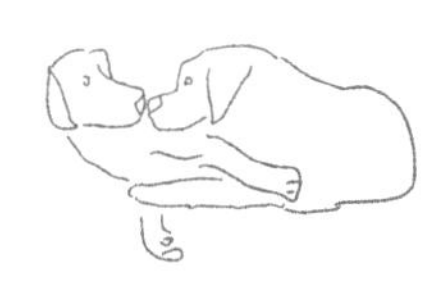

上海人民出版社

图书在版编目(CIP)数据

狗心思/(美)亚历山德拉·霍罗威茨
(Alexandra Horowitz)著;季之楠译. —上海:上海
人民出版社,2023
书名原文:Inside of a Dog: What Dogs See,
Smell, and Know
ISBN 978-7-208-18500-5

Ⅰ.①狗… Ⅱ.①亚… ②季… Ⅲ.①犬-驯养
Ⅳ.①S829.2

中国国家版本馆 CIP 数据核字(2023)第 158693 号

责任编辑 罗俊华
封面设计 邵 旻

狗心思
[美]亚历山德拉·霍罗威茨 著
季之楠 译

出 版 上海人民出版社
(201101 上海市闵行区号景路 159 弄 C 座)
发 行 上海人民出版社发行中心
印 刷 江阴市机关印刷服务有限公司
开 本 635×965 1/16
印 张 18.25
插 页 2
字 数 212,000
版 次 2023 年 11 月第 1 版
印 次 2023 年 11 月第 1 次印刷
ISBN 978-7-208-18500-5/S·1
定 价 68.00 元

推荐语

这本书使一颗爱狗之心充满惊奇，溢满感激。

——《纽约时报书评》

这本书有着对狗内心生活的深度思考……而且洞察力强，没有故作高深的行话。

——《华盛顿邮报》

作者才华横溢地对狗体验世界的方式进行了全方位刻画。

——《明星纪事报》

一本宠物主和动物行为学学生的必读书。

——《图书馆杂志》

几乎可以说是一部完美之作。

——《犬吠》

《狗心思》是一本大受欢迎的权威著作，亚历山德拉·霍罗威茨亲身以机智诙谐的语言讲述了做一只狗是怎样的体验。她花费了大量时间研究我们最好的朋友，分享她的真知灼见，同时也纠正了流传着的我们犬类伙伴到底是谁的诸多"神话"。我期待这本书享有广大的读者，因为，它值得。

——马克·贝考夫（Marc Bekoff）

《情感生活和荒野正义：动物的道德生活》作者

为什么狗对你的情绪、目光、肢体语言如此敏感？读了这本书，你将得以一探究竟。狗生活在错综复杂、不断变化着的气味世界中。阅读这本迷人之作，进入狗狗的感官世界吧。

——坦普尔·格朗丹（Temple Grandin），

《倾听动物心语 & 动物赋予我们人性》作者

此书精巧美妙，引人入胜，能打开你的眼睛、耳朵和鼻子，让你充分了解你狗狗如何想、如何理解它所在的世界。书中一部分是科学，一部分是作者的个人观察，一部分是写给被拯救的“黑粗麦面包”的情书，另外便是纯粹的乐趣。

——凯伦·布莱尔（Karen Pryor）

《与动物心灵相通》作者

狗之外，书籍是人类最好的伙伴。狗的内心，读来深不可测。

——献给格劳乔·马克思（Groucho Marx）

目　录

序　言

你先是看到一颗脑袋。接着小山尖上出现了一副嘴巴鼻子，痴痴地流着口水。其余部位啥也看不到。伴随着“哐啷”一声，一条腿进入视线中，紧跟其后的是二、三、四条腿。前后四条腿承受着140磅（约60公斤）的猎狼犬犬身。猎狼犬肩膀高3英尺（约90厘米），体长5英尺（约1米），暗中侦察着长毛吉娃娃。长毛吉娃娃重6磅（3公斤不到），只有半只猎狼犬高，藏在她主人双脚间的草丛中。她和脚下的草都颤抖着。猎狼犬懒洋洋地一跃，双耳随之高高竖起，跳到了吉娃娃面前。吉娃娃故作端庄地看向别处；猎狼犬俯身凑到吉娃娃的高度，啃咬她身体的一侧。吉娃娃回头看了看猎狼犬。此刻猎狼犬将尾巴高高举起，竖在空气里，准备进攻。吉娃娃并没有从显而易见的危险中逃跑，而是配合着猎狼犬装腔作势，跳到他脸上，用她的小爪子抱住他的鼻子。他们“玩耍”起来。

整整5分钟，狗狗们翻滚着，抓咬着，向对方身上猛扑。猎狼犬扑倒在一边，而小吉娃娃毫不示弱，攻击着对方的脸、腹部和爪子来回应他。猎狼犬猛地一击，吉娃娃向后逃窜，怯生生地躲避。猎狼犬不依不饶，吠叫着纵身一跃，接着“砰”的一声站稳落地。吉娃娃见状也不甘落后，跑向猎狼犬，用力地咬起他的爪子。他们胶着着。猎狼犬围着吉娃娃，嘴巴抵住她身体。吉娃娃往回踢猎狼犬的脸。此时猎狼犬主人抓紧狗项圈上的皮带直直地把他拉扯开来。吉娃娃扶正自己，回头看看猎狼犬的爪子，再冲他吠叫一次，一阵小跑，回到她主人身边。

这两只狗彼此间如此大相径庭，甚至可能被视作不同的物种。然而他们之间轻易地就能胡闹打架玩儿，这总让我觉得困惑。眼见猎狼犬用嘴巴含着吉娃娃，啃咬她，试图掌控她。然而小吉娃娃并不惊骇，而是友好地回应。什么能解释他们有能力一起“玩耍”呢？为什么猎狼犬不把吉娃娃看作猎物呢？为什么吉娃娃不把猎狼犬视为捕食者呢？谜底与吉娃娃喜好妄想或猎狼犬缺乏掠夺的驱动性无关。两只狗傻里傻气地戏耍在一块也不是简单受自身品种的本能驱使。

有两种办法可以了解为什么狗狗可以“玩”在一起，以及一起“玩”时狗在想什么、观察什么、说什么。“办法一：生下来就是狗，办法二：花很多时间仔细观察狗。”我没法用第一种办法。跟我来，我来说说看着狗，我发现了什么。

我是爱狗的人。

家里总是养着只狗。我和狗之间有亲密的联系。和狗的联系始于我们家的艾蓝。他眼睛蓝蓝的，尾巴耷拉着，夜间时或从邻居街坊处传来含糊的吠叫。我听了便一直醒着，裹着睡衣，忧心忡忡地等他回来。长久以来，我都对亡狗海蒂充满了哀悼。她是一只史宾格猎犬，奔跑起来非常带劲。在我童年的记忆中，她会从嘴巴的一边拉出舌头，疾驰时长长的耳朵随呼啸而过的风摆动。她爱欢乐地撒腿跑，也爱不偏不倚地匍匐在家附近公路上停靠的汽车轮胎旁。成为大学生后，我开始充满钦佩与欣赏地关注起领养的黑鼻狗，她是什锦色的，名叫贝克特，清早总是纹丝不动地目送着我离家。

现在我脚下躺着的小家伙有着卷曲的毛，肉肉的躯体很温暖。她是一只混血狗，蠢萌蠢萌的，浑身深棕色，就像一大块坚果味的德国粗黑麦面包。她整整 16 年的生命历程都与我共同走过，这也是我的成年期；我曾在美国的五个州生活过，无论身在哪个州，她每早陪伴着我醒来。在她的陪伴下，我读了五年的研究生，先后干了四份工作。是“粗黑麦面包”每早噼里啪啦甩动着尾巴跟我打招呼，听我起身下床的声音。任何一个爱狗之人都明白，我想象不出自己没有她的生活会是怎样的。

我是汪星人，我爱狗狗。我也是科学家。

我研究动物的行为。从专业角度来说，我对赋予动物人性的做法很忧心，毕竟如同人类一样，动物也会有自己的感受，想法和欲望。在学习如何研究动物的行为时，我被教导要遵守科学家的规范进行描述：要客观；当能用更简单的语言解释动物行动过程时，就不要涉及动物头脑中的想法；公众观察不到确认不了的现象不属于科学范畴。这些日子以来，作为动物行为学、比较认知学和心理学领域的教授，我的教学取材自庞大的文本库，文本内容都是一些可量化的事实。这些事实可用以描述一切，既包含对动物的社会性行为从荷尔蒙到基因学上的解释，又能以同样平稳客观的语调阐释动物的条件反射、固定行为模式、最优觅食率等概念。

于这些文本中，我的学生关于动物的绝大多数问题，是依然安安静静地遗留在那，得不到解答的。我在研讨会上展示完毕自己的研究，其他学者受我启发，情不自禁地会将关键谈话指向他们与自己宠物间的经历。我对自己的狗依然有同样的一些疑问待解决，且并不能一下子得到答案。科学，正如在文本中被反复践证的那样，很少会涉及我们的生活经历，也不会试图去了解我们动物的思想。

在我读研究生的前几年，我着手研究过心灵科学，当时对非人类的动物思想有特殊兴趣。只不过从没想过要研究狗。我们人类似乎与狗如此相熟，如此懂他们，好像从狗身上学不到新鲜东西。同事声称狗是简单而幸福的生物，我们需要训练他们，喂养他们，爱他们，这对他们来说就是生命的全部。科学家长期以来认为，狗身体里不存在实验数据。指导我毕业论文的导师研究了狒狒，这点让我肃然起敬。灵长类动物在动物认知学领域常被选为研究对象。因为可以假设这样一个前提：最有可能从我们亲密的弟兄，也就是灵长类动物身上，发掘出类似我们人类的技能和认知能力。这点曾经是，也依旧是行为科学家圈子里盛行的看法。更糟糕的是，狗主人似乎自以为已经占领了关于狗的理论领域的高地。他们的学说是从与狗交往的轶事和故事中产生的，且错误地赋予狗拟人化了的形象。此般想法、做法破坏了狗狗是拥有思想的这一观点。

然而，我想补充说明的是：

我读研的年岁里常带着“粗黑麦面包”去加州当地的狗狗公园消遣遛弯。彼时我被往动物行为学家的方向培养，顾名思义，就是研究动物的沟通、社交、学习、繁殖等行为的人员。我加入过两个研究小组——观察自然界的社交高手：埃斯康蒂多市野生动物园的白犀牛以及圣地亚哥动物园的倭黑猩猩（俗称侏儒黑猩猩）。通过这两段实践经历，我学到了细致观察、数据收集和分析的技巧。随着时间的推移，我观察动物的方式渗透到我在狗狗公园的休闲时光中。突然之间，狗狗们频繁切换于狗群与人群间的社交行为在我眼里完全变得陌生而奇特，我不再把他们的举止看作是简单易懂的了。

曾经的我会眼含笑意地看着“粗黑麦面包”和当地的斗牛犬玩耍，现在的我看到的远不止这些：我看到的是一种复杂的共舞，需要他们相互配合，即时沟通，发挥才能估摸判断出彼此的意愿。哪怕是脑袋最微小的扭动，或是鼻尖对对方的一次瞄准，都是有指向有意义的。我遇到过这么些狗主人：他们甚至从不曾理解过自己爱狗细小动作的含义；我遇见过天资过高，跟他的人类玩伴玩不到一起去的狗狗。我遇见过这样的狗主人：把爱狗表达的需求当成狗狗在犯迷糊，把狗狗的高兴解读为侵略和攻击。我开始随身携带摄像机，记录下自己和爱狗在公园里的郊游。回到家，我会观看狗和狗玩耍的录像带；看人类向他们的爱狗扔球和飞盘的录像带；看狗狗追逐、打架、互相抚弄、奔跑、吠叫的录像带。狗狗的世界里，语言是完全缺失的，但既然我能高度敏锐地捕捉到他们特有的丰富社交与互动，过去看来寻常的狗狗活动，如今在我眼里就都像是待开发的信息字块。当我开始以极慢的速度回放狗狗视频时，我所发现的一些行为，是我这样一个与狗生活多年的人从未留意过的。仔细观察能发现，哪怕是两只狗之间简单的嬉戏玩耍，也是一系列令人眼花缭乱的同步行为，是狗狗双方根据对对方特性、需求的判定，做出交往情境所要求的、与对方行为相协调的反应。他们主动进行角色转换，多样化地呈现交流态势，灵活调整交流姿态来适应对方的注意力，在大量丰富的玩耍行为中快速移动着。

我看到的是狗思想的片段。在他们彼此交流的方式中，在他们和周围人交流的尝试中，也在他们对其他狗行为和人类行为的解读中，他们的思想清晰可见。

一旦感知到狗狗头脑中的思想，我眼中的“粗黑麦面包”和我过去眼中的不一样了，我看别的狗也不一样了。不过我并没有觉得和“粗黑麦面包”原先互动的乐趣变得让人扫兴了。相反，“科学之眼”赋予了我全新的多彩方式观察她的行为：一种新的理解狗狗生活的途径。

从观察狗狗的头几个小时起，我便启动了对玩耍中狗狗的研究：不管是和别的狗玩耍还是和人类玩耍的狗狗。那时候，我糊里糊涂地经历了科学界在犬类研究态度上的巨变。转型尚未完成，但研究狗的格局已经与20年前截然不同：有大量关于狗的认知和行为的研究，现在还有了关于狗的专题会议、专门研究狗的课题小组，关于美国和美国以外狗种的实验和伦理学研究，以及刊载在科学期刊上的狗类研究结果。做这些领域工作的科学家已经见证了我所看见的：狗是适用于非人类动物研究的完美入门级对象。狗狗已经和人类一起生活了数千年，甚至数十万年。经过人为选择的驯化，他们已进化到能对构成我们认知的重要事物保持敏感，包括给予他人批判性关注的地步。

在这本书里，我向你介绍关于狗狗的科学。在实验室和野外工作的科学家，研究工作犬和伴侣犬，收集了大量关于狗类的生物学信息——他们的感官能力、行为、心理、认知。基于数百个研究项目形成的结论，我们开始能创建狗狗内部世界的图画——狗鼻子的技能，狗听觉捕捉到的信息，狗眼睛如何转向我们以及这一切背后的狗的大脑是怎样的。我不但回顾了包括我自己开展的狗类认知研究工作，更远远拓展了研究工作的范围，汇总、综述出新近所有科学研究的结论。至于一些尚未产生关于狗的可靠信息的课题，我则结合了对其他动物的研究——那些研究也可能有助于我们了解一只狗的生活。

我们不会撂下牵引绳，单纯从科学角度思考狗狗。那样做会伤害到他们。他们的能力和看法值得特别关注。且人类注意到的结果是惊人的：科学非但没有让我们和狗狗之间疏远，相反，还使我们与狗狗更亲密无间，能更深地赞叹狗狗真实的天性了。严谨而富有创造性地利用科学，其过程和结果可以为人们每天讨论他们的狗狗知道、理解或相信的东西提供新思路。通过我的个人旅程——学着系统科学地看待我自己狗狗的系列行为，我能更好地理解她、欣赏她了，和她的关系也更紧密了。

我已经进入了狗狗的内心，领悟到了狗狗的观点和态度。你也可以。如果房间里有只狗狗跟你在一起，那你在这坨可爱的毛茸茸的生命身上所看到的东西，即将改变。

写在前面的话：狗、驯狗及狗主人

一只狗代表所有狗？

对非人类动物进行科学研究，天然地要拿出些个体动物来，彻底地捅戳一番、观察一遍，或训练或解剖，以用它们来代表背后的整个物种。作为人类，我们从不拿一个人的行为来代表全人类的。如果一个人在一小时内未能解出一个魔方，我们并不会由此推断出所有的人都解不出（除非那个未解出的人在活着时已一一击败了其余的人，证明别的人也都解不出）。从中可以看出，我们对自我个性特征的意识强于对人类生命体共同特征的意识。涉及描述我们潜在的身体和认知能力时，我们首先认识到自己是独立的个体，其次才是人类的一员。

相反，到了动物这里次序就颠倒了。科学首先将动物视为其物种的代表，其次才是只个体动物。我们习惯了将动物园里孤零零的一只或两只动物看作他们物种的代表。对于动物管理员来说，这一两只动物甚至稀里糊涂地承担着物种“大使”的角色。我们一贯把动物物种的一个个成员集体打包成无差别的一大类——比较不同动物的智力就是很好的例证。为了验证长期流行的假设——拥有更大的大脑意味着更高的智力，我们将黑猩猩、猴子和老鼠的脑容量与人脑进行了比较。果然，黑猩猩的大脑比我们的小，猴子的大脑比黑猩猩的小，相形之下老鼠几乎没有大脑，脑子只是灵长类动物小脑尺寸那么大的一小段。这种实验小故事的大部分内容是众所周知的。更令人惊讶的是，出于比较的目的使用到的动物大脑只有两三只黑猩猩脑、猴子脑。这两组动物为了服务于科学目的而不幸失去头脑，从此被人类当作是具有完美代表性的黑猩猩和猴子。可是我们终归不知道他们究竟是大脑特别大的猴子，还是大脑异常小的黑猩猩。*

同样，如果是单个的动物或一小群动物在某项心理实验中失败了，那么整个物种都要“名誉扫地”，被刷上“失败者”三个字。尽管按生物学相似性对动物进行分组显然是有用的速记法，但它也产生了一个奇怪的结果：谈论起某个物种时，我们倾向于默认它的所有成员都是一个样儿的。我们从没在人类身上犯过这样的错误。如果一只狗在一堆 20 块饼干和一堆 10 块饼干之间选择后者，结论通常用泛指表示：“狗类”不能区分一大堆和一小堆——而不是“一只狗”不能区分一大堆和一小堆。

因此，当我谈论狗时，我是在含蓄地谈论迄今为止人类研究过的那些狗。许多执行良好的实验得到的结果最终或许能够从研究过的狗的身上合理地推演到所有狗身上，但即便如此，狗与狗之间的差异也会很大：你的狗狗可能嗅觉异常地灵敏，可能从不看着你的眼睛，可能喜爱他狗床的同时讨厌自己被抚摸。并不是每只狗的每个行为都应该被解读成能生动反映他们内心真实想法的举止，被认作是流露他们

---

* 当然，研究者很快找到了比我们自身的脑袋要大的脑袋：海豚的大脑更大，鲸鱼和大象等体型更大的生物的大脑也更大。人类拥有“大的大脑”的神话早已被推翻。仍感兴趣大脑如何映射智力的人现在关注起其他更复杂的测量方法：大脑卷积的数量，脑化指数（描述动物大脑和身体比例关系的量），大脑皮质的数量，或神经元的总数和神经元之间突触的数量。

本性的举止，又或是奇异的举止。有时候，他们的行为就是那么产生了，背后没什么好被过多解读的，就像我们人类一样。也就是说，从现在起我提供的已知的关于狗狗的知识，都是从实验中的特定狗身上得来的；你的结果可能跟我会有所不同。

训练狗

这不是一本教你怎么训练狗的书，不过它的内容也许无意之间能帮助你学会如何训练狗。通过本书我们能追赶上狗狗的步伐。我们其实没有意识到，狗狗甚至不用读关于人类的厚厚的书，就已经学会如何“训练”我们了。

驯犬文献与犬认知行为文献的重叠不大。驯犬师确实会运用心理学和动物行为学中的一些基本原则——有时效果非常好，有时会导致灾难性的后果。大多数驯狗法都基于联想学习的原则。包括人类在内的所有动物都很容易习得事件之间的关联。联想学习是“操作性”条件反射行为背后的原因——在狗做出人类需要的行为后提供奖励（如狗狗按命令坐下后能得到零食、主人的注意、玩具、轻轻的拍打）。通过反复应用，人们可以在狗身上塑造一种人类想要的新行为——无论是躺下、翻身，还是在摩托艇后面意气风发、从从容容地喷气滑雪。

但训练的原则经常与关于狗的科学研究相冲突。例如，许多驯狗师把狗类比为驯化了的狼，以此为我们应如何看待、对待狗提供信息。在这种情况下，正如我们所看到的，科学家对狼的自然行为的了解会变得有限——而我们知道的东西往往与支持狗与狼相类比的传统智慧相矛盾。

此外，驯狗师的培训方法并未经过科学测试，尽管一些培训师持相反的说法。也就是说，没有驯狗项目接受过实验组和对照组狗狗行为实验的评估：实验组狗狗接受训练，对照组狗狗的生活与他一模一样，只是拿掉了训练这一环。求助驯狗师的人通常有这两个不同寻常的特征：他们的狗比起一般的狗“服从性”要更低。狗狗的主人也比一般的狗主人更加迫切地想改变他们。那么之后花上几个月的时间，同时辅之以驯狗师教的训练法，狗狗的表现非常可能会变得不一样，无论训练的内容是什么。

训练后的成果激动人心，但这并不能证明是训练方式带来了成功。成功可能是良好训练的表现形式，也可能只是个偶然的巧合。狗狗行为的改变可能源于训练项目中主人给予了他更多的注意，也可能是整个训练项目过程中狗狗慢慢成熟的结果，还可能是街上那只欺负自家狗的狗搬走了的结果。换句话说，驯狗的成功可能来源于这只狗生活中数个共同发生的变化。脱离了严格的科学测试，我们就无法区分这些可能性。

最关键的是，训练通常是为主人量身定制的——改变狗以适应主人对狗狗角色、行为的期望。驯狗项目的目标和我们自己的目标非常不一样：前者期待看到的是狗狗实际做了什么，狗狗想从你这个狗主人这得到什么以及狗狗如何解读你。

狗狗和他的主人

现在越来越流行说宠物监护权或宠物伴侣权，而不说宠物所有权。聪明的作家把养狗的人称作“狗身边的人类”，把所属权的矛头调转回我们自己身上。在这本书里我把狗的人类家人称为主人，单纯是因为“主人”这个称谓描述了我们和狗在法律上的关系。奇怪的是，狗狗们仍然被看作是财产，并且是除育种价值以外几乎没有补充价值的财产。我不希望任何读者亲身体会到这点。如果有天狗狗可以不再被视为我们的财产了，我会举双手庆祝。在那之前，我用“所有者”这个词表达人与狗的关系。我是不带政治目的的，单纯为了方便，没有其他动机。我也因此用代词“他”指代狗狗：除非谈论一只母狗，否则我通常会把一只狗称为“他”，因为“他”在英语里是性别中立的代词。至于更为中性的“它”，但凡认识一只狗的人都知道，用“它”不合适。

感官世界：从狗鼻尖开始

今天早上，“粗黑麦面包”走到床边，在离我几毫米远的地方用力嗅着。她的胡须擦过我的嘴唇，看看我是不是醒着，或者说，还是不是活着，确认下是不是我。于是我被弄醒了。这一醒瞬间打断了她向我启动的唤醒程序——直接冲我的脸惊叹着打个喷嚏。我睁开眼睛。她正凝视着我，微笑着，喘着气打招呼。

去吧，看看一只狗。继续看看——也许他现在就在你身边，小爪子弯曲着蜷缩在狗床上，或者趴在瓷砖地上，爪子正掠过梦中的牧场。好好看看他。此刻，请抹掉你关于这只狗狗或任何狗狗的已备知识。

我知道我的要求很荒谬：我并没有真正指望你轻易就能忘记你狗狗的名字、独特的长相或是喜欢的东西，更不用说忘掉你所知道的关于他的一切了。我觉得这样的练习就类似于要一个冥想新手第一次就到达冥想的最高境界——开悟：瞄准开悟的目标，看看抵达了哪种境界。科学的目标是实现客观性，而这需要人意识到自己先前的偏见和个人视角。通过科学的视角观察狗狗，我们会发现，我们对狗的一些了解完全得到了证实。其他看起来显然是事实的方面，经过仔细审视，比我们想当然认为的要值得怀疑得多。通过从另一个视角看我们的狗狗——从狗的角度而不是人的角度，我们可以看见新的事物。受人脑的阻碍，这些事物天然是我们无法发现的。所以着手了解狗狗最好的方法是忘记我们所认为的自己已经知道的东西。

首先要忘记的就是对狗的拟人化。我们从抱有人类偏见的角度观察、谈论和想象狗的行为，将我们自己的情感和想法强加于这些毛茸茸的生物。我们当然会说，狗也像人一样拥有爱和渴望；他们也做梦也思考；他们也熟悉我们，理解我们，会感到无聊、嫉妒抑或沮丧。当你离开家的时候，狗狗会忧郁地盯着你看，他自然是因为你要离去而感到低落，还有比这更自然的解释么？

我们需要的答案是一种基于狗实际感觉、认知和理解能力形成的解释。我们往往用形容情绪的词，用拟人化的叙述，来辅助我们理解狗狗的行为。人类经历天然地给我们印上了偏见的烙印，这导致我们只有在动物的经历对应得上我们自身经历的情况下才能理解他们。那些证实了我们对动物的描述具有真实性的故事，我们会记得；而那些没得到证实的故事，我们则会遗忘。我们会毫不犹豫地在没有确切证据的情况下断言有关猿、狗、大象或任何动物的"事实"。对于我们中的许多人来说，我们与并非宠物的那些动物的互动往往就是在动物园或是有线电视节目中盯着他们。我们能从中窃取的有用信息十分有限：这类被动体验能揭示的信息甚至比我们路过一家邻居从他窗户外窥视到的还要少。* 起码邻居和我们是同一个物种，狗狗和我们可不是。

---

* 有天我收集到了白犀牛行为的数据，明显感到这点尤为真实。在野生动物园，动物相对自由地漫游着，游客则被限定在观光火车里，围着圈起来的场地转。我坐在轨道和栅栏之间狭长的草地上，目睹犀牛在这一天中典型的社交生活。一旦火车靠近，犀牛就会停下他们正在做的事情，进入防守状态：他们迅速地挤成一团，屁股挨着屁股，头在焦灼的日光下向外拱。犀牛是安静祥和的动物，但是由于视野不佳，如果有人靠近它们却闻不到气味，就很容易应激，依靠彼此做侦察员。火车停下了。所有人都目瞪口呆地看着犀牛。这时导游宣布犀牛们"啥也不干"。最终司机继续前进，犀牛中断了的日常行为也得以恢复。相比之下，对狒狒来说扬起的眉毛可能意味着蓄意的威胁。人类要吸取教训，弄清楚自己是在冲着一只猴子还是只狒狒眨眼。我们有责任找到方法来证实或是反驳关于动物的种种说法。

把狗狗拟人化从本质上来说并不让人讨厌。毕竟狗狗生来想试着理解世界，而不是颠覆世界。我们人类的祖先经常将动物拟人化，试图解释和预测人类以外物种的行为，包括被人吃或是吃人的动物。想象你走在黄昏的森林里，忽然遇上只从未见过的美洲虎。它明亮的双眸正视着你的眼睛。在那一刻，你可能会默默地想，它是不是一只美洲虎啊，接着匆忙从这只猫科动物跟前撤退。人类如这般经受住了危险，其原因即便不准确，也足够真实。

只是，我们通常不再处于想象美洲虎的欲望、念头后及时逃离他爪子的境地了。相反，我们将动物带入室内，还让它们成为我们家庭的一员。要实现人与动物同栖的愿景，拟人化动物的做法是帮不上忙的：它无法让动物融入家庭，也无法让人与动物充分建立起最顺畅的关系。并不是说我们对动物的判断总是错的：我们的狗狗可能确实感到悲伤、嫉妒、好奇、沮丧——或者想在午餐时吃到花生酱三明治。他们会流露出悲伤的眼神，发出大声的叹息。但我们几乎可以肯定地说，基于面前的这些证据就说狗狗抑郁了是没有道理的。我们对动物的预测往往依据贫乏——甚至大错特错。我们看到一只狗嘴角上扬，或许就判定他为开心。但是这样的“微笑”可能会误导人。在海豚身上，微笑是一种固定的生理特征，就像小丑那张令人毛骨悚然的脸一样，一成不变。对黑猩猩来说，微笑是恐惧或屈服的表现，是和幸福最八竿子打不着的东西。同样，人类可能会因为惊讶而扬起眉毛，然而扬眉卷尾的猴子可并不是因为感到惊讶。他可能既非表示怀疑，也非显露警觉。相反，他只是在向附近的猴子发出信号，以示友好。

由狗狗忧郁的眼眸联系到他的抑郁也许本意是善的，但将狗拟人化则容易从善良的本意滑向伤害狗狗的恶果。有些拟人化的体贴照顾甚至危害了狗狗的健康。如果我们要根据对狗狗忧伤眼神的判断给狗服用抗抑郁药，前提最好是我们对自己的诊断非常肯定才行。但我们自以为知道怎样对动物是最好的。我们把对自己对别人最好的做法移植到狗狗身上，无意中却可能与我们的目标背道而驰。例如，在过去的几年里，为了改善饲养动物的福利，人们允许肉鸡到外面去闲逛，或能在围栏中有些许空间游荡。尽管鸡的结局是一样的——最终成为某个人的晚餐，但人们对动物在被杀之前受到的福利待遇萌生出了兴趣。

但鸡们想在生前自由自在地徘徊一把吗？传统的智慧告诉我们，管它是不是人，都不喜欢跟同类挤在一起。人类趣闻似乎也证实了这点：人们是会选择一列挤满了燥热、压力大的通勤者的地铁，还是一列只有很少人的地铁？我们会立马选择后者（当然，也可能有其他解释支持我们的偏好——比如地铁上有个特别臭的人，或空调产生了故障）。但鸡在自然行为下形成的鸡群可能表明，鸡的喜好同人类是相反的。它们可不会单独往前冲。

生物学家设计过一项简单的实验来测试鸡对坐标的偏好：他们挑选出几只鸡，把它们随机安置在房子的各个地方，监测鸡接下来的动作。他们发现，即便有空地，大多数鸡也会靠近其他鸡，而不是相互之间离得更远。比起能有空间自由地伸展翅膀，它们宁愿选择拥挤的“地铁”。

倒不是说鸡因此就喜欢被关在笼子里与其他禽类相互挤压，或者说完全能欣然接受这样的生活。把鸡一个个拴得这么紧以致它们动弹不了是不人道的。但我依然想说，若是把肉鸡的偏好预设成与我们的偏好相似，就绝不能了解到鸡们实际喜欢什么。这些肉鸡不满六周大就都会被宰割，绝非巧合。六周大是个什么概念呢？在这个年纪，家养小鸡还在由自己的母鸡妈妈抚养。肉鸡被剥夺了扑腾翅膀奔跑的能力后，跑得离其他鸡更近了。

狗要雨衣吗？

我们的拟人化倾向用在狗狗身上是否也曾产生过如此“美妙”的失误？毫无疑问，确实产生了。人们在制造或是购买专为狗狗设计的时尚又小巧、四个爪子都能伸进去的雨衣时，有些有趣的预判。狗狗是更喜欢亮黄色雨衣、苏格兰格子呢图案还是雨天猫狗图案的问题我们暂且抛开（显然狗狗会更喜欢猫狗图案）。许多狗主人在为狗狗披上雨衣外套时，意图都是最真诚的：他们注意到了自己的爱狗好像雨天挺抗拒外出。从这一观察推断出狗狗不喜欢下雨的结论似乎是合理的。

他不喜欢雨水，意味着什么呢？是他像很多人一样，不喜欢雨水淋在身上的感觉吗？可如此迁移发散，站得住脚吗？在这个案例中，有很多表面的证据正源自狗狗本身。当你把雨衣拿出来的时候，他是不是在兴奋地摇摆？是的，人类的臆测似乎得到了证实。但是，有没有可能结论应当为：狗狗激动是因为出现在他眼前的狗雨衣预示着久等了的散步时间终于要来临了呢？他是不是会从雨衣里逃出来，把尾巴卷在身下，垂下头？如此看来，臆想就算没完全被推翻，也逐渐立不住了。他湿漉漉的时候看起来脏兮兮、乱蓬蓬的吗？他是不是在兴奋地抖落身上的雨水？答案既不是完全肯定，也不是完全否定。狗狗到底喜不喜欢雨衣，难以捉摸。

野生犬科动物的自然行为可证明狗狗对雨衣可能持有的看法。他们自然的行为才是最能提供有用信息的。很明显，狗和狼身上都穿着恒久固定的皮毛。有这么一件外套就足够了：下雨时，狼或许会寻求庇护所，但它们不会用大自然的材料遮盖住自己。这说明它们并不需要雨衣，对雨衣这个物件也不感兴趣。除了是件外套之外，雨衣还是样特殊的东西：它会紧密、均匀地覆盖在狗狗的背部、胸部，有时甚至是头部。狼或许有相似的生命体验：当自己被另一只狼支配时，或者被年长的狼责骂之类，背部或头部就会遭受对方挤压。强势、爱做首领的狗狗经常会骑跨在自己眼里地位低些的狗狗身上，用口鼻把从属狗固定好，进行嘴部“击杀”。这可能就是为什么被套上了口套的狗狗有时会显得异常压抑、闷闷不乐。“骑跨”在另一只狗身上的就是支配狗，这种姿势下，从属狗会感受到支配狗往自己身体施加的压力。狗雨衣再现了这种感官体验。因此，狗狗穿着外套的主要体验并不是觉得自己被保护了，免于淋湿；相反，这件外套会给狗狗不安之感，即觉得附近有地位比自己高的事物。

大多数狗狗穿上雨衣时的行为表现证实了这种解释：他们可能会出于“被支配”的恐惧而僵在原地。你也许在这些场景中也见过狗狗出现相似行为：一只本拒绝被弄去洗澡的狗在完全被打湿或是被厚重的湿毛巾盖住后突然停止挣扎。穿上外套的狗狗或许依然会配合外出，但并不是因为他表现出了对外套的喜爱；而是因为他已经被制服了。*蜷缩着的他不那么湿了，但一心计划着要打湿狗狗的是我们，而不是狗狗自己。纠正这种失误的方法，是发挥我们阅读狗狗行为本身的天性，而不是发挥我们将狗狗拟人化的天性。绝大多数情况下，要读懂

---

* 这类似于 20 世纪中叶行为主义研究人员的发现。他们将实验犬暴露在无法逃离的电击下，之后把这些狗放进有明显逃生路线的房间。再次给予电击后，狗们表现出习得性的无助：他们不再试图通过逃跑躲避电击。相反，他们僵在原地，似乎屈服于命运了。研究人员基本上已经通过训练使这些狗变得顺从，狗狗们接受了自己控制不了局面的事实。（实验人员后来强迫狗抹除这段记忆并结束了电击。）令人宽慰的是，我们在实验中对狗进行电击来了解他们反应的时代已经结束。

狗狗的行为很简单：我们必须问问狗狗他想要如何。你只需学会将狗语的回答翻译为人语。

蜱虫的世界

从狗的视角想象，是我们获取答案的第一个抓手。20 世纪初，一位名叫雅各布·冯·于克斯屈尔（Jakob von Uexküll）的德国生物学家改变了动物科学的研究。他的提议是革命性的：任何想要了解动物生活的人都必须首先考虑动物的主观世界或者说“内心世界”，他称之为 umwelt。可以从一只动物的内心世界探究到它的生活是什么样的。比如，想一下卑微的蜱虫。有些人花了很长时间，犹豫地抚摸着狗狗身体，寻找这吸饱了血身体鼓鼓胀胀的小东西，很可能是早就猜测到狗狗身上寄生着蜱虫了。你可能认为蜱虫是种害虫，甚至要算作动物都很勉强。与我们截然相反，于克斯屈尔考虑到了一只蜱虫眼中的世界可能是怎样的。

补充一点背景知识：蜱是寄生虫，蛛形纲类的一员。这一类目还包括蜘蛛等其他八足动物：四双腿，体型简单，配上强有力的下颚。数千代的进化使它们的生命历程变得单调：出生、交配、进食、死亡。它们出生时没有腿，没有性器官，不过很快就长出腿，长出性器官；进行交配，然后爬到高处——比如一片草叶上。它们故事的引人注目之处由此开始。在世界所有的景象、声音和气味中，成年蜱虫等待的只有那一种特定的气味：蜱虫不会去环顾四周，因为它们的眼睛看不见。也没有声音能打扰到它们：因为声音跟它们的目标不相干。它只等待一种气味的到来：一股丁酸的气味，一种由温血动物散发的脂肪酸味（有时我们也能从汗水中闻到）。为了这个气味，蜱虫可能会挂在原地等待上一天、一个月甚至好几年。一旦它闻到这一门心思等待的气味，就会从栖息处掉落。之后蜱虫的第二个感官能力开始派上用场了：它的皮肤具有光敏性，且可以感知温暖。蜱虫会向温暖处移动。幸运的话，温暖汗味的来源是只动物，蜱虫会抓住对方，喝下一顿血。吃饱一次后，它便掉落、产卵，继而死去。

我想通过蜱虫一生的故事说明的是，它们周围的世界与我们不同。一只蜱虫能感觉到什么？它想要什么？它的目标是什么？蜱虫的世界是我们难以想象的。在蜱虫这里，人的复杂性被简化为两个刺激信号：气味、温度——蜱虫非常专注于这两者的感官体验。如果我们想了解某种动物的生活，就需要知道什么东西对它是有意义的。要找出这些东西，第一种方法是明确动物可以感知什么：它可以看到、听到、闻到或以其他方式感知到什么。只有感知得到的物体对动物才能有意义；其余的甚至压根不会被它们注意到，或者在它们眼里看起来都一样。拂过草丛的风？与蜱虫无关。人类童年生日派对上的喧嚣？不属于蜱虫雷达的探测范围。地上美味的蛋糕屑？只会让蜱虫感到冰凉。

第二，动物如何作用于世界？蜱虫交配、等待、掉落、进食。宇宙中的物体对于蜱虫来说，分为蜱虫和蜱虫以外的事物，可以等和不能等的事物，自己可能会从上面掉下去以及可能不会掉下去的表面，也许想吃和也许不想吃的物质。

因此，生物体的两大组成部分——感知和行为，在很大程度上定义并限制了每个生物的内心世界。所有动物都有自己的内心世界——它们自己的主观现实。于克斯屈尔认为这是永远夹在它们和客观世界中间的“肥皂泡”。人类也封闭在自己的肥皂泡中。例如，我们每个人在自己的内心世界中，都非常关注其他人在哪里，他们在做什么或说什么。可以想象出即使是面对我们发出的最动人的独白，对比之下蜱虫也无动于衷。我们人类依靠视觉能看到可见光谱范围中的光，依靠听觉能听见可听范围内的声音，依靠嗅觉能闻到置于鼻前的强烈气味。最重要的是，每个人都创建了自己的内心世界，里头充斥着对他有特殊意义的物品。为了让你能充分体会到最后这一点的真实性，给你举个例子：若是一位当地人带领你穿过一座未知的城市，他会引导你走上一条对他来说清晰可见，但对你来说并不熟悉的道路。不过你们两个倒是有一些共同点：谁都不会停下来去听附近蝙蝠发出的超声波叫声；你们两个都闻不到昨晚路过的人吃了什么（除非那人吃了不少大蒜）。人类也好，蜱虫也好，所有的动物都与环境融合在一起：我们都会受到刺激信号的轰炸，而只有极少数的刺激源对我们有意义。

那么面对同一个物体，不同的动物能以不同的方式看到或者说更好地感觉到，而一些动物则看不清或根本看不到。玫瑰就是玫瑰吗？对人类来说，玫瑰是某种花，是恋人之间的礼物，是美丽的事物。对甲虫来说，一朵玫瑰可能意味着一块完整的领地：在空中捕食者看不见的叶子下面有块藏身处，花朵头部生长着的蚂蚁幼虫可供它捕食，叶片和茎干的连接处可用来产卵。对大象来说，玫瑰则是脚下一根几乎感受不到的刺。

对狗来说，什么是玫瑰呢？正如我们将读到的，这取决于狗狗身体和大脑的构造。事实证明，对狗来说玫瑰既不是什么美丽的东西，也不是什么全新的世界。一朵玫瑰与它周围的植物没有区别——除非它被另一只狗尿过，被另一只动物踩过，或者被狗主人折过，那狗狗就会生产生浓厚的兴趣，并且那朵玫瑰会变得比精美呈现在我们面前的玫瑰有意义得多。

隐藏人类的想法

要想辨识出动物世界中突出的元素——它们的内心世界——在某种意义上，就要成为动物方面的专家：无论你是蜱虫、狗还是人类学专家。专业知识将作为工具解决我们自认为对狗狗的了解与他们实际在做的事之间的矛盾。然而，如果丢下了拟人化，我们似乎就没有多少词汇可以用来描述狗狗的种种感知和体验。

要想理解一只狗狗的视角，需弄明白狗狗的能力、感受还有他交流所用的语言。不过我们要把狗语转化为人语，不应简单借由自省自察来观照狗狗的世界，为他们的世界披上人类内心世界的外衣。绝大多数人不是嗅觉灵敏者，要想象出狗的嗅觉多敏锐，我们就不能光靠想想那么简单了。自省自察只有在我们理解了自身和另一种动物感知环境的差异多么巨大时才有效。

我们可以尝试扮演这种动物，尽力复现他们周围的世界，来瞥见其内心世界。只是要当心我们的感觉系统对我们能力的限制。俯下身来，俯到狗的高度度过一个下午，带给你的体验将是意想不到的惊人。近距离地嗅闻我们一天中遇到的每一件物品，为原本熟悉的事物深挖出新的维度。阅读这段文字时，尝试注意此刻你身处的房间中所有的声音，那些你熟悉到往往会被自动屏蔽的声音。留神地听，我猛然听到了身后的风扇声，卡车倒车的嘟嘟声，楼道里一群人进来时的窃窃私语。有人在木椅上调整坐姿，我心脏跳了一拍；一页书翻过去了，我咽下一口口水。我要是拥有（比人类）更敏锐的听觉，也许会注意到房间那头钢笔划过纸张的沙沙声，一株植物向上的生长声，脚下一群昆虫发出的超声波叫声。这些声响会不会出现在另一种动物的感官世界中？

事物的意义

从某种意义上说，哪怕是摆在房间里的物品，对不同动物来说也是不一样的东西。一只狗环视房间，并不会感受到自己被人类事物包围着；他之所见，是狗眼所见。一件物品在我们眼里是用来干什么的，它让我们联想到什么，或许与狗狗对物体功能及意义的认知相匹配，又或许不相匹配。物品是由你能对它采取何种行动来定义的：于克斯屈尔（von Uexküll）将其比喻为功能音——当你注视一个物体时，它的用途会像铃声一样响起。狗狗可能原本对椅子无动于衷，但如果训练他跳上椅子，他就会知道椅子可以发出坐姿这一档音调：它可以被他坐在上面。稍后，狗狗可能自己会判断出其他物品的功能音里也有坐姿这档音调：一张沙发，一堆枕头，人贴在地板上的膝盖。但是我们认为像椅子一样的其他物品在狗看来却不是这样的：凳子、桌子、沙发扶手。凳子和桌子在狗狗眼中属于其他类别的物品：约摸是通往厨房大吃大喝道路上的障碍。

从中我们看得出狗狗和人类的世界观是如何重叠之中又有不同的。世界上的很多东西对狗狗来说都有"吃喝这一档功能音"——可能比我们能感受到的吃与喝的用途要多得多。粪便对我们来说绝不是出现在菜单上的选项，然而狗狗可不同意。物品到了狗狗那儿或许多了在我们这儿根本没有的一档音调——滚动调，比如说能让人高兴地滚进去的一样东西。除非我们特别年轻或者特别调皮，否则我们滚动调列表里的对象几乎为零。还有很多对我们有特殊意义的普通物品——叉子、刀子、锤子、图钉、扇子、钟表，等等，它们对狗狗来说意义不大，或者说压根没有意义。对狗而言，锤子这种东西是不存在的。狗狗不会使用锤子，也不能对锤子发挥影响力，因此锤子对狗无意义无价值。除非它与对狗有意义的一些物品产生交集，比如狗狗所爱的人在用锤子；街上一只可爱的狗在锤子上撒了尿；锤子密实的木柄可以当成一根树枝叼在嘴巴里啃。

一旦狗狗与人类相遇，他的内心世界会同人类的相冲突，这往往就导致人们对自己的狗狗在做什么产生误会。人不是从狗的角度看世界。人眼和狗眼看世界的方式不一样。例如，狗主人通常以严厉的语气，坚决地告诉狗狗永远不要躺在床上。为了证明这句话的严肃性，主人可能会出去购买经由枕头制造商贴上了“狗床”标签的东西，回来搁在地板上。而狗狗会受到主人的鼓励，爬上这张特殊的床，在这张不设禁令的床上躺好。尽管是不情不愿地配合，狗狗通常还是会照做的。之后主人大概会感到满意：又一次成功的人狗互动！

但果真如此吗？好些天我一回家，就发现自己床上坨着一堆温热的、皱巴巴的床单，里头裹着的，要么是刚刚还在门口摇摇晃晃迎接我的狗狗，要么是才躺进去昏昏欲睡、尚未被我发现的“入侵狗”。我们不费劲就能弄明白床对人类的意义：物品特定的命名让人对其使用场景一目了然。大床是供人使用的；狗床是为狗准备的。人的床代表着舒适放松，可配备昂贵的特选床单，铺陈各种蓬松的枕头；狗床则是我们永远不会想坐上去的地方，价格相对便宜，而且比起枕头，更有可能用咀嚼玩具做装饰。那对狗狗来说呢？最初，对狗来说床之间并没有太大的区别——也许我们的床更令狗狗向往。我们的床闻起来像我们人类的味道，而狗床闻起来就像狗床制造商填充的管它什么材料的味道（或者更糟糕的情况，雪松片味。对狗狗来说那是承受不了的香水味，对我们来说则是愉悦的气味）。我们的床就是我们所在的地方：我们在那里度过空闲时间，也许会掉皮屑、脱衣服。狗狗更喜好人床还是狗床？毫无疑问，人的床。在我们眼里人床和狗床显然不同，然而狗并不知道啊。现实中，狗狗可能会因为躺在人的床上而不断遭受责骂，进而明白了这张床有些不一样。即便如此，狗狗学明白的也不是这是“人床”而不是“狗床”的知识，而是“爬上这个东西会遭到主人大喊大叫”以及“爬上那个东西不会遭到主人大喊大叫”。

在狗狗的内心世界，床不会发出声音宣示自己特殊的功能。狗狗在他们可以睡觉的地方睡觉休息，而不是在人们为这些目的指定的物品上睡觉休息。或许有的地方还是能发出声音，向狗狗表示自己有供他睡觉的用途：狗狗更喜欢能让他们完全躺下的地方，温度适宜的地方，周围有他的团体的成员或家人的地方以及安全的地方。你家里任何平坦的表面都满足以上条件。只要弄出一个符合这些标准的地方，你的狗狗就很可能觉得它和你又大又舒适的人床一样让他渴望。

人类想得对吗？

为了验证人类关于狗狗体验和想法主张的正确性，我们该学学如何问狗狗“我们想得对吗”。当然，问狗狗他是快乐还是沮丧的麻烦处倒不在于问题本身就是无意义的，而是我们很难理解狗狗的反应。语言让我们变得如此懒惰。我可能会去猜测朋友数周来对我爱答不理、冷漠疏离的行为背后的原因，做一番复杂心理学上的精心描述——描述她在让我不快的一些场合中，行为上所折射出的对我言语的解读。但是最优解决方案不过是问下她，她会告诉我原因的。另一方面，狗狗从来不以我们期望的方式回答我们。他们不会用句子回复，更不会加上到位的标点符号，用斜体标注重点。可是，如果我们仔细观察，会发现狗狗们其实已经清楚地给出了朴素的回答。

比如，当你准备去上班时，一只看着你叹息的狗是否正感到郁闷？狗整天被扔在家里悲观吗？无聊吗？还是只是懒散地呼气，准备打个盹？

通过观察动物的行为来了解他们的心理体验，正是最近一些设计巧妙的实验背后的想法。研究人员用的不是狗，而是陈旧的研究对象——老鼠。笼中老鼠的行为可能是心理学知识库最大的贡献者。在大多数情况下，人们对老鼠并不感兴趣：这项研究与老鼠无关。令人惊讶的是，实验是关于人类的。实验的假设是老鼠采用与人类相同的机制来学习和记忆——但老鼠更容易被关在小盒子里，承受有限度的刺激，再给予人类期望的反应。数以百万计的实验老鼠，也就是褐家鼠的数以百万计的反应，极大促进了我们对人类心理学的认识。

老鼠本身就很有趣。实验室与老鼠打交道的人有时会把这些动物描述为有“抑郁症”或者是“生性精力旺盛”。有些老鼠看起来很懒惰，有些则很活跃；有的悲观，有的乐观。研究人员为其中两种特征——悲观主义和乐观主义提供了可以拿过去用的定义：行为方面的定义。从老鼠行为上我们可以看出老鼠之间是否存在真正的差异。并不是简单地从人类悲观时的样子就能推断出老鼠悲观时的样子，我们可以抛出这么个问题：怎样通过老鼠的行为将悲观鼠与乐观鼠区分开来。

因此，老鼠的行为并不是要像映射我们自身行为的一面镜子一样接受审查，而是用来照出关于老鼠的一些情况：老鼠的偏好和老鼠的情绪。受试鼠被置于有严格限制的环境中：有些是“不可预测”的环境，床上用品、笼友、灯光的明暗总是在变化；其余是稳定的、可预测的环境。实验设计利用了这样一个事实：老鼠在笼子里闲逛，无事可做，很快就会学会将新发生的事件与同步产生的现象联系起来。在这项实验中，实验者向老鼠的笼子用扬声器播放特定音调的声音。这声音预示着此时一旦按下杠杆，便会触发食物颗粒滚落。当播放另一种音调时，如老鼠按下控制杆，它们会听到令人不快且不伴随食物滚落的声音。这些老鼠，就像之前的实验室老鼠一样，很快就学会了这种关联。只有当预示着好兆头的声音出现时，它们才冲向食物分配杆，就像小孩子在冰淇淋车的叮当声中立马振作一样。所有的老鼠都很容易学会了这一点。但是当给老鼠播放新的声音时，研究人员发现老鼠所处的环境影响着它们的反应：那些被安置在可预测环境中的老鼠，将新声音解读为预示食物的信号；那些置身于不稳定环境中的老鼠则不会。

这些老鼠已学会应该对世界保持乐观还是悲观。看着老鼠在可预测的环境中每听到一个新声音都敏捷地跳起，就是看到了老鼠行动中的乐观情绪。环境的微小变化足以促使老鼠的世界观发生巨大改观。实验室工作人员对小白鼠情绪的直觉判断可能是准确的。

我们关于狗狗的直觉判断也可遵从相同的分析。可以就我们对狗狗任意的拟人化描述提出两个问题：第一，狗狗的这一行为有没有可能是从某种自然行为演变而来的呢？第二，如果我们对某种拟人化的说法进行解构，它将意味着什么？

亲吻是深情的流露？

舔舐是“粗黑麦面包”与人接触的方式，她会伸出爪子来够我。当我弯腰抚摸她时，她会舔我的脸迎接我回家；当我坐在椅子上打盹时，她会舔我的手，直到把我舔醒；跑完步，她会把我的腿舔得干干净净，一点盐分不留；坐在我身旁时，她会用前腿固定住我的手，扒开我的拳头，舔舔我掌心柔软温暖的肉。我喜欢“粗黑麦面包”的舔舐。

我经常听到狗主人们用他们回家时受到的亲吻来验证狗狗对他们的爱。这些“吻”即是“舔”：流着口水舔脸；专注彻底地舔手；用舌头充满仪式感地给四肢“抛光打蜡”。我承认我将“粗黑麦面包”对我的舔舐视为爱的象征。“喜欢”和“宠爱”的概念并不是最近才从社会中产生的——在人们的喜欢和宠爱下，宠物被当作小小孩，恶劣的天气里会被裹上鞋子，万圣节会被打扮一番，放松水疗日他们则会沉浸其中享受。在狗狗日托之类的东西发明出来以前，查尔斯·达尔文（Charles Darwin）写道，他会得到狗狗的舔吻。我肯定他可从来没把自己的小狗打扮成女巫或妖精过。他很肯定狗之吻的含义：他写道，“狗狗表达爱意的方式引人注目，也就是，他们会去舔主人的手或脸”。达尔文是对的吗？亲吻对我来说是深情款款的举动，但对狗狗来说，亲吻也是深情的流露吗？

首先，坏消息是：与野生犬科动物（狼、郊狼、狐狸和其他野狗）相关的研究人员报告说，当狗妈妈外出狩猎后返回巢穴时，小狗会舔她的脸和口鼻，这样她就会反刍起来，喂养狗仔。舔嘴巴周围似乎是种暗示，刺激她吐出些已消化了一部分的肉。“粗黑麦面包”该多失望啊，我一次都没有为她吐出来过吃了一半的兔肉。

此外，对狗来说我们嘴巴的味道很好。与狼、人类一样，狗狗也有咸、甜、苦、酸，甚至是鲜味的味觉感受器细胞。没错，增味味精中能捕获到的泥土、蘑菇、海藻混合一般的鲜味。他们对甜味的感知与我们略有不同，盐能增强甜味作用于狗狗的体验。狗狗识别甜味的受体特别丰富，尽管一些甜味剂——蔗糖和果糖——比其他甜味剂（如葡萄糖）更能激活受体。像狗狗这样的杂食动物对这类甜是有适应能力的。对他们来说，用舌头区分成熟和未成熟的植物和水果是值得的。有趣的是，即使是纯盐也不会像激活人类味蕾那样，在狗狗的舌头和上颚使所谓的盐受体焕活。虽然关于狗到底有没有盐的特异性受体存在一些分歧，但没过多久，“粗黑麦面包”的行为就让我意识到她舔我的脸通常是因为，从我的脸上她能看出我刚刚摄入了大量的食物。

不过，好消息是：舔嘴——你和我“亲吻”——这种功能性行为的用途带来的结果是，舔嘴成为一种仪式化的问候。换言之，舔嘴不再只起讨饭吃的作用，如今还用来打招呼。狗狗互舔口鼻、狼互舔口鼻只是为了欢迎同伴回家，并获得回家者去过哪里、做过什么的嗅觉报告。狗妈妈、狼妈妈们不仅是为了清洁他们的幼崽才舔舐，即使是短暂的分开后重新团聚时，她们也经常会舔舐崽崽几下。一只年纪轻或是胆子小些的狗可能会去舔一只更大、更具威胁性的狗狗的口鼻或口鼻附近，以平息大狗的气焰。拉着牵引绳遛狗时，彼此熟悉的狗在大街上碰见也可能会互相舔舐。依赖于互舔这样一种方式，狗狗可以通过气味确认对面冲过来的狗就是自己认识的那只狗。由于这些“问候的舔舐”通常伴随着摇尾巴、俏皮的张嘴和狗狗整体上的兴奋，可以说舔是在冲你传达你回来带给他的欢乐也并不夸张。

狗学家

我仍然在谈论的是，从“粗黑麦面包”的表情看此刻她是故意的、心满意足的还是在使小性子的。这些形容词能让我捕捉到一些关于她的东西，不过我并不幻想这些词语能映射出她的体验。我仍然喜欢被“粗黑麦面包”舔舐；不过我还有意愿知道舔舐对她意味着什么，而不仅仅是对我意味着什么。

通过想象狗狗的内心世界，我们能够解构他们的其他拟人化行为——我们的狗狗面对着咀嚼过的鞋子十分内疚；一只小狗在你新的爱马仕围巾上展开报复。之后，我们在脑海中依照狗狗的理解重建他们的行为。试图理解狗的观点就像在异国他乡——一个完全居住着狗狗的国度里做一名人类学家。我们可能无法完美地翻译狗狗的每一次摇摆和每一声“哇呜”，但只要仔细观察就会有一堆惊人的发现。既如此，我们来仔细看看土生土长的狗狗们 / 当地狗狗们的所作所为吧。

在接下来的章节中，我们将思考构成狗狗内心世界的多重维度。第一维是历史方面的维度：狗狗是如何从狼进化而来的？狗狗哪里像狼、哪里不像狼？我们在饲养狗时所做的选择引起了一些有意为之的设计以及一些意想不到的后果。下一个维度是从解剖学角度出发：狗狗的感知能力。我们要承认狗狗闻到的气味、看到和听到的东西……狗狗是否还有其他方法可以感知世界，这点我们要一并考虑。我们必须想象下离地面两英尺也就是五六十厘米的小东西在体验什么景色，想象他们口鼻之下藏着怎样的世界。最后，狗狗的身体将我们引向他们的大脑。我们将研究狗狗的认知能力，由此掌握的知识可以帮我们解释狗狗的行为。这些维度结合在一起，便为狗狗在想什么，知道什么，理解什么提供了答案。最终，它们将像盖成科学大楼的积木一般，在狗体内实现人类想象力的飞跃：我们自己也修炼成了半只“荣誉”狗。

狗的驯化

她在厨房门口等着，匍匐在我脚下。不知何故，“粗黑麦面包”准确地知道厨房以外的领地范围。她四仰八叉地躺着，一旦我把食物端到桌子上，就溜进厨房搜罗掉落物。在餐桌上，她什么都能吃到一点点——即使获得的馈赠不是想象中的，她也乐不可支，只要能悠哉悠哉地把餐食叼在嘴里，再毫不客气地放到地上。她不喜欢葡萄干，西红柿也不行。如果能靠前臼齿把葡萄切成汁水饱满的两半，她就会忍受着吞下去一颗，接着若有所思地细细咀嚼，仿佛在处理一个非常大、非常坚硬的物体。所有的胡萝卜头都被她给啃了。她拿起西兰花和芦笋的茎，轻轻地握住它们，凝视了我片刻，好像在确认是否还有其他东西可以吃进肚子，随即走到地毯前，坐下来咬一口。

驯犬书经常坚持说“狗是动物”：这是真的，但不全是真的。狗是一种被驯化了的动物，这个词源于一个词根，意思是“属于房子”。狗是依傍着房子生活的动物。驯化是进化过程的一种变体，这一进程中做出选择的不仅仅是自然的力量，更是人类的力量。是人类，最终打算将狗带入家中。

要了解一只狗的前世今生，我们必须弄明白他从哪里来。作为犬科的一员（他这一类所有成员的合集被称为犬科），家犬与土狼、豺狼、狐狸以及野狗的关系很远，* 但都起源于同一个古老的犬科——犬科中的动物极大可能类似于当代灰狼。然而，当看到“粗黑麦面包”小心翼翼地吐出一粒葡萄干时，我并没有联想起怀俄明州的狼扑倒一头驼鹿，猛地拉扯开它的粗陋形象。“粗黑麦面包”这么一种会蹲在厨房门口耐心等待，笨拙地考虑要不要来根胡萝卜棒的动物，乍一看似乎与狼这种优先效忠于自己的动物形象不可调和。狼的关系网充斥着紧张氛围，是依靠武力维系住的。

尽管毒性机制如今尚不清楚，不过葡萄干以及葡萄确实被怀疑对某些狗狗有毒（即使是少量摄入）——我想知道“粗黑麦面包”是否会本能地厌恶葡萄干呢？

考虑要不要吃胡萝卜的物种除了起源自驼鹿杀手——狼，还拥有第二大来源：我们人类。大自然盲目地、毫不留情地“选择”出能使物种幸存下来的生物性状，人类祖先也选择了自身性状——身体性状和行为性状——这些性状不仅让人生存了下来，而且使得狗在现代无处不在。犬类，就处于我们之中。动物的外貌、行为、偏好，他对我们的兴趣和对我们的关注，很大程度上是驯化的结果。如今的狗狗是精心“设计”过的动物，这种“设计”的很大成分完全是无意为之。

如何驯养一只狗：手把手地教

那你想养狗吗？只需几个要素：狼、人类、一点互动、相互宽容。

---

* 不在此列的是鬣狗。鬣狗的大小、形状与狗一般，有德国牧羊犬般直立的耳朵，并且像许多喋喋不休的犬科动物一样，易嚎叫易发出声响。鬣狗在某些方面像狗，但实际上不是犬科动物，而是食肉目下的鬣狗科动物，哪怕是与猫鼬和猫的关系都比鬣狗与狗的关系更密切。

把它们充分混合，然后等待。哦，等待上几千年。

或者，如果你是俄罗斯遗传学家德米特里·巴里耶夫（Dmitry Belyayev）的话，只需找到一群圈养狐狸，着手选择性地育种。1959年，巴里耶夫启动了一个实验项目。该项目极大地证实了我们对于人类最早驯化步骤的最佳猜测。他没有观察狗狗进而逆推，而是研究了另一种具备社交属性的犬科动物，推动它向前发展：20世纪中叶西伯利亚的银狐是一种小型野生动物，在毛皮贸易行业大受欢迎。银狐被人类关在围栏里饲养，制成毛皮特别长特别柔软的大衣，银狐不是被驯服，而是被俘虏了。巴里耶夫大大缩减了俘虏银狐的配方，它们不是被培养成了“狗”，而是成了——与狗惊人地接近的——新品种。

虽然银狐（学名叫做毛色突变类赤狐）与狼和狗有着远房亲戚关系，但它以前从未被驯化过。尽管银狐、狗和狼在进化上有关联，但除了狗之外，没有任何犬科动物曾被完全地驯化：驯化不会自发地发生。巴里耶夫的实验则表明，驯化可以快速发生。实验始于130只银狐。巴里耶夫描述说，自己选择性地挑出了最“顺从”的银狐，进行培育。他真正所选的，是那些最不惧怕人，攻击性最弱的银狐。银狐被关在笼子里，所以攻击性微弱。巴里耶夫走近每个笼子，邀请它们从他手中吃些食物。

对于这一邀请，银狐反应不一，有的咬他，有的藏起来了，有的不情不愿地接受了食物。其他银狐不仅把东西吃进去了，而且容忍了巴里耶夫触摸、轻拍自己——它们不逃跑，也不咆哮。还有一些银狐吃下食物时甚至冲着巴里耶夫摇尾巴，呜呜低嗥，吸引他互动，而非阻止他同自己互动。这些就是巴里耶夫选择出来的银狐。由于遗传密码的一些正常变异，这些动物身处人类周围时天然地比较平静，甚至对人类感兴趣。这群银狐当中没有一只曾被驯化过；所有的银狐与人类看护者的接触都少到可以忽略不计，在它们短暂的生命历程中，人类看护者只是给他们喂过食，清理过它们狐狸床上的用品。

这些“温顺”的银狐获得了交配许可，生下的幼崽也接受了同样的测试。当幼崽长到足够大时，它们中最温顺的几只就互相交配了；幼崽的孩子也是如此；幼崽的孙辈也是如此，往复下去。巴里耶夫一直从事这项工作，直到去世。该计划后来也一直继续着。40 年后，3/4 的银狐被研究人员归为一类“家养精英”：它们不仅接受同人类的接触，而且沉醉其中。“呜咽着吸引注意力，到处嗅嗅、抽鼻子、舔舐”……就像驯养狗一样。巴里耶夫培养出了家养银狐。

后来的基因组图谱显示，巴里耶夫驯服的银狐和野生银狐存在 40 个不一样的基因。令人难以置信的是，通过选择银狐的特定行为特征，动物的基因组在半个世纪内发生了变化。伴随着这种基因上的变化，银狐出现了让人如此熟悉的多种身体变化：一些后代开始长出五彩斑斓的皮毛。像这样的杂色毛走到哪里都可在混种狗身上辨认出来。银狐的耳朵也松松软软，尾巴柔顺地蜷缩在背上；头更宽，鼻子更短，可爱到不可思议的地步。

一旦选定并挑出特定的行为性状，与此相伴相生的所有物理特征都会显现出来。行为不是影响身体性状的因素；相反，两者都是一个基因或一组基因共同作用的结果。单一行为不是由基因决定的，但它们大概或多或少是基于基因产生的。比如，如果某人的基因结构导致他压力荷尔蒙水平非常高，并不意味着这人就一直在承受压力。但这可能意味着在其他人没有压力反应的某些情况下，他会产生典型的压力反应的值，即压力阈值较低——具体表现为心率、呼吸频率加快，出汗增多，等等。假设这个压力阈值低的人在狗公园里冲着撞到了自己的自家狗狗尖叫，那么他对这只可怜的小狗尖叫当然不是因为遗传——基因辨识不出狗公园，甚至辨识不出小狗——但其神经化学系统是由自己的个体基因创造的，当出现某种情况时，神经化学系统促使这人产生以上行为。

像狗狗一样的银狐也是如此。考虑到基因的作用*，即使是基因微小的变化，也可能会改变银狐出现某些行为、某些外貌形态的可能性。假使基因一点变化没有，这些改变依然可能出现，只不过会稍晚些。巴里耶夫的银狐表明，一些简单的发育差异可能会产生广泛的影响：例如，他的银狐较早睁开眼睛并较晚表现出恐惧反应，这一点更像是狗狗而不是银狐。发育上的差异为这些银狐提供了更长的早期阶段来与看护人建立联系——比如西伯利亚的人类实验者。即使到了成年，这些银狐也会与人类玩耍，也许还可以进行更长时间、更复杂的社交。值得注意的是，银狐在大约1200万到1000万年前与狼分道扬镳；40年的选育期里，它们看起来就已被驯化了。同样的情况也可能发生在我们厢房内、屋舍里的其他食肉动物身上。基因变化使它们变得像小狗仔一样。

始于狼，终于狗

尽管我们往往不会想太多，但远在你养狗前，狗的历史就更多地取决于你的狗是什么样的，而不是他出身的细节。狗狗的历史源于狼。

---

*（某些）基因在调节蛋白质的形成，这些蛋白质赋予各个细胞功能。细胞发育的时间、地点和环境都对此后的结果有影响。因此，从基因形成到出现身体特征或行为的路径，比人们最初想象的要迂回曲折，最终结果在定型的这一路上有修改的余地。

狼即是换装前的狗。然而，裹着驯化的外套，狗成了完全不同的生物。* 虽然一只失踪的宠物狗可能无法独自生存上哪怕几天，但狼的生理构造、本能驱动力和社交能力相结合将赋予他很强的适应能力。我们可在不同的环境中找到这些犬科动物：沙漠、森林和冰上。大多数情况下，狼群居生活着，部落由一对交配的狼和 4—40 只年轻的狼组成，通常它们团结在一起。部落内部协作，任务分工。年长的狼可能会帮助抚养最年轻的幼崽，整个群体会参与捕杀大型猎物。狼非常有领土意识，会花费大量时间划定自己的边界，捍卫好它。

数万年前，在狼群的一些边界内，开始出现人类。早期的智人已经超越了他的能人（灵长目人科中人属下的古人类，已灭绝）和直立人形态，变得不再那么游牧，而是转向建立定居点。甚至在农业萌芽之前，人类和狼之间的互动就开始了。人类猜想的源头便是种种人狼互动是如何发挥作用的。一种猜想是，人类相对固定的社群产生了大量的垃圾，包括食物垃圾。既会觅食又会捕猎的狼很快就发现了这种食物来源。狼群中“脸皮最厚”的狼可能已经克服了对这些新出现的、赤裸着的人类动物的恐惧，开始大吃大喝起来。这样，意外产生的自然选择便在对人类不那么恐惧的狼中出现了。

随着时间的推移，人类会容忍狼，或许是带几只幼崽回去作为宠物，或者在骨瘦如柴的时候将狼作为食物的来源。一代又一代，安然自得些的狼从人类社会边缘的生活中收获了更大的成功。最终，人们

---

* 关于狗是否应被视为与狼不同的物种还是说他是狼的亚种，存在一些争论。对于将物种划分为基本单位的原始林奈分类系统是否仍然有用、有效，甚至都存在着争议。大多数研究人员同意这点：将狼和狗描述为不同的物种是目前最好的描述法。虽然这两种动物可以杂交，但它们典型的交配习性、社会生态和生活环境都大相径庭。

会开始有意繁殖他们特别喜欢的动物。也就是驯化的第一步：按照我们的喜好改造动物。一切物种的这一过程基本都是通过与人类的逐步交往而发生的，因此连续几代，狼变得越来越温顺，最终身体上、行为上均与它们的野生祖先不同。在驯化之前，人们会无意中选出附近有用的或者是讨人喜欢的动物，让它们在人类社会的边缘游荡。驯化过程的下一步则体现更多的人类意图。不那么有用或不受欢迎的动物将被遗弃、销毁或是被阻止同我们一起游荡。通过这种方式，我们筛选出了那些更容易服从我们饲养的动物。最后，也最为人类所熟悉的是，人类为驯化出特定的特征而饲养动物。

考古学上的证据可以追溯到10000至14000年前第一只驯化的狼狗身上。在垃圾堆和墓地中发现了狗遗骸（这暗示着当时狼狗被用作食物或是财产）。其骨骼蜷缩在人类骨骼的旁边。大多数研究人员认为，狗甚至更早就开始与我们交往了，也许是几万年前。早在145000年前，纯狼和那些将成为狗的狼之间就存在着细微的分裂，遗传证据以线粒体DNA样本的形式存在。* 我们可以将后一种狼称为原始驯化狼，因为它们自己的行为方式发生了变化，此后鼓舞了人类对它们产生兴趣（或者说仅仅是能容忍它们）。当人类出现时，它们可能已经成熟，可以接受驯化了。被人类捕获的狼可能不像食腐动物那样爱做猎手，不像阿尔法狼那样爱占支配地位；它们的体型更小，而且更适宜被驯服。总而言之，狼性少。因此，在古代文明发展的早期，在驯化任何其他动物之前的数千年里，人类将这种动物带入了新兴村庄的围墙内。

---

* 线粒体DNA是为细胞供给能量的线粒体内的基因链，不过存在于细胞核之外。线粒体DNA是母系遗传的基因，且和母体中的完全一致。个体的线粒体DNA已被用于追踪人类祖先以及估测动物物种之间的进化关系。

这些先锋犬并不会被误认作目前公认的数百种犬之一。腊肠犬身材矮小，哈巴狗鼻子扁平——这些都是人类选择性繁殖许久以后的结果。我们今天认识的大多数犬种都是在过去的几百年里开发出来的。不过早期的这些狗狗倒是会继承狼祖先的社交技巧和好奇心，用于与人类合作，安抚人类，就像狗与狗对彼此一样。他们失去了一些群体行为的倾向：食腐动物不需要具备一起狩猎的倾向。当你可以自己生活和吃饭时，任何等级制度都无关紧要。早期狗善于交际，但不处在社会等级之中。

从狼变成狗的速度惊人。人类花了近 200 万年才从能人变体为智人，但是狼在很短的时间内就变成了狗。驯化反映出了大自然通过自然选择在数百代物种身上所能做到的事情。自然选择的进程是缓慢的，而驯化是一种加速了的人工选择。狗狗是最早被驯化的动物，在某些方面来说也是最令人称奇的。大多数家养动物不是捕食者。将捕食者带入自己的家中似乎是个不明智的选择：不仅很难为身为肉食者的狗狗找到食物，而且人类自身还承担着被其视为肉食对象的风险。尽管狗狗的捕食者身份可能使他们（并且已经使他们）成为很好的狩猎伙伴，但在过去的 100 年里，他们的主要角色是做人类的朋友、不品头论足的心腹，而不是劳模。

但狼确实具备使它们成为人工选择极佳候选者的特征。人工选择的过程有利于行为灵活的社会动物在不同环境中调整自身行为。狼虽然是在群体中出生，但只待到几岁，就会离开部落寻找配偶，创建一个新的群体，或者加入一个已经存在的群体。这种改变身份和角色的灵活性非常适用于应对包括人类群体在内的新社会单位。在一个群体中或多个群体间移动时，狼需要注意同伴的行为——就像狗需要注意他们的饲养员并对饲养员的行为保持敏感一样。那些与早期人类定居者相遇的早期狼狗不会给人类带来太多好处，所以它们一定是由于其他原因而受到重视——比如陪伴。这些犬科动物的包容性、开放性使它们能够适应新的群体：一个由完全不同的物种组成的动物群体。

磨平了的狼性

于是，狼和狗共同的似狼的祖先中，有一些开启了冒险之旅，在游走的人类中徘徊，最终为人类收养，被人类塑造，而不是仅仅任由大自然肆意塑造。这使得当今的狼成为狗狗有趣的对照物种：双方可能具备许多共同特征。现在的狼并不是狗的祖先，尽管狼和狗有着共同的祖先。即使是现代狼也可能与祖先狼大不相同。狗和狼之间的不同，可能一是由促使某些原始狗被收容的因素造成，二是由自那以后人类培育过程中对狗狗做出的事情导致的。

且狗和狼有相当多的不同之处。有些是进化中产生的：例如，狗崽的眼睛在两周或更长时间内睁不开，而狼崽在十天就会睁开眼睛。这种细微的差异可能会产生级联效应（一系列连续事件中，前面一种事件能激发后面一种事件的反应）。一般来说，狗狗的身体和行为发育较慢。走路、嘴里叼东西、第一次参与咬人游戏——狗通常比狼晚抵达发育历程中的重大里程碑。* 这种微小的差异会绽放成巨大的差异：意味着狗和狼进入社交生活的前期准备时长不同。狗狗有更多的空闲

* 狗狗间也因品种的不同存在巨大差异。例如，贵宾犬要比哈士奇多用好几周才能不表现出回避行为出来嬉戏打闹——几周代表了小狗生命历程中很长的一阶段。事实上，哈士奇在某些方面比狼发育得更快。没有人研究过迅速发育如何影响着哈士奇与人类关系的融洽程度。

时间来了解他人并逐步习惯环境中的物体。如果狗在发育的最初几个月接触到非狗的物种——人类、猴子、兔子、猫——狗狗便会对对方形成一种依恋和偏好，这种情绪往往胜过我们可能预期的任何捕食或是恐惧驱动力下他们的感受。这个所谓的社会学习敏感期或者说关键期，是狗狗了解谁是同类，谁是盟友，谁是陌生人的时期。他们最容易了解到他们的同龄人是谁，要表现出怎样的举止以及事件之间的关联。狼要在短于狗狗社交准备期的时限内确定谁是自己所熟悉的物种，谁又是敌人。

狗和狼的社会组织存在差异：狗不会形成真正的群体。相反，他们单独或并行地捕食、猎杀小型猎物。* 虽然他们不合作捕猎，但他们具有合作性：例如，捕鸟猎犬和协助犬会学着与主人同步行动。对于狗来说，同人类间的社交是很自然的；狼却不是这样，它们学会了自然地避开人类。狗是人类社会群体的成员，他天然生存的环境就要求他习惯于身处人和其他狗间。偏好自己的主要照顾者而不是其他人，这是狗身上表现出的所谓人类婴儿“依恋”。他们担心会与照顾者分离，并在照顾者回来时向对方致以特别的问候。尽管狼在分开后重聚时会问候狼群的其余成员，但他们似乎并没有表现出对特定狼的依恋。对于将要生活在人类身边的动物来说，特定依恋是有意义的；对于生活在一个群体中的动物，特定依恋则不大适用。

在身体特征上，狗和狼是不同的。虽然仍然是四足杂食动物，但狗狗体型大小、高矮胖瘦的区间是人意想不到的。从 4 磅重的蝴蝶犬

---

* 狗狗的驯化历程可能始于早期的犬科动物在人类群体周围觅食的习性——吃我们餐桌上的残渣。就因为理论上狗狗的本质是狼，所以只喂食狗狗生肉，是一种特别愚蠢的行径。狗是杂食动物，几千年来一直吃我们吃的东西。除了极少数例外，我盘子里的好东西放到我的狗碗里也依然是好东西。

到 200 磅的纽芬兰犬；从鼻子长长、尾巴鞭子似的瘦瘦的狗到鼻子、尾巴缩短了的胖嘟嘟的狗，再没有别的犬科动物，乃至其他物种，同一物种间的个体一致地表现出形体外观的多样性。四肢、耳朵、眼睛、鼻子、尾巴、皮毛、臀部和腹部，一切维度到了狗狗身上都可重新配置，重配完毕，他依旧是只狗。相比之下，狼的体型与大多数野生动物一样，在特定环境中确实相当地一致。但即使是“普通”的狗——类似于典型混种狗这样的——也可以与狼区分开来。狗的皮肤比狼还厚；虽然两者的牙齿数量和种类相同，但是狗狗的牙齿较小。狗的整个头部比狼的要小：大约小上 20%。换句话说，和体型相似的狼比起来，狗的头骨要小得多；相应地，狗的大脑也要小得多。

狗脑小于狼脑的事实持续得到传播，或许映射出大脑大小决定智力高低这一说法是具有持续吸引力的（这一说法现被证伪）。虽说这个说法错误，好在人们由谈论大脑的大小平稳转变为谈论大脑的质量，围绕脑质量展开的讨论胜出了。对狼和狗在完成任务以解决问题方面的比较研究，最初似乎证实了狗狗的认知能力要低一等。测试人工饲养的狼学习一项任务的能力时，狼的表现远远优于接受测试的狗。测试中，狼和狗需以特定顺序从一排绳索中拉出三根。狼更快地学会了拉绳子，接着更成功地学会了拉绳子的顺序。（比起狗，狼也撕裂了更多的绳索。研究人员对这点表明狼具备怎样的认知倒是保持沉默。）狼也很擅长逃离封闭的笼子。狗不行。大多数犬科动物研究人员赞成狼比狗更关注实体物品，且更擅长处置它们。

此类结果推导出的结论是，狼和狗之间存在认知差异。通常，狼是有洞察力的问题解决者，而狗傻乎乎的。事实上，过去以来理论在声称狗更聪明还是狼更聪明之间摇摆不定。科学往往离不开实践它的文化，以上科学理论正反映了当时关于动物思维的流行观念。然而，狗和狼行为累积出来的数据引发了一种更微妙的观点：狼似乎更擅长解决考验生理能力的某类难题。通过观察狼的自然行为，可以解释它们的一些技能。为什么狼轻轻松松就能学会拉绳任务？那是因为它们在自然环境中就会做抓取、拉扯东西（比如猎物）的动作。它们与狗狗间的一些差异根源在于狗狗要生存下来只需具备更有限的能力。狗狗已经融入了人类的世界，不再需要依靠自己生存下去必备的部分技能。正如我们会看到的，狗狗的人际交往能力弥补了自身所缺乏的身体技能。

凝视的能力

狼、狗，这两个物种之间有一看似微小的终极差异。狼和狗之间小小的行为变化造成了大大的不一样。差异就是：狗狗会看着我们的眼睛，而狼会躲开目光接触。

狗与我们进行眼神交流并向我们寻求信息——食物的位置、人的情绪、正在发生的事情。在人和狗这两个物种中，目光接触都可以意味着一种威胁：凝视，就是维护权威。对人类来说也是如此。在一门本科心理学课程中，我让学生进行了一项简单的现场实验：尝试与校园里经过的每一个人进行眼神交流。学生的表现和受到他们凝视的人非常一致：每个人都迫不及待地想中断眼神交流。眼神接触给了学生不小压力，很多学生突然间表示自己很害羞：他们向我报告，只要盯着某个人几秒钟，自己就会心跳加速，并且开始出汗。在对视现场，学生编造了详尽的故事来解释为什么某个人把目光移开或者停留了半秒钟。在大多数情况下，他们凝视别人后，对方会把眼球偏转过去，或者投来看向他们的目光。在一项相关的实验中，学生用又一种方式测试凝视数据，验证人类的这么一种倾向：追随其他人凝视的目光，直至对准凝视的那个焦点。一名学生靠近公众可见、公众共享的任意物体——建筑物、树、人行道上的某个点——接着注视它的某一处。他的搭档，即另一名学生，站在附近偷偷记录路人的反应。他们报告说：如果不是高峰时间，也没有在下雨，那么至少有一些人会停下来追随他们的目光，好奇地盯着人行道上吸引人的那个点。路人以为此处一定有玄机。

虽然这种行为不足为奇，但是它特别地具有人类属性：我们会盯着看的属性。狗也一样。尽管他们遗传了对四目相对过久的厌恶，但狗狗似乎倾向于查看我们的脸来获取信息、安慰和指示。这不仅让我们感到愉悦——深深地凝视一只狗回望着自己的眼睛，你会有一种满足感——狗狗的凝望也让他变得非常适合与人类相处。正如本书后面将会写到的，对视也是狗狗社交认知技能的基础。我们不仅会避免同陌生人眼神交流，而且会依赖跟亲密之人的眼神交流。偷偷看一眼便可捕捉到信息；相互注视的眼神则让人深有感触。人与人的正常交流中，眼神接触是必不可少的。

因此，驯化狗狗的起始步骤之一，兴许是培养狗狗寻找并凝视我们眼眸的能力：我们选育那些会看向我们的动物。我们对狗狗做出奇特的事来：照自己的需求设计、改装他们。

合成狗的配方

她笼子上贴着“混血拉布拉多”的标签。收容所里的每只狗都是混血拉布拉多。但是，“粗黑麦面包”肯定是由一只西班牙猎犬所生：她乌黑柔滑的头发垂在纤细的身躯上，天鹅绒般的耳朵勾勒出小小的脸蛋。进入睡梦了，她便仿佛是只完美的小熊崽。很快她的尾毛就长得更长了，仿佛轻软的羽毛：所以她是一只金毛猎犬。之后她小腹上柔软的卷毛也收紧了；她的下巴有点肿：好吧，她是一只会泅水的狗。随着年龄的增长，她的肚子越来越大，直到形成坚实的桶状——毕竟她是只容易养成肥仔的拉布拉多；她的尾巴长成了一面亟待修剪的旗帜——拉布拉多和金毛的混合体；她可能前一刻静止不动，下一秒就冲刺出去——一只贵宾犬。她圆圆的小腹卷曲着：显然是一只牧羊犬带着另一只漂亮的牧羊犬潜入灌木丛后的产物。她属于她自己。

最初的狗是混种狗，因为他们的血统并不受控。但是，我们饲养的许多狗，无论是否混种狗，都是经过数百年严格控制繁育后的产物。这种繁殖的结果是创造了几近亚种的东西，他们的身形、大小、寿命、性情 * 还有技能，各不相同。热爱交际的诺里奇梗犬高 10 英寸（约 25 厘米），体重 10 磅（约 5 公斤），也不过是一只性情恬静却又身庞体大的纽芬兰犬头部的重量。有些狗，当你让他捡起一只球时，会困惑地看着你；对比之下，边境牧羊犬甚至都用不着你命令他第二次。

现代不同的狗狗品种之间出现的人们所熟悉的差异，并不总是有意选择的结果。一些行为和身体特征是人类有意选择的——寻找猎物、体积小、尾巴紧紧卷曲。还有一些只是搭载着有意选择的便车顺带出

---

* 性情大致用来表达人格的意思，而非潜在将狗拟人化的暗示。如果我们指的是狗“通常的行为模式和个体特征”，那么谈论狗的个性，姑且称“狗格”，是完全可以接受的，行为和特征并不是人类独有的。一些研究人员用性情来指代年轻动物身上出现的特征——狗的遗传倾向，而保留“人格”一词指代人类的特征和行为。人类特有的性情，是他们与所处环境中面对的任意事物融合而成的。

现的。育种带来的生物学现实是：动物的性状和行为基因会成簇出现。耳朵特别长的狗交配上几代后，你可能会发现他们均显现出其他性状：强壮的脖子，低垂的眼睛，精致的下巴。狗狗由会奔跑被培育成能疾驰或长跑的品种，后者意味着狗腿增长——比如哈士奇的腿长与胸部深度匹配，灰狗的腿长超过自己胸部的深度。相比之下，爱在地面上追踪的狗（如腊肠犬）腿就比胸部要短得多。类似地，选择一种特定的行为时，也就无意中选择了与之相伴的多个行为。饲养对移动非常敏感的狗，意味着他们的视网膜中很可能存在过量的视杆光感受器；同时，你饲养的这只狗因为对移动高度敏感，情绪也就高度亢奋。他们外观上可能也有变化：球形的眼睛大大的，用于在夜间看清东西。有时，狗狗身上的某种特征最初是无意间出现，之后倒成了人们想从一个品种中获得的特征。

狗狗留下的印迹表明，早在五千年前就有相当不同的犬种存在。古埃及的图画至少描绘了两种狗：头和身体都很大，长得像獒的狗。还有苗条的、尾巴卷曲的狗。* 獒可能曾是看门狗；细猎犬则似乎一直是人类狩猎时的同伴。因此，为狗狗打造特定用途的设计之路开始了——且人类沿着这些路线持续推进了很长一段时间。到了 16 世纪，又衍生出其他品种的枪猎犬、捕鸟猎犬、梗犬和牧羊犬。到了 19 世纪，选育狗种的俱乐部和比赛如雨后春笋般涌现，狗品种被命名和追踪监测的数量呈爆炸式增长。

在过去的 400 年中，各种现代品种很可能都是伴随着选育繁殖而

---

* 但是，没有证据表明任何现有的品种可以声称自己是某个原始品种的后代。法老王猎犬和伊比沙猎犬都被描述为“最古老的”犬种，两者与埃及绘画中狗狗身体的相似性似乎支持了这一描述。然而，基因组显示这两种狗狗出现的时间远晚于能担得起“古老”二字。

出现。美国养犬俱乐部现在列出了近150个品种的狗狗，根据声明的*各大品种犬类的职业将狗狗进行了分组。狩猎伙伴组被切分为“运动犬”、“猎犬”、“工作犬”和“梗犬”四类；此外，还有工作型的“放牧”品种，简单的“非运动型”品种以及不言自明的“玩具”品种。即使面对为参加狩猎而饲养的狗种，也基于狗狗为人类提供的各类帮助进行了细分（如指示犬指向猎物；寻回犬取回猎物；阿富汗猎犬进行追踪直至猎物筋疲力尽）。根据他们所追捕的特定猎物的不同（猎犬追老鼠，哈利犬捕野兔）以及偏爱媒介的不同（小猎犬爱在陆地上追逐，西班牙猎犬会在水中游泳），狗狗在世界范围还有数百个品种。品种不仅因他们对于人类的用途而异，也基于他们的身体尺寸、头部大小、形状、体型、尾巴类型、皮毛种类、颜色这些迥异的物理性状而异。当你去搜罗一只纯种狗时，绕不开一张汽车产品说明书量级纷繁复杂的狗狗品种清单，上头详细说明了你未来的狗仔小到耳朵、大到秉性气质的一切内容。想要一只四肢长、头发短、聪明伶俐的狗吗？大丹犬考虑一下。想要只短鼻子、毛皮卷、尾巴卷的狗狗？那这儿有只哈巴狗适合你。在品种之间进行选择就像在拟人化的选项包中进行选择。你得到的仅仅是一只狗吗，不，你收获的是一位典型的或端庄，或威严，或眉宇拧巴，或清醒，或势利的“绅士”沙皮犬；一只“快乐而深情”的英国可卡犬；对陌生人有所保留又洞察力非凡的松狮犬；个性活泼的爱尔兰塞特犬；自负的狮子狗；粗心、鲁莽而有胆量的爱尔兰梗犬；性喜“平等”的法兰德斯牧羊犬；或者，最令人惊喜的是，

---

* 狗狗职业上的命名主要是理论意义上的而不具备现实意义，毕竟为了某项工作而培育的狗狗里头，只有少数会真正去干他们这个品种需要他们干的活（主要有狩猎或者是放牧）。其余工作要么是做好坐在我们腿上的同伴，要么是在被训练、修剪、吹干后登上《时髦的狗狗》节目亮相。让狗狗洗个澡啃起三明治边缘的硬皮，这场面可比从沼泽里捞出水禽来吃还要奇怪。

一只你内心深处的爱狗——布里牧羊犬。

基于遗传相似性产生的狗狗品种分组和美国育犬协会分出来的组是不一样的——这到了狗狗爱好者那里可能是让人惊讶的听闻。在基因组里，凯恩梗更接近于猎犬；牧羊犬和獒犬两者共享大部分基因组。基因组也推翻了大多数人关于狗与狼相似性的假设：长毛、镰尾哈士奇反而比体长善躲藏的德国牧羊犬更接近于狼。与狼在身体上几乎没有相似之处的猴面犬也更接近于狼。这再次表明，在狗狗接受驯化的大部分过程中，一只狗的外貌只是其品种意外产生的“副作用”。

犬种是相对封闭的遗传种群，就是说每个犬种的基因库不接受来自库外的新基因组。要成为某个品种的一员，意味着狗的父母已经是里面的成员。因此，后代的任何物理变化只能来自随机产生的基因突变，而不是来自动物交配时通常伴有的不同基因库的混合。包括人类也遵循这一原则。然而，突变、变异和混合对人类种群通常是有益的，也有助于预防遗传病：这就是为什么尽管纯种狗因顺着繁殖线可追溯其祖先而被认为“血统纯正”、出身好，但是比混种狗更易受到多种身体疾病的影响。

封闭型基因库的一个好处是人们能绘制出一大品种的基因组，事实上这样的基因组最近已诞生：第一幅绘制出的基因组来自拳师犬：他大约拥有 19000 个基因。于是乎科学家开始测算是基因组上哪个位置的遗传变异导致了狗狗特征性状的改变，例如嗜睡症。某些犬种（尤其是杜宾犬）易突然陷入完全无意识状态。

研究人员讨论的品种封闭基因库的另一个优点是，当人们从这个库里进行选择时，会感觉好像获得了一种相对可靠的动物。人们可以挑选一只“适合家庭”的狗，也可以挑选一只宣传上说是看家技能娴熟的护卫犬。但这并不是那么简单：狗狗和我们一样，不仅仅是完全由他们的基因组定性。没有动物是在真空中发育的：基因与环境相互作用，合力生成了你所认识的狗，很难明确合成狗狗的确切配方。基因组塑造了狗的神经发育、身体发育，发育情况在一定程度上决定了狗狗会注意到环境中的什么——而任何被注意到的东西本身都会进一步影响神经和身体的持续发育。结果是，即便携带着遗传的基因，狗类也不单单是复制粘贴成为狗父狗母的副本。除此之外，基因组中也存在很大的自然变异性。假设你想复制你心爱的宠物，那么即使是克隆狗，也不会和原来的狗完全一样：一只狗经历的人和事会潜移默化地影响着他变成一只什么样的狗狗。

因此，尽管我们试图设计狗，但我们今天看到的狗在一定程度上是偶然发现的。她是什么品种？是我被问到的关于“粗黑麦面包”最多的问题——反过来，我也会问其他狗狗的品种。她作为一只混种狗，其天然属性鼓励人们玩起猜测她血缘的趣味游戏：人们对自己的猜测心满意足，虽说这些猜测当中没有一个可以被证实。*

秉性云泥之别

尽管有关于犬种的大量文献，但这些文献从未对各品种的行为差

---

* 自人类绘制基因组图以来，就已经可以进行基因分析测试：据说，测试公司会收取一定费用，将狗的遗传密码（从血液抽取样本或用拭子采集脸颊细胞）入库解析。目前测试的准确性尚不确定。

异作出过科学比较：控制每只动物处在相同的环境，让他们接触相同的物品，相同的狗，相同的人类，相同的一切。人们对每个品种的狗狗如何如何分别做出的大胆陈述，如此粗糙让人难以置信。这倒不是说狗种与狗种间差异很小或不存在差异。不同品种的狗狗在遇到附近奔跑的兔子时，无疑会产生不同的表现。但是，要确保一只狗，无论经过人工饲养与否，都会在看到那只兔子时避免不了地采取某种特定行动的想法是错误的。当我们最终声称某些品种具有“侵略性”并立法封杀他们时，也在犯同样的错误。*

即使无法得知拉布拉多猎犬和澳大利亚牧羊犬对一只兔子反应上的具体差异，也有事例可以解释不同品种之间行为的可变性。不同品种在付出注意力及对刺激作出反应上存在不同的阈值水平。例如，同一只兔子在两只不同的狗身上会引起不同程度的兴奋；类似地，刺激这种兴奋产生的相同数量的激素会导致两者不同的反应速率：狗狗或是轻微地抬了个头，兴趣一般，或是全力追逐。

这背后有遗传学上的解释。尽管我们称狗为猎犬或牧羊犬，但并不是出于他们捕猎、牧羊的行为。相反，狗狗可能会对各种事件和场景做出恰到好处的反应。然而，我们无法在这里指出一个具体的基因，说就是这个基因导致了他的反应。没有一个基因可以直接发展为狗狗叼回猎物的行为——或者说根本不存在发展为任何特定行为的基因。但是一组基因可能会影响动物以某种特定方式行动的可能性。在人类

---

* 被认为具有侵略性的东西在文化和代际上是相关的。第二次世界大战后德国牧羊犬位居烈性犬榜首；在 20 世纪 90 年代，罗威纳犬和杜宾犬则遭到鄙视；美国斯塔福德郡梗犬（也被称为斗牛犬）是今天的大黑马。他们的分类更多地与最近发生的事件和公众看法有关，而不是与狗狗本身的内在性质有关。最近的研究发现，在所有品种中，腊肠犬对自己主人和陌生人都最具攻击性。恐怕这么估量并不准确，因为人类完全可以捡起一只咆哮的腊肠犬并把他藏在手提袋中。

中，个体之间的遗传差异也可能表现成对某些行为产生不同倾向。一个人可能或多或少地易对兴奋剂上瘾，这部分取决于他的大脑需要多大刺激才能产生愉悦感。因此，成瘾行为可以追溯到影响大脑设计的基因——不过不存在成瘾基因。环境显然也很重要。一些基因会调节其他基因的表达——这些表达可能取决于环境的特征。假如一个人在密闭容器中长大，没有获取药物的渠道，他就永远不会出现滥用药物问题，无论他是否具有成瘾倾向。

同样，可以通过狗狗对某些事件倾向产生的反应将这一狗种同其他狗种区分开来。虽然所有的狗都能看到自己面前飞翔的鸟儿，但有些狗对高空物体的微小快速运动特别敏感。他们对这一移动做出反应的阈值远低于未被培育成狩猎伴侣的狗。与狗相比，我们人类的反应阈值更高。人类当然可以看到鸟儿起飞，但即使它们真就在我们面前，我们也可能不会注意到。而对猎犬来说，鸟儿的移动轨迹不仅会被注意到，而且与狗接下来倾向采取的操作直接相关：追逐移动的猎物。并且周围必须有鸟类或类似鸟类的东西，才会促使狗狗这类行为的发生。

类似地，一生都在放羊的牧羊犬也具有一定的特定倾向：他们喜欢注意并跟踪群体中的个体，纠正羊离开羊群的错误动作，且拥有保证羊群始终聚在一起的动力。最终的结果是，他成了一只牧羊犬，不过是在牧羊人要求控制羊群的指令下，他慢慢地产生了牧羊的倾向。狗也必须在生命早期就接触羊，否则他的行为倾向最终无法应用于羊，而是以杂乱无章的方式应用于幼儿、公园里慢跑的人甚至是你院子里的松鼠。

因此，一种被称为具有攻击性的犬种可能反而拥有较低感知、应对威胁性移动的阈值。如果阈值太低，那么即使是中等程度地移动着接近狗，也可能被狗狗视作威胁。不过，如果不去鼓励狗狗发挥坚定追击的倾向，他们很可能永远不会表现出所属品种那“臭名昭著”的侵略性。

了解狗的品种可以让我们在认识狗之前初步了解狗。但是，如果以为了解了一个品种就可以断定他的行为与宣传的一致，那就大错特错了，狗狗只是具有某些特定的倾向，不一定真的就会付诸实践。你从混种狗身上获得的，是两个品种糅合后弱化了的特点。狗狗的秉性气质也更复杂，是父系和母系品种的鲜明特质柔化后的产物。无论如何，命名一只狗的品种只是跨出了真正了解狗狗内心世界的第一步，而绝不是终点：品种并不能说明狗狗的生活对他们有怎样的意义。

狗仅仅是动物?

下雪了，天亮了，这意味着我们人类可以用约 3 分钟的时间穿好衣服，抢在其他嬉戏者踩踏雪之前进入公园玩耍。在外面，我裹得严严实实，在厚厚的积雪中笨拙地前行，活像一头犁地的牛。而“粗黑麦面包”则大摇大摆地穿过雪地，留下一串脚印，好似一只巨型兔子留下的。我扑通一声蹲下来，开始堆一位天使般可爱的雪人，“粗黑麦面包”倒在我身边，来回扭动着自己的背，似乎也正在堆一只天使般可爱的雪狗。在我们的玩耍中，我满怀喜悦地看着她。紧接着我闻到从她的方向传来一股可怕的气味，于是迅速意识到：“粗黑麦面包”不是在堆什么雪人天使；她是在一只小动物腐烂了的尸体上打滚啊。

心底认为狗狗是野生动物的人，同坚持狗狗是我们人类自己创造的生物的人之间，存在着一种紧张关系。前者倾向于用狼的行为来解释狗的行为。驯犬师因全面拥抱了狗狗的狼性而备受推崇，成为新晋的潮流。经常能看到前者嘲笑后者，谁让后者将他们自己的狗视为长着四只脚流口水的人呢。其实两者都不对。答案存在于这两种看狗视角的中间。狗狗当然是动物，具有返祖倾向，但是如果认知只停留在这一步，那就是对狗的自然史观点狭隘。狗狗已经历了改造，如今的他们不全然只是动物了。

实实在在将狗看作动物而非主观地去臆造他们，这一意愿本质上是正确的。为了避免将狗拟人化，有些人转向所谓的不带跨物种同情心的生物学：一种不参杂主观性，不添加偏好、情感及个人经历等乱七八糟因素的生物学。这些人说，狗只是一种动物，而动物只属于生物系统，其行为和生理学可以用更简单、通用的术语来解释。最近我目送着一位女士带着她的猎犬离开宠物店，那只猎犬爪子上套着四只小鞋子。“这是为了防止他把街上的垃圾带回家”，她一边解释，一边拉开僵硬的四肢正在肮脏街道上打滑的他。如果这位女士能更多地思考下自己狗狗的动物本性，而不是像毛绒玩具一样对待他，将是很有裨益的。事实上，一方面正如我们将看到的，要了解狗则要了解他们的一些复杂性——他们鼻子的敏锐度，他们能看到的和不能看到的东西，他们的恐惧感以及尾巴摇摆之中的单纯情感——了解狗狗的旅程漫漫，有长长的路要走。

另一方面，在诸多方面将狗称为动物，并将狗的所有行为解释成是从狼的行为中萌芽，是不完整且具有误导性的。狗狗能成功和我们人类生活在一个家里，关键依赖于这样一个事实：他们是狗，不是狼。

举例而言，认为狗狗将我们视为他们“部落”中的一员是错误的观念，是时候改变这种看法了。在隐喻人类家庭与狗族时，“部落”是最常见的词语之一。说起“狗部落”，人类顺带会谈到“阿尔法”狗、支配和服从。并且想当然地觉得：有狗，便有了狗部落。因为狗是由类狼的祖先进化成的，而狼会形成狼群。因此，人类声称狗也是群居动物。这一论断看似很自然，但与实际相悖，因为有些狼才具备的动物属性我们没有转化到狗身上：狼是猎者，而我们是不会让狗狗自己去寻找食物的。* 虽然在托儿所门口呆着只狗的情形下，我们依然可能感到安全，但我们永远不会让狼同我们熟睡的新生婴儿在一起，独自待在房间中。对狼来说，那可是 7 斤脆弱的生肉。

尽管如此，对许多人来说，将狗群类比作拥有统治集团的部落组织，这般遐想非常吸引人——尤其是在我们人类作为统治者而狗狗是顺从者的情况下。一旦将这种遐想应用到实际，流行的“统治集团部落组织”概念就会刻进我们同狗的各种互动中：人先吃东西，然后是狗；人指挥，狗服从；人遛狗，狗不遛人。既然不确定如何处理生活在我们人群中的动物，那么“部落”的概念就给我们搭建了与其相处的框架结构。

不幸的是，“部落”说不仅限制了我们对狗的理解、与狗的互动，而且它还是依赖于一个错误的前提建立的。如捏造的“狗群”与实际的狼群几乎没有相似之处。狼群的传统模型是线性层次结构，顶层是一对占统治地位的狼夫妇，称为“阿尔法”狼，往下有各种“贝塔”狼、“伽马”狼及“欧米伽”狼，但当代狼学家感到这种模型过于简单化，因为它是根据对圈养狼的观察而形成的。由于狭小的封闭围栏里空间和资源有限，无亲缘关系的狼会自主统筹组织，产生权力等级。同样的情况也可能发生于任何生存在狭小空间的社会物种中。

---

* 不仅狗狗通常不会靠狩猎来养活自己——无论是否有人为鼓励——而且他们的狩猎技术，就像有人指出的那样，“拉跨而草率”。狼会平静而稳定地朝着猎物前进，不添加任何轻浮的动作；而未经训练的狗狗在打猎时步履蹒跚，来回蜿蜒，时而加速时而减速。更糟糕的是，他们可能会因分散注意力的声音或突然想要嬉戏着追逐落叶的冲动而受阻。狼的足迹直接揭示自己的意图，而狗已丧失了捕猎意图。我们用自己的武断猜测取代了狗狗的真实意念。

在野外，狼群几乎完全是由有亲缘关系或者彼此交配的动物组成。他们是家族部落，而不是争夺头把交椅的同龄人群体。典型的狼群体含有一对繁殖后代的夫妇及他们的一代或多代后代。群居单位组织展开社会行为和狩猎行为。只有一对狼进行交配，而其余成年或青少年成员参与抚养幼崽。不同的个体共同狩猎，彼此分享食物；有时，许多成员会共同抓捕无法由一只狼独自处理的大型猎物。无亲缘关系的动物偶尔确实会同多个繁殖伙伴抱团，但这只是例外，或许是迫于适应环境的压力。有些狼从不加入任何狼群。

一组育种对——即所有群体成员或大部分群体成员的父母——指导着群体的前进路线和行为，但称他们为争夺顶层位置的“阿尔法”狼并不十分准确。他们不是主导者，就像人类家庭中父母也不扮演“阿尔法”的主导角色一样。类似地，幼狼的从属地位更多地与他的年龄有关，而不是与严格执行的等级制度有关。被视为“支配”或“顺从”的行为不是强权下的产物，而是维持狼族社会的团结用。排名不是等级顺序，而是年龄标志。动物在问候和互动中充满表现力的姿势常展示了辈分。接近一头年长的狼时，幼狼会低垂尾巴，身体贴近地面。这是年轻的狼在承认长者的生物优先级。幼崽自然是处于从属地位的一方；在混合家族制的狼群中，幼狼可能会继承父母的某个地位。虽然有时狼群成员之间紧张激烈的竞争和较量有可能强化等级，但这比对抗外来者的侵略还要罕见。幼狼通过与同伴互动及观察同伴来了解自己所处的位置，而不是一个萝卜一个坑，被安置在固定的段位上。

狼群行为的真相在其他方面也与狗的行为形成鲜明对比。家犬一般不捕猎。大多数狗狗并不出生在将伴随他们生活的自然界家庭单元中，人类才是他们家庭的主要成员。可能是基于“阿尔法”夫妇交配的机制，宠物狗非常高兴自己尝试交配的对象并不是收养他们的人类。即使是野狗——那些可能从未在人类家庭中生活过的狗——通常也不会形成传统的社会群体，虽然他们可能会肩并肩旅行。

我们也不是狗狗的部落成员。我们的生活比狼群的生活要稳定得多：狼群的规模大小和成员总是在不断变化，随着季节和后代的数量而变，随着年轻的成年狼长大并在成熟的最初几年里离开而变，随着能否获取猎物而变。通常，我们人类收养的狗会与自己共度一生。没有狗狗会在春天被赶出家门，也没有狗狗仅仅为了大冬天参与驼鹿狩猎而加入我们。家犬似乎确实从狼那里继承了群体的社交性：对与他人相处的兴趣。事实上，狗狗是机会主义者，他们会适应他人的行为，而人类被证明是非常适合狗狗去适应的动物。

家犬的“投机”是为了唤醒简单化的狼群模型，这样的狼群模型已过时，掩盖了狗和狼之间真正的行为差异，并忽略了狼群中最有趣的一些特征。要解释狗狗何以接受我们命令，听我们话，沉迷于我们人类世界的行为，最好考虑下我们给了他们食物这么一个事实，而非想当然地觉得人类对狗狗来说充当着“阿尔法”（即首领）的角色。我们当然可以让狗狗对我们完全顺从，但从生物学角度来说这么做毫无必要，从人和狗的角度来说对人对狗也没有什么特别的好处。把狗和狼作群体类比，除了能用一种“兽化论”代替我们对狗的拟人化之外毫无意义，其蕴藏的疯狂哲学似乎是“狗不是人类，所以我们必须在各个方面都将他们视为完全非人类的物种”。

我们和狗的关系更像是良性的帮派团体而非种群：一人一狗（或两只狗、三只狗、更多狗）组成的帮派。人狗是一家子，共享习惯、偏好、住所；狗和人一起睡觉，一起起床；会沿同样的路线散步，途中停下来跟同一只狗打招呼。如果我们是一个帮派，那就是个一根筋的帮派，只崇拜我们帮派本身的延续，别的啥也不崇拜。人狗帮派保持生机活力的基本前提是行为共享。比如我们一致同意遵循家中的行为规则：任何情况下都不允许在客厅的地毯上小便。这是高高兴兴达成的一大默契。一只狗必须接受教导，明白自己栖息于此的前提是不随地小便；没有狗狗知道地毯的价值。事实上，脚下的地毯可能会为狗狗释放自我的膀胱提供舒适良好的感觉。

赞成“部落”隐喻的驯狗师提取了“等级”的成分，而忽略了等级出现的社会背景。（此外，他们忽略了这点：关于狼在野外的行为，我们人类仍需了解的还有很多，毕竟难以近距离地密切关注这些动物。）高度关照狼性的驯狗师可能会称人类为负责纪律、强迫他者服从的部落领袖。这类驯狗师在发现狗狗会不可避免地制造“尿渍”地毯后，以惩罚狗的手段教学。惩罚可能是冲狗大喊大叫，逼迫狗趴下，厉声斥责或拽狗狗的衣领。将狗狗带到犯罪现场实施惩罚也很常见，且是一种尤其有误导性的策略。

“部落”隐喻法把我们推得离现实中的狼群更远了，让我们更接近于对动物王国落后的假想：人类处于自然界的巅峰，对其余万物施加统治。狼似乎不是通过互相惩罚而是通过彼此观察从对方身上学习的。狗也是敏锐的观察者——他们观察我们的反应。如果你不用惩罚的方式对待他们，而是让他们自己去觉察哪些行为得到了奖励，哪些行为没有结果，他们学得是最好的。你和狗狗的关系是好是坏取决于不愉快时刻发生的事情——比如当你回到家时，发现地板上一摊尿。用支配策略惩罚狗狗或许几小时前就做完了的不当行为，是你们发展成欺凌与被欺凌关系的快速方法。如果你的驯狗师惩罚了狗，狗狗的问题行为或许会暂时减轻，但狗狗同人建立起的关系就只剩狗被驯狗师教训这层了。（除非驯狗师和你一起搬进来跟狗同住，那狗狗受到的创伤不会持续太长的时间。）结果将是好好的一只狗变得更敏感，甚至可能会害怕，但他不会明白你想表达的意思。相反，狗狗使用起了他的观察技巧：不受欢迎的行为唤不起主人的注意，不会得到食物奖赏：狗狗不期望从你身上得到任何东西。良好的行为能赋予他一切。这也是幼儿学习如何做人的重要组成部分，是狗狗与人类打成一片凝聚成一个家庭的途径。

狗的“陌生”行为

另一方面我们不要忘了，不过是几万年的演化，就造成了狼和狗的区别。人类必须往前追溯几百万年，才能寻觅到我们与黑猩猩分道扬镳的痕迹；可以说，我们不会指望在学习如何抚养人类子女的问题上借鉴黑猩猩的行为。* 狼和狗这两大物种共享 99.7% 的 DNA。我们偶尔会在自己的宠物身上看到狼性：当从狗狗嘴巴里取出他心爱的球时，瞥见他一声咆哮的口形；同他追逐打闹时，他似乎更像是一只猎物而非宠物；他在抓肉骨头时，眼中闪过一丝野性。

我们与狗狗大多数互动的有序性与其返祖的一面发生了强烈冲突。有时，感觉好像一些叛变的古老基因控制了这一由他的人类同伴驯化而来的产物：一只狗咬了他的主人，杀死了家里的猫，袭击了邻居。狗狗这种不可预测的、狂野的一面应该得到承认。狗这一物种已经被人类培育了数千年，但早在我们人为干预之前，他已经进化了数百万年。他们曾是掠食者——有力的下巴，锋利的牙齿是为了撕裂肉体。他们果断采取行动，而不沉思延宕。他们有强烈的保护冲动——保护

---

* 值得注意的是，随着对黑猩猩的科学研究数量的稳步增加，黑猩猩和人类之间有相似性的行为数量（暂时不考虑文化和语言）也在稳步上升。

他们自己，他们家人，他们的领地。我们并不总能预测出他们什么时候会受到提示，进入戒备、保护状态。而且他们不会自动注意文明社会中人类共同享有的场所。

结果，当你的狗狗第一次在你身边流泪，在灌木丛中看到一些你看不见的东西后疯狂地跑出小路时，你会惊慌失措。随着时间的推移，你们彼此会变得熟悉：他们熟悉你对他们的期望；你也熟悉他们的所作所为。狗狗钻进灌木丛里的行为对你来说意味着他不见了，觅不到他的踪迹；对狗狗来说，这是行走的自然延续，钻进去他好及时了解各条小径。至于你，则可能永远看不到灌木丛中隐藏的东西，但经过十几次旅途后，你终将明白过来，灌木丛中那看不见的东西，就藏在那里；而狗，会回到你身边。与狗狗一起生活是一个相互熟悉的漫长过程。甚至咬也不是一个狗统一拥有的特色属性。狗狗有些啃咬是出于恐惧、沮丧、痛苦和焦虑。攻击性的猛咬与试探性地含住不同，玩耍时的啃咬也不同于梳理毛时的舔舐。

尽管他们有时充满野性，但狗永远不会变回狼。流浪狗——那些与人类曾生活在一起但已经在流浪或遭遗弃的狗——以及自由放养的狗——人类会提供食物但与人类分开生活——并没有更多像狼一样的品质。流浪狗似乎过着城市居住者熟悉的生活：与其余居住者相似，也彼此存在合作，只是时常孤独。狗狗不会在社会上自我组织成具有单个繁殖对的群体，也不像狼那样为幼崽建造巢穴或提供食物。自由放养的狗可能会像其余野生犬科动物一样形成一种社会秩序——但这种秩序是按年龄组织的，而不是通过打架和冲突来组织的。狗群也不合作狩猎：他们单打独斗，或清除或猎杀小型猎物。驯化，改变了他们。

即使狼已经被社会化——出生在人类群体中，而不是在其他狼中间饲养长大——它们也不会变成狗。狗狗在行为上采取了中间立场。社会化的狼比野生的狼对人类更感兴趣，更愿意给予人类注意力。他们比野狼更能跟上人类交流的手势。但他们不是披着狼皮的狗。由人类看护、人来饲养的狗，更喜欢来自自己看护人的陪伴，而不是其他人类的陪伴；狼则不那么具有“歧视性”。在通人性方面，狗狗的成长速度远远超过人工饲养的狼。若是看到一只被拴在皮带上的狼按照人类要求坐下、躺下，那人们可以确信社会化的狼和狗之间没有什么区别了。一旦看到兔子前面的狼，就知道狼与狗间还有多少不同了：一见了兔子，狼就忘了人，无情地追赶兔子去。而同一只兔子附近的狗，则可能会耐心地等待，凝视着他的主人，直至被允许奔跑。人类的陪伴已然成了激发狗狗进取心的“一块肉”。

“教养”你的狗

当你从一窝或一大群吠叫的混种狗中新选出一只狗，将他带回家时，你便又一次踏上了“驯狗”之路，重现该物种的驯化历史。每一天、每一次互动，你都在定义——同时界定和扩展——他的世界。在和你一起的最初几周里，小狗的世界，即使不完全是白纸，也非常接近于新生婴儿所经历的一片混沌的时期。没有狗知道，当他第一次把目光转向庇护笼外偷看自己的那个人时，此人对他的期望是什么。至少在这个国家，许多养狗人士对狗狗的期望是相当相似的：友善、忠诚、讨人喜欢；狗狗要发觉我这个主人迷人又可爱——但又要明白我的主人地位不可撼动；不要在屋内小便，不要跳到客人身上，不要咀嚼我配礼服的鞋子，不要钻进垃圾箱。不知怎的，主人内心碎碎念的独白是传不到狗狗耳朵里的。每只狗都必须被教给与人相处的这套参数。狗狗通过你了解你重视的事情——以及你想他重视起来的事情。我们也都是被驯化了的动物：被灌输进人类的文化习俗，被灌输进如何成人，如何与他人相处的知识。人类的驯化历程是由语言促进的，但口语并不是其得以实现的必要条件。相反，我们需要对狗狗的感知保持警惕，并让他清楚我们的感知。

公元1世纪罗马百科全书编纂者普林尼（Pliny）的巨著——《自然史》就囊括了对熊出生时的情况的自信陈述。他写道，这些幼崽“是一块不成形的白色肉块，比老鼠大一点，没有眼睛没有毛发，只有爪子伸出来。母熊把这小块慢慢舔舐成形”。他提出，熊出生时只不过是纯粹的未分化物质，并且熊妈妈就像个真正的经验主义者一样，用舔舐让她的小崽崽形成一只熊的模样。当我们把“粗黑麦面包”带回家时，我觉得我也正这样做：“舔出”她的形状。（不是因为我们相互舔舐，毕竟，只有她单方面地在舔我。）是我们互动的方式造就了她，让大多数人都想和狗狗一起生活：狗狗对我们人类的来来去去感兴趣，对我们付出注意力而又不过分打扰，在合适的时间同我们嬉戏。她通过自身行动，也通过观察他人的行动解读世界，从人类向她的展示中还有与我一起的行动中诠释世界。这当中她的地位得到了提升，成了家庭的好成员。我们在一起的时间越多，她便越成为本真的自己，我们便越交织在了一起。

狗的嗅觉世界

早上，当我正把“粗黑麦面包”的食物装盘时，她溜达进客厅：这是她一天之中的头一次闻嗅。她看起来很困，鼻子倒是绝对醒过来了，四处探测，好像在做早操。她鼻子伸向食物，身体岿然不动，接着嗅了嗅，看看我。又嗅了嗅。评鉴完毕。“粗黑麦面包”从碗边退回，用鼻子探探我伸出的手，表示对我的原谅。她用湿润的鼻子检查起我的手掌，顺道蹭痒了自己的胡须。我们走到外面，她的鼻子像是在做体操，几乎可以抓握住东西了，愉快地吸收着飘来的一阵阵气味……

我们人类往往不会花很多时间去思考气味。与我们每时每刻都吸收着并沉迷其中的大量视觉信息相比，气味在我们感官每天接收的信息中只是小小的一部分。我现在所在的房间是由色彩、表面、密度、微小移动、阴影和灯光构筑的梦幻组合。哦，如果我真的对气味产生了注意，那可以闻到旁边桌子上的咖啡味。也许书本一打开会绽放出清新的香味——但前提是我必须把鼻子伸进书页里。

我们并不总是去闻气味。当我们注意到某种气味时，通常因为它是好闻的气味，或者难闻的气味。气味对我们而言，很少纯粹作为信息的来源。我们觉得大多数气味要么诱人，要么令人厌恶。很少有人的嗅觉能像视觉感知那样保持中立性。我们要么对一种气味享受不已，要么对一种气味避之不及。我们现在生活的世界似乎相对无味，但绝对不是没有气味。毫无疑问，我们自己微弱的嗅觉限制了我们对这世界中气味的好奇。越来越多的科学家联盟正在努力改变这一点，他们对嗅觉动物（包括狗狗）的发现足以让我们羡慕那些鼻子灵敏的生物。当我们看到这个世界时，狗狗会闻到它的味道。狗所处的宇宙是一个由复杂气味层次形成的架构。气味世界同视觉世界至少是一样的丰富多彩。

狗的嗅探

……她像是有蹄类动物用蹄子划过草地一样，鼻子深深地埋在一片肥美的草丛中嗅着，贴近大地匍匐，不出来呼吸空气；她试探性地嗅探，汲取伸出的手的气味；她凑近我熟睡的脸，用她的胡须把我搔醒，围着我又闻又嗅，充当我的闹钟；她鼻子在微风中高高举起，沉思着嗅了嗅，紧接着打出半个喷嚏——只是“切”的一声，没有“啊”声——仿佛是想要把她刚刚吸入了管它什么分子的鼻孔清理一番……

狗狗对世界做出反应的方式不会像人那样，用手使用物体或用眼睛观察物体，也不会通过用爪子指向物品的方式要求其他人对某物采取行动（胆小的人可能会这样做）；取而代之的是，狗狗会勇敢地大步走到新的、未知的物体前，将他们令人啧啧称赞的鼻子伸到距离自己几毫米以内的物体上，深深地嗅一嗅。大多数品种狗的鼻子可一点也不隐蔽。在狗亲自到达现场前的几秒钟内，鼻口部就会先探出去检查一番新来的人。狗狗的嗅觉器官可不仅仅是鼻口部尖端的装饰品；它是狗狗器官里一位湿漉漉的王者。狗鼻子所处的突出位置以及所有的科学都证实，狗狗是嗅觉动物。

嗅觉器官是让狗狗闻到有气味的东西的绝佳媒介，化学气味在鼻腔中加速到达涡旋状鼻甲骨中，与静静等待着的嗅觉受体细胞结合。嗅探是吸入空气的动作，但比普通吸入气体的动作更活跃，通常伴有短暂而尖锐地将空气吸入鼻子的动作。每个人都会闻嗅——清清鼻孔，闻一下烹饪出来的晚餐味道，作为后续更深地吸气的前奏。人类甚至会为了表达情感或表达意义而去嗅嗅——去表达不屑、蔑视、惊讶，以及作为说完这一句话句末的标点符号。据我们所知，动物大多会嗅探世界。大象举起长鼻子伸向空中，像“潜望镜”一样进行嗅探。乌龟慢慢地伸出鼻子，张开鼻孔。而拇指猴则喜欢在用鼻子掘地时闻闻嗅嗅。动物行为学家经常注意到这一切的闻嗅行为，因为闻嗅动作可能在动物尝试交配、社交互动、攻击或觅食行为出现前产生。当动物将鼻子靠近（但未接触）地面或物体，或者物体靠近（但未接触）动物鼻子时，动物学家将其行为记录为“嗅”。在这些情况下，他们推测动物实际上是在猛烈地吸气——但他们可能无法靠得足够近，也就看不到动物鼻孔的翳动，也看不到鼻子前方区域搅动的微小空气漩涡。

很少有人仔细研究过狗狗嗅探时究竟发生了什么，不过最近一些研究人员使用了一种专门的摄影方法来显现狗鼻子前的气流，以检测狗何时嗅探以及如何嗅探。他们发现，狗狗的嗅探不等同于用鼻子闻。事实可以证明狗狗不是在简单地、一次性地吸入。狗的嗅觉是这么产生的——鼻孔肌肉收缩将气流吸入鼻中，使得存在于空气中的大量有气味的任意物质进入鼻子，同时置换掉已经储存在鼻子中的空气。此时鼻孔再一次微微颤动，将当前空气推入鼻子更深处，或者呼气，通过鼻子两个鼻孔侧面的狭缝和后部将气体从鼻腔内释放出去。这种方式下，狗狗吸入的气味不需要与已经留在鼻子里的空气碰撞就可以进入鼻子的内壁。这就是狗狗嗅探过程尤为特别的原因。相片还显示，呼气产生的微风实际上有助于狗狗吸入更多的新气味，因为微风在鼻子上方旋转形成了气流，引导新的空气进入狗鼻子。

这个动作与人类的嗅探明显不同，我们笨拙地使用“从一个鼻孔进去，从同一个孔出来”的嗅法。如果我们想闻到某种东西的好气味，必须用力嗅闻——过度换气，反复吸气，而不用力呼气。狗在呼气时自然会产生微小的气流，从而加速气体的吸入。所以对于狗来说，吸气的同时排出一点气体，形成气味漩涡，好让嗅探器嗅探气味。这一点可凭肉眼观察到：当狗用鼻子检测时，请留意从地面升起的一小团灰尘。

鉴于我们人类易于感受到如此多令人厌恶的气味，我们都应该庆幸自己的嗅觉系统适应了环境中的气味：假设我们呆在一个地方，随着时间的推移，每种气味的强度都会减弱，直至我们根本不再注意它。早上冲泡咖啡闻到的第一口气息真香，美妙极了。接着，几分钟后就消散了。门廊下腐烂的东西飘出的第一阵气味真让人恶心；几分钟后，又消散了。狗狗的嗅探方法使他们避免了习惯这个世界的嗅觉地图。他们不断地刷新鼻子里的气味，就好像眼珠子转移视线后再看一眼一样。

鼻界翘楚

我从车里为她打开车窗——刚好能容下一只狗脑袋那么大的空间

（记得那次在路遇想搭便车的松鼠之后，“粗黑麦面包”就整个身体跳出了打开的车窗）。当时她将自己的身体支撑在车的把手上，口鼻伸到夜色中疾驰的车外。她紧紧地眯着眼睛，脸蛋在风中被吹成流线型，鼻子深深地伸进了湍急流动的空气中。

一旦一种气味被吸进来，就会从大量的鼻组织中找到大力欢迎自己的受体。大多数纯种狗以及几乎所有的混种狗都有长长的口鼻，鼻子里有迷宫般的通道，里面有特殊的皮肤组织——衬里①。这种衬里，就像我们自己鼻子的衬里一样，准备好了要接收携带着“化学物质”的空气——各种大小的分子。这些分子被视为气味。我们在世界上碰到的一切物品，都笼罩在这些分子的迷雾中——不单单有厨房操作台上成熟的桃子，还有我们在门口踢掉的鞋子和抓住的门把手。动物鼻子内部的组织完全被微小的受体位点覆盖，每个部位都有毛发充当巡逻的士兵，帮助捕捉某些形状的分子，并将它们固定下来。人类的鼻子大约有 600 万个这样的感觉受体部位；牧羊犬的鼻子超过 2 亿；比格犬的鼻子拥有 3 亿多。狗有更多的基因委身于编码嗅觉细胞，能编码更多数量的细胞，更多种类的细胞，也就能够检测出更多种类的气味。狗和别的物种间气味体验上的差异是指数级的：在狗狗从门把手上检测某些分子时，接受检测的并不是单个部位，而是若干部位聚集成的组合在向狗狗大脑发射信息。只有当信号到达大脑时，狗狗才会体验到气味：如果是人类在嗅，我们往往会说啊哈，我闻到了！

不过，我们更可能压根不会想到要去闻一样东西的味道。但小猎犬会：据估计，他们的嗅觉可能比我们灵敏上数百万倍。在他们身旁

① 衬里：皮肤和黏膜组成。

的我们，是彻头彻尾的无嗅觉者：什么都闻不到。我们或许会注意到自己的咖啡是否掺了一茶匙糖来增加甜度，而一只狗能检测到 100 万加仑水中稀释的一茶匙糖：100 万加仑，那可是相当于满满两个奥林匹克标准泳池里的水。*

这是怎样的感觉？想象一下，如果我们视觉世界的每个细节都有相应的气味与之匹配，那么，曾有从遥远花朵上飞来的昆虫访问过、留下花粉足迹的玫瑰上，每一片花瓣可能都是不同的。对我们来说，花枝只是一根茎，记录了谁握过它以及何时握过它。叶片中化学物质释放后留下的痕迹则标志着叶子的这个部位撕裂开了。花瓣的肉比叶子的肉更饱满，而且还带有不同的气味。叶子的褶皱有气味。落在荆棘上的露珠也是如此。时间就藏于这些细节中：虽然我们可以看到花朵的其中一片花瓣变干，变成褐色，但狗狗可以“闻”到它腐烂和老化的过程。想象一下用闻嗅去感知眼睛所看到的每一分钟细节。这可能是一朵玫瑰赋予一只狗的生命体验。

信息到达大脑的最快途径就是经由鼻子。视觉和听觉数据在到达脑皮层的途中要经过一个中间结集地，但鼻子中的受体直接连接到特殊嗅觉“灯泡”形状中的神经，进行最高级别的处理。狗脑里的嗅球约占脑重量的 1/8：比我们大脑中央视觉处理中心枕叶①的尺寸要大上若干倍。不过狗狗特别敏锐的嗅觉也可能是由他们感知气味的另一大方式：通过犁鼻器感知而形成的。

---

* 理论上是这么个结论，但实际上以上测试中没有使用到游泳池。实验者使用极少量的无味培养基样品作为替代，然后在其中一种培养基中加入了更少量的糖样品。

① 枕叶：大脑皮层的一部分结构，属于哺乳动物四个脑叶之一，已知的主要功能是处理视觉信息。

安上狗鼻子

“犁鼻骨”这个称谓在英语单词里会让人联想起与呕吐相关的形象，唤起人像是闻了刚呕吐出来的东西一样的不快。因为英文单词中“犁鼻骨”一词长得像“呕吐”一词：“犁骨”（vomer）实际上描述的是鼻子中感觉细胞附着的小骨头，而英文“呕吐”拼作 vomit。实际上，两个单词重叠的部分是对感觉细胞所在的鼻子小骨头部位的描述。不过，这个名字不知怎的似乎适合一种因食粪症（吃粪便）而臭名昭著的动物，这种动物可能会舔掉地上另一只狗的尿液。食粪、舔尿，这两种行为可都不会让狗感到恶心；对狗狗来说，这只是获取一片区域中别的狗或别的动物更多信息的一种方式。最初在爬行动物中发现的犁鼻器官，是位于口腔上方或鼻子中的一个特殊囊，上面覆盖着更多与气味分子结合的位点。爬行动物依靠它来找路、觅食、寻求配偶。伸出舌头去触摸一个未知物的蜥蜴，并不是在品尝或嗅探，而是将化学信息引向自己的犁鼻器。

这些化学物质就是信息素：一种动物释放并被同一物种感知的激素样物质。它们在进入犁鼻器后通常会引发特定反应——例如为性做好准备——甚至改变荷尔蒙水平。有一些证据表明，人类在无意识中会感知到信息素，甚至可能正是通过自身鼻腔的犁鼻器官在感知。* 狗

---

* 心理学家玛莎·麦克林托克（Martha McClintock）是第一个认真研究人类信息素检测情况的；她和其他人对信息素、类信息素激素如何影响我们的行为和荷尔蒙水平进行了理智的、激动人心的研究。但是同行评议的专家仍然就种种说法大声争论着。

肯定有犁鼻器官：它位于口腔顶部（即硬腭）的上方、鼻中隔的下部。不像其他动物的嗅觉受体部位覆盖着纤毛，由纤毛鼓励气味分子前进；狗狗犁鼻器官的感觉神经元不存在纤毛，细胞表面充满了微小的绒毛。信息素通常以液体形式携带：尤其尿液，是一只动物向异性发送个性化信息（比如交配欲望）的绝佳媒介。为了检测尿液中的信息素，一些哺乳动物会接触液体并做出一种独特的、令人尴尬咋舌的性嗅反射。性嗅反射中动物的脸显然是不可爱的——但它恰是一只正在寻找情人的动物的脸。性嗅姿势中，似乎是一只动物将液体喷入另一只的犁鼻器官，在那里液体被泵入组织中，或通过毛细作用被吸收。经常能看到犀牛、大象和其他有蹄类动物产生性嗅反射；蝙蝠和猫也是如此，它们有各自的物种差异。人类或许有犁鼻器官，但我们没有性嗅反射。狗也不能做出性嗅反射。但是经常观察狗的人会注意到，狗狗对其他狗尿液通常有非常强烈的兴趣——有时这种兴趣会引诱他们……向上撅屁股……进入……等等，恶心！别舔了！是的，狗可能会轻轻地舔尿，尤其是舔发情母狗的尿液。这可能是公狗版本的性嗅反射。

甚至比做出性嗅反射还要厉害的一点是，狗狗保持着鼻子外表面的舒爽和湿润。犁鼻器可能是造成狗鼻子湿漉漉的原因。大多数具有犁鼻器官的动物也会有湿鼻子。空气中的气味很难直接落在犁鼻器上，因为犁鼻器位于面部安全而黑暗的内部凹陷中。深吸一口气不仅将分子带入了狗的鼻腔，也会让小分子碎片粘在鼻子潮湿的外部组织上。到达那里后，小分子可以溶解并通过鼻子的内部管道到达犁鼻器。当你的狗狗用鼻子蹭你时，他实际上是在用鼻子收集你的气味：更好地确认自己鼻子前的就是你。这样，狗狗就有了双重方式感知嗅觉世界。

重新嗅探

当“粗黑麦面包”把她的鼻子探进草丛好好闻气味时，当她把鼻子真正深深地埋进泥土里开挖时，我开始意识到接下来将发生什么：她会四处走动，从不同的角度重新嗅闻气味，然后试探性地轻扫一下，掀翻一块草皮。更深地嗅闻、舔舐一番，把她的鼻子塞地上——然后迎来嗅觉高潮：自由地沉浸于气味中。先是鼻子，之后把她的整个身体扑倒在地，疯狂地来回扭动。

那么，一次次地拱鼻子能让狗闻到什么味道呢？以鼻子的角度“看”到的世界是什么样的？让我们从对狗狗来说简单的事物说起：首先他们闻到我们，闻到狗狗彼此的味道。之后我们可能已准备好向他们发起嗅觉挑战，让他们闻出此时此刻是何时何刻，“闻”出一块河石的历史，“闻”出一场雷暴的迫近。

人类的体味

人类有体味。腋窝是任何动物能产生的最浓重气味的来源之一。我们呼出来的气味说不清道不明，我们的生殖器很臭。覆盖我们身体的器官——皮肤——本身就被汗液和皮脂腺所覆盖，这些腺体经常会分泌出含有我们特定气味的液体和油脂。当我们触摸物体时，我们（或许）会在它们身上留下自己的一点痕迹：皮肤上的一层死皮。上头的细菌会不断地吞噬皮脂、排泄。这是我们的气味，我们的标志性气味。如果这个物体是多孔的——比如说软拖鞋——我们会花很多时间去触碰它——把一只脚放进去，抓住它，把它夹在胳膊下——对于狗狗这种嗅觉动物，拖鞋就成了我们人类生物气味的延展。对于我的狗狗来说，我的拖鞋就是我这个人的一部分。在我们看来或许拖鞋不像是件非常有趣的东西，但对狗狗来说则恰恰相反，任何回到家发现拖鞋被蹂躏过了，或者因自己留在上面的气味被狗狗追踪过的人都知道，在狗狗的鼻子下，拖鞋有趣极了。

甚至不需要我们去触摸什么，狗狗就能闻到我们的味道：我们在行动间会留下皮肤细胞的痕迹。空气中弥漫着我们汗腺不断蒸发出来的水分。除此之外，我们今天吃过的东西，我们亲过的人，我们擦过的东西都会散发出气味。无论我们涂什么古龙水，对狗狗来说都只会增加刺鼻的杂味。最重要的是，我们的尿液从肾脏向下流动的过程中，会捕获来自其他器官和腺体的气味：肾上腺、肾管，还有可能是性器官。以上混合物留于我们身体和衣服上的痕迹为我们的身份提供了更加独特具体的信息。结果，狗狗发现仅凭气味就很容易区分我们。训练有素的狗可以通过气味区分同卵双胞胎。哪怕我们离开，我们的气息也仍然存在，因此有了寻回犬发挥的“神奇”的力量。这些熟练的嗅探器在我们留下的分子云朵中“窥见”了我们。

对狗来说，我们的气味就意味着我们。在某些方面，人的嗅觉识别与我们自己对人的视觉识别非常相似：脸庞这张图像上的多个组成部分构成了我们的外观。剪了不同发型或戴了新眼镜的脸，至少暂时会误导我们错判面前站着的这人的身份。我会惊讶于人从不同角度或从远处看起来的样子是不一样的，哪怕这人是亲密的朋友。因此，我们展现出的嗅觉形象在不同的环境中也必然不同。光是一瞥见我的（人类）朋友来到狗公园就足以让我微笑了；而我的狗狗需要多一拍的反应时间才能注意到她自己的朋友。因为气味在空气中会衰减、四散开，而光不会：如果微风将附近物体的气味吹向另一个方向，那它可能就不会飘散到你身上，而且气味的强度会随着时间的推移而减弱。除非我的朋友试图躲在树后，否则她很难向我隐藏她的视觉形象：风不会把她这个人从我眼前隐藏起来，却可能会把她暂时从狗狗的鼻子跟前隐藏起来。

当一天结束，我们回到家时，狗狗通常会迅速出动，亲昵地迎接我们，迎接我们这一团气味混合物。如果我们是沐浴后喷了新的香水，或者穿着别人的衣服回的家，迎接我们的大抵是狗狗片刻的困惑——这个人闻起来不再是这人了——不过我们天然体液溢出的气息很快就会向狗狗泄露出我们的身份。在嗅觉方面，狗狗并不是唯一拥有"气味视力"的动物。人们已经见识过，鲨鱼可在水中沿着片刻前受伤鱼儿游出的特定曲折路径前进：不仅是血液，还有荷尔蒙——这条鱼已留下了一点点的自己在身后。不过狗狗的独特之处在于，人们可鼓励、训练他们借由气味来追踪早已消失于视野的人。

猎犬是拥有超级嗅觉的狗狗之一。他们的鼻子不仅拥有更多组织——也即更强有力的嗅觉——而且他们身体的诸多特征似乎都使得他们能够更强烈地闻到气味。猎犬的耳朵非常长，不过不是为了更好地听。因为其耳朵靠近头部，所以恰恰相反，头部的轻微摆动会使两边的耳朵跟着运动，扇出更多有气味的空气供鼻子捕捉。猎狗不断流口水的特征是一大完美的设计，这样他们可将多余的液体收集到犁鼻器进行检查。被认为是从猎犬中培育出来的巴塞特猎犬则得到了更进一步的优化升级：腿缩短了，整个头部已经贴在地面上——和气味处于同一水平线上。

这些猎犬具备敏锐的闻嗅天分。再加上训练——奖励他们格外注意某些气味而忽略其他气味——他们很容易能够追踪某人一天或好几天前留下的气味，甚至可以指出在哪个地点曾有两个人分道扬镳。狗狗不需要我们的太多气味：一些研究人员使用五张彻底清洁过的载玻片对狗狗进行了测试，其中一张添加了指纹。载玻片静置了几个小时至三周不等。之后狗狗开始检查载玻片阵列，并尝试选择出留有人类痕迹的载玻片：如果狗狗猜对了会得到奖励，这足以激励他们站起来闻嗅载玻片。在 100 次试验中，狗狗有 94 次是正确的。后续将载玻片放在建筑物屋顶上一周，这 7 天中，载玻片暴露在直射的阳光、雨水和各种吹落的碎屑下。同一只狗，在试验中闻嗅后几乎一半的选择仍然是正确的——这样的正确率，远高于运气好碰巧蒙对的概率。

他们不仅是通过注意气味来追踪，还通过注意气味的微小变化来追踪。我们的每一个脚步都或多或少地带有我们的气味。理论上，如果我用我的气味浸透地面，混乱地来回奔跑，一只通过注意气味来追踪我的狗狗将无法说出我的路径——只能判断出我肯定去过这些地点。但训练有素的狗不会只注意到气味。他们注意到气味随着时间推移的变化。例如，跑步时足迹留在地面上的气味浓度会随着时间的流逝而降低。在短短两秒钟内，跑步者可能会留下四五个脚印：足以让训练有素的追踪者根据第一次和第五次脚印发出的气味差异来判断他跑步的方向。你离开房间时留下的轨迹比此前的轨迹载有更多的气味；因此狗狗重建了你的路径。气味，是时间的标识。

狗狗不会像我们人类那样随着时间的推移而习惯气味，而在他们特殊的循环呼吸方式中，犁鼻器和鼻子定时互换角色，以保持气味的新鲜度。在训练救援犬时，正是利用了他们的这种能力：一定要将自

己定位到失踪者的气味中。同样，追踪犯罪嫌疑人的嗅觉犬也受训练追随被称作“个人气味生成体”的精致生物体：人类。人类天然地、有规律地、完全不由自主地分泌着丁酸。顺着丁酸找人对狗狗来说易如反掌，他们也可以将此技能扩展到闻其余种类的脂肪酸上。除非你穿着完完全全由防臭塑料制成的紧身连衣裤，否则肯定会被猎犬找到的。

嗅探恐惧

即便是我们这样既没有逃离犯罪现场、也不需要救援的人，也没有理由低估一只狗狗的嗅觉能力。狗不仅可以通过气味识别个体，还可以识别个体的特征。狗知道你是否有过性行为，是否抽过烟，并且能辨别出这两项行为的先后顺序。他们还知道你刚刚吃过零食了又或是刚跑完一英里。能闻出这些来似乎没什么不好，除了能闻出零食这点。对于有关你的这些事实，狗狗可能并不特别感兴趣。不过他们还能闻出你的情绪就是了。

几代学童都被告诫“永远不要对陌生的狗表现出恐惧”。* 狗很可能确实闻到了恐惧，也可能闻到焦虑和悲伤的味道。无需用狗狗的某种神秘能力来解释这一点：人在恐惧时，就会散发出恐惧的气味。研究人员已经确定了，从蜜蜂到鹿，许多的社会化动物当其中一只受到惊吓时，另一只可以检测到它释放的信息素，采取行动来确保对方安全。信息素是不由自主地、无意识地产生的，并且通过不同的方式产

---

* 陌生的狗——这一生物体构造本身，似乎就是为了激发人的恐惧感。人产生的恐惧还基于这么一个有漏洞的前提：熟悉的狗狗会表现出可预测且可靠的行为，而不熟悉的则不会。正如我们所看到的，尽管我们或许会希望狗狗的行为与我们的欲望保持同步，但他们只是遵从自己本心的动物，这点保证了他们是不会总按人类意志行事的。

生：受损的皮肤可能会引发它们的释放，并且有专门的腺体会释放出起警报作用的化学物质。此外，警惕、恐惧和其他所有情绪给人带来的感觉都与生理变化相关，从心率和呼吸频率的变化，再到出汗和新陈代谢的变化。测谎仪就是在最大检测限度内通过测量身体这些自主反应的变化来发挥作用。有人可能会说，动物的鼻子也会因为敏感而"起作用"。实验室用老鼠做的实验证实了这一点：当一只老鼠在笼子里受到电击，从而学会害怕笼子时，附近的其他老鼠会察觉到被电击老鼠的恐惧——即使没有看到同伴鼠被电击这一幕——它们自己也会避开笼子；要不是觉察出受电击老鼠的恐惧，别的老鼠压根无法把这个笼子同附近的其余笼子区分开来。

当他接近我们时，那只奇奇怪怪、看起来有威胁性的狗是如何闻到我们的恐惧或是害怕的？我们在压力下会自发地出汗，汗水带有我们的气味：这是狗狗获取的第一条线索。肾上腺素——身体用来做好冲刺准备、远离危险的东西，对我们来说是无味的，对狗狗敏感的嗅探器来说却不是：又一条线索。即使是血流量增加的简单行为也会更快地将化学物质带到身体表面，在那里通过皮肤得到扩散。鉴于我们散发出的气味反映了伴随恐惧而来的这些生理变化，还有人类信息素开始萌动的痕迹，若是我们忐忑不安，狗狗很可能会分辨出来。正如我们稍后将看到的，狗狗是我们行为举止相当熟练的解读者。我们有时会从其他人的面部表情中看到恐惧，而我们的姿势和步态中则已有足够的信息让狗狗也能感知到。

通过这些途径，狗终能追踪到逃犯是板上钉钉的。狗狗经过训练不仅可以根据对特定的人的气味进行追踪，还可以根据某类气味进行跟踪：比如有利于狗狗找到某人藏身之处的、有人在附近最新留下的气味，或者人处于情绪困扰中散发的——像是躲警察的人一样害怕的气味，愤怒的气味，甚至是暴跳如雷的气味。

以嗅问诊

如果狗可以检测到我们留在门把手上或脚印中的微量化学物质，他们是否能够检测到反映出疾病的化学物质？如果你幸运的话，当你患上一种难以诊断的疾病时，会有一位医生，认为你跟某些人一样，身上有种新鲜出炉的面包的独特气息是由伤寒引起，或者你身上一种陈旧的酸味是由于患有肺结核病，从肺部呼出的。许多医生现身说法：他们已开始注意到各种感染，甚至糖尿病、癌症或精神分裂症的独特气味。这些专家倒没有配备狗的鼻子，然而更具备识别疾病的能力。尽管如此，一些小规模的实验表明，如果你预约训练有素的狗狗问诊，可能会得到更精确的诊断。

研究人员已经开始训练狗识别由癌变、不健康组织产生的化学气味。训练很简单：当狗在气味旁边坐下或躺下时，他们会得到奖励；不这么做便得不到奖励。接着，科学家收集了癌症患者和非癌症患者的气味（微量的尿液样本，或者是往能捕捉呼出分子的管中呼出的气体）。尽管受过训练的狗数量很少，结果却令人震惊：狗狗检测得出哪些患者患有癌症。在一项研究中，他们在 1272 次尝试中仅弄错了 14 次。在另一项针对两只狗设计的小型研究中，他们几乎每次都能嗅出黑色素瘤的疾病气息。最新研究表明，训练有素的狗能够以高正确率检测出皮肤癌、乳腺癌、膀胱癌和肺癌。

这是否意味着你的狗会在你体内出现小肿瘤时通知你？可能并不是。以上研究说明的是，狗有能力嗅出疾病。或许你在狗狗鼻子里闻起来不一样了，但你气味的变化可能是渐进的。你和你的狗都需要训练：狗要去注意气味，而你要去注意你的狗表示出自己发现了什么的对应行为。*

气味社交

由于气味对狗来说如此具有存在感，因此在他们的社交层面大有用处。我们人类是在不经意间留下了自己的气味，而狗不仅会留心气味，还会恣意挥霍他们自己的气味。就好像狗意识到我们身体的气味能很好地代表我们自己（即使在我们不在的情况下也能），便决心利用它来为自己谋利。所有的犬科动物——野犬和家犬还有他们的近亲——都会将尿液溅到各种物体上的显眼处。正如同这种交流方法的命名：尿液标记一样，尿液标记传输了一条信息——只不过它更像是留下笔记，而不是谈话。消息由一只狗的后端留下，以供另一只狗的前端检索。每个狗的主人都熟悉消防栓、灯柱、树木、灌木丛处狗狗抬起腿做的标记，有时甚至目睹哪只倒霉的狗狗尿裤子又或者尿到了旁边人的裤腿上。大多数标记的斑点都很高或很显眼，这样一来，后来的狗狗就更容易看到，也更容易闻到尿液中的气味（信息素和相关的化学物质）。狗的膀胱——除了储存尿液外没有任何已知用途的囊——一次只能释放少量尿液，让狗狗可以反复做标记，经常做标记。

在身后留下气味之后，狗狗也会调查其他狗的气味。观察嗅探犬的行为发现，母狗尿液中的化学物质似乎提供了关于性准备的信息，

---

* 有关其他疾病的研究进展迅速。值得玩味的是，住在癫痫患者家中的狗似乎是患者癫痫发作的良好指示灯。两项研究报告表明，在主人癫痫发作之前，狗会舔主人的脸或手，呜咽，站在附近，或是移动身体以备随时防护主人——在一个案例中，狗狗坐到了癫痫即将发作的小主人身上；又一案例中，狗狗阻止快发病的孩子上楼梯。如果这是真的，那么狗依靠的可能是嗅觉、视觉或对我们而言其他不可见的一些线索。但由于数据来自“自我报告”——家庭问卷调查，而不是更客观收集来的，所以需要更多的佐证。然而，我们可以停下来，钦佩下有可能拥有这项技能的狗狗。

而公狗的尿液则透露了他们社交自信的强弱。一大盛行的观念是尿液信息宣示着“这是我的领地”，狗狗小便是为了“标记领土”。这个想法是由20世纪早期伟大的动物行为学家康拉德·洛伦茨（Konrad Lorenz）提出的。他提出了一个合理的假设：尿液是狗狗殖民地的旗帜，狗狗声称自己拥有哪块土地，就把这面旗帜插在哪儿。但是自从他提出该理论以来，50年的研究都未能证明“宣示领地”是尿液标记排他性的，或者哪怕是主导性的功能用途。

例如，对印度自由放养的狗的研究展示了狗在完全只由自己的器官支配时产生的行为方式。两种性别的狗都有标记行为，但只有20%的标记是“领地标记”，即标记在领地的边界上。标记的频次随季节变化而变化，在狗狗求偶或觅食时则更常发生。“领土”概念也被一个简单的事实给证了伪：很少有狗狗在自己居住的别墅或公寓内部的角落小便。相反，尿液标记似乎会留下小便者是谁，他在这块地走过的频繁度，他最近获得的胜利以及他交配兴趣如何的相关信息。这样，消火栓上肉眼不可见的气味叠层就成了社区中心的公告板，旧有的越来越臭的宣告书、需求书，从新近记录着活动和成功事迹的公告下面探出来窥视。那些来访更频繁的狗最终会处于气味堆的顶部，因此自然形成的层次结构得以揭示。但是旧的讯息仍然会被阅读，它们仍然载有信息——其中一条信息就是留下尿液的狗狗的年龄。

在动物尿液标记的编年史中，狗并不是最令人印象深刻的玩家。河马喷射尿液时挥动尾巴，就好像洒水器一样向四面八方撒尿。有些犀牛会以大功率排尿到灌木丛上，并用角和蹄子破坏这块灌木——大概是为了确保尿液能撒得远远的。要是有只狗狗第一个发现了犀牛般大功率旋转式喷头法排尿的超高传播效率，那他的狗主人可要遭殃了。

其他动物也会将身体的后端压在地面上，释放粪便和肛门的气味。

猫鼬会倒立并在高处摩擦自己；有些狗会做他们能做的体操，似乎有意在大石头和其他露出地面的岩层上释放自我。虽然次于尿液标记，但排便也具有可识别的气味——不是在排泄物本身，而是在其顶层的化学物质中。这些化学物质来自豌豆大小的肛门囊（又称肛门腺）。肛门囊是直肠内的一对小囊，位于肛门两侧，容纳着附近腺体的分泌物：分泌物的气味刺鼻难闻，就像是套在汗袜中腐烂了的鱼的气味。每只狗狗肛门腺内蓄留的分泌物都有明显的死鱼捂在汗袜里的气味。当狗感到害怕或惊慌时，这些肛门囊也会不由自主地不小心挤出肛门腺，分泌出这种异味。也许并不奇怪，许多狗在兽医办公室会害怕：作为例行检查的一部分，兽医经常挤压狗狗肛门囊以释放当中的分泌物。肛门囊可能受了刺激或是感染，有炎症，散发出的气味被我们熟悉的兽医用抗生素肥皂的气味掩盖了。就在诊所绵密的肥皂味里，悄然散发出狗狗的恐惧信息素，而且是臭烘烘的、令人闻之不忘的恐惧信息素。

最后，如果这些散发着恶臭的“电话卡”不够用，狗在记号本上做记录还有一大窍门：排便或排尿后抓挠地面。研究人员认为，这为混合物增加了新的气味——来自脚垫上腺体的气味。不过它也可以作为一种互补的视觉提示，引导别的狗找到气味来源以进行更仔细的检查。在刮风的日子里，狗可能看起来更活泼，更容易以爪抓地；事实上，他们可能正在引导其他狗捕捉一则讯息，否则这条信息可能就随风消失了。

闻嗅自然

可能是出于礼貌，又或许是因为没引起科学家的兴趣，科学并没有明确解释“粗黑麦面包”在一块散发着恶臭的草地上疯狂扭动的行为。气味可能来自她感兴趣的狗或是她认识的狗，或者可能是一只死去动物的残余物，与其说她扭来扭去是为了掩盖自己的气味，不如说她是为了享受这股奢华的“芳香”。

人类用肥皂简洁地回应狗狗的一系列行为：常常给我们的狗洗澡。我在的社区不仅有很多狗狗美容师，还会有一辆移动美容车来访问：它会到家里来接走狗，为狗狗打上肥皂泡、打理绒毛，或者以其他方式为狗除掉狗味。我很同情那些对家中碎屑和灰尘的耐受性比我低的狗主人：一只遛得充分、在户外尽兴玩耍过的狗狗就等于一台大功率撒土机。但是人类通过给他们洗澡，剥夺了属于我们狗狗的一些东西。更不用说在我们的文化里，人类过分热衷于清洁自己的家，包括自己狗狗的床铺。对我们来说，干净的气味是人造化学清洁剂的气味，明显是非生物的气味。清洁剂中最温和的香味仍然是对狗狗嗅觉的侮辱。虽然我们可能喜欢一个视觉上干净的空间，但一个完全没有有机气味的地方对狗狗来说是一片贫瘠的土地。最好把偶尔穿破的T恤放在身边，也暂且不要去擦地板。狗本身没有任何动力去成为我们所说的干净的东西。难怪狗狗洗完澡会在地毯上、草地上用力地打滚。当我们用椰子薰衣草香波给他们洗澡时，我们暂时剥夺了狗狗身份的重要部分。

同样，最近的研究发现，当我们给狗过度使用抗生素时，他们的体味会发生变化，暂时严重破坏了他们通常发出的社会信息。我们在适量、适当使用这些药物的同时要对此保持警惕。伊丽莎白圈，又称耻辱圈，也是如此。它是一只巨大的圆锥形项圈，通常用于防止狗咬合伤口处的缝线。对于防止狗狗自残很有用，但它也阻碍了狗狗一切普通的日常互动行为：戴着它，狗狗没法从另一只有攻击性的狗身上扭转目光；没法扭头去看身体侧面蹒跚走来的人；也没法用鼻子凑近另一只狗的臀部去闻。考虑起这些来，伊丽莎白圈不免就有点搞笑了。

可怜的是城市里的狗，他们受制于一种全社会共惧的旧时代残余观念：气味本身会导致疾病。18 世纪和 19 世纪的城市规划转向对城市精心“除臭”：铺设街道，用混凝土取代泥土路以锁住气味。在曼哈顿，人们甚至推动建立了一个基于网格的街道系统，人们认为这将促使气味从城市跑到河边，而不是让气味在城市舒适的角落和小巷里定居下来。这无疑剥削夺了狗狗极有可能对每一片落叶和草叶铺成的缝隙里的气味产生的享受。

闻嗅气氛

我和“粗黑麦面包”一起坐在外面时，她一动不动的姿态曾经让我迷惑。有一次，我更仔细地观察了她，发现她身体纹丝不动，只有一个部分是例外：她的鼻孔。一对鼻孔正借由洞穴般的鼻腔搅动着信息，思索她鼻子前的景象。她看到了什么？刚转过街角的那条不知名的狗？山下的烧烤聚会上排球运动员围着烤肉汗流浃背的样子？伴随着遥远地区的猛烈气流，一场即将来临的暴风雨？荷尔蒙、汗水、烤肉——甚至是雷暴到来前的气流向上行进时在尾迹中留下的看不见的气味痕迹——狗鼻子都是能检测到的。虽然狗不一定真会用鼻子去检测下或解码下气味，但这些气味，狗鼻子是有能力检测的。不管“粗黑麦面包”嗅到了什么，她都与人眼里看上去的那个闲散生物相去甚远。

自从了解到气味在狗狗世界中的重要性后，我对“粗黑麦面包”

以直接走向对方腹股沟的方式来迎接我家里访客的看法有所改观。生殖器以及嘴巴和腋窝，都是狗狗真正的信息来源。不允许狗狗用这种方式问候就相当于让人类在给陌生人开门时蒙住自己的眼睛。不过，由于我的客人可能不像我那么热衷于走近狗的世界，我建议他们伸出香香的手来，或跪下来让狗狗闻他们的头、躯干。

同样，去责备一只狗迎接附近新狗时闻对方屁股，可以说是人类特有的做法。人类厌恶闻屁股的人类社会行为，狗可感受不到这点。对狗来说，用各种手段靠对方屁股越近越好。狗狗要是自己没兴趣接受如此亲密的“检查”，他们会告诉对方的；人为干扰可能会把其中一只惹毛，甚至是两只都惹毛。

因此，要了解狗的内心世界，我们必须将物体、人、情绪——甚至一天中的不同时间——视作具有独特气味的要素。人类对气味的描述太少，限制了我们对存在的多种杂乱无章事物的想象。或许，一只狗能察觉出诗人在笔下唤醒的事物：“水中美妙的气味，/ 石头勇敢的气味，/ 露水和雷声的气味。”（当然也绝对能闻出“埋在……下旧骨头的气味”）。或许并不是所有的气味都是好气味：有视觉污染，就有嗅觉污染。当然，那些“看”到气味的动物必然也记住了气味：当我们想象狗狗夜里做梦还有做白日梦时，我们应该想象的是一个由气味构成的梦境。

自从欣赏起“粗黑麦面包”嗅觉体验充沛的世界后，我有时会带她出去，坐下来闻一闻、嗅一嗅。在我们的气味之旅中，一路上她感兴趣的每个地标处我们都会停下来。她在尽情地观察；出去跑跑嗅嗅是她一天中最美妙、最让嗅觉享受的时光。我不会压缩她的美好时光。我甚至以不同的方式看待起了她的照片：她曾经深沉地凝视着远方，看上去像在沉思。如今我感受出，她实际上是闻到了遥远处飘来的激动狗心的新鲜空气。

但最令我高兴的是收到她对我的问候——摇摆的尾巴里流露着认出我来了的欢欣。我用鼻子凑近“粗黑麦面包”的脖颈，反过来也闻闻她。

狗的交流方式

“粗黑麦面包”坐在我身边，静静地看着我：她想要我给她点啥。我们散步的时候，她告诉我哪一刻我们已走得够远，她准备回去了：她跳起来，后腿支撑着打转，接着沿我们来时的路直直地往回走。我打开洗澡水，转身对她微笑。她垂下尾巴，低低地摇摆，耳朵贴在头上。所有这些都在同我说话，可她又压根没张嘴。

就因为注意到了狗狗的“茫然困惑”与“沉默寡言”，而将动物描述为我们“蠢蠢钝钝的朋友”未免有丝刻薄。发呆、无声的静寂，这些是人类谈论起狗来时的措辞。我们很熟悉这样的措辞。当我们与他们交谈时，他们从不予以语言上的回应。狗狗的迷人之处在于，他们会默默地思考起我们人类。这种思考，我们可以归因于狗狗的同理心。尽管狗狗的种种特征令人回味，但在我看来，人对狗的认知有两方面存在明显缺陷。首先，我猜测并不是动物想说话而说不出话。是我们人类希望他们说话，却激起不了他们的表达欲。其次，大多数动物，尤其是狗，事实上既非面无表情，也不是哑巴。狗和狼一样，用眼睛、耳朵、尾巴和姿势交流。他们远非沉默，而会尖叫、咆哮、咕哝、呻吟、呜咽、吠叫、打哈欠、嚎叫。这些在出生后最初的几周内，他们就能做到。

狗是会说话的。他们交流，他们宣告，他们表达自我。这不足为奇，可令人惊讶的是他们交流的频率如此高，方式如此丰富。他们会互相交谈，同你交谈，也会同紧闭着的门的另一边、或是隐藏在高草丛中的噪声交谈。我们人类很熟悉这种合群性：就像人类一样，狗狗的海量交流体现了他们的社交性。像狐狸这样的犬科动物，并不生活在社会群体之中，似乎聊天的范围就小多了。甚至狐狸发出的各种声音也表明了他们生来更爱独处：他们发出可以远距离传播的声音。狗狗是通过发出小小的、低低的声音来表达自己已坚定不移地关闭了沉默模式。发声法、气味、姿态和面部表情都在向其他狗传递信息。如果我们懂得倾听，这些元素也会向我们传递信息。

大声“说”

公园里两个人边走边聊。他们轻松地漫步着，聊天话题从感叹天气温暖，到讨论掌权人的本性，再到表达相互之间的爱慕，又到回忆起过往彼此间爱意的流露，最后提示对方直视前方的树。他们间能做到交流这一点，主要通过控制嘴巴的形状、舌头的位置，将空气推入声道，挤压或是咧开嘴唇，嘴唇微小地、怪怪地扭曲着。他俩的沟通并不是唯一发生着的沟通。在他们遛弯的过程中，各自身旁的狗狗也许在“咒骂”对方，又或是确认友谊，或互相求爱，或宣布支配地位，又或拒绝前进，争抢一根树枝的拥有权，再或对各自的主人表示效忠。与许多非人类动物一样，狗已经进化出无数种非语言驱动的方式互相交流。人类在交流方面的便利是毋庸置疑的。我们用一种复杂的、符号驱动的语言交谈，这与在其他动物身上看到的完全不同。但我们有时会忘记，即使是不使用语言的生物也可能在经历一场交流风暴。

动物拥有的是从发送者（说话者）到接收者（倾听者）获取信息的整个行为系统。这就是称之为通信所需的全部内容。它不一定是重要的、相关联的信息，也并不有趣，但到了动物之间，通常就变得重要、相关又有趣了。动物的交流，甚至是声音的交流，只是有时能落在我们的听觉范围内：它通常是通过肢体语言——四肢、头部、眼睛、尾巴或整个身体——甚至是借助变色、身体变大变小、排尿和排便等令人惊讶的形式制造出来的。

要弄清动物之间有没有传授信息，我们可观察一只动物发出声音或是采取行动后，另一只动物有没有改变行为做出反应。如果是，则信息已传授。尽管目前有研究人员试图掌握蜘蛛、树懒的通信系统，但由于我们不懂他们的语言，也就对他们的话语置若罔闻了。不管怎样，动物总是喋喋不休。过去一百年来，自然科学的种种发现向我们展示了喋喋不休者的各种伪装。鸟儿叽叽喳喳啾啾的，还唱歌。座头鲸也是如此。蝙蝠发出高频咔哒声，大象则是低频的隆隆声。蜜蜂双翅摆动的舞蹈传达了食物的方向、品质和距离信息；猴子用打哈欠表示威胁。萤火虫闪烁的光彰显着它的种类；毒箭蛙的颜色标示了它的毒性。

人类首先注意到的往往是与我们自己语言最接近的交流方式：说出声来。

卷边边的狗耳朵

外面打雷了。“粗黑麦面包”的耳朵是天鹅绒般的等边三角形，顺着她头的两侧完美折叠着，顶端的小角卷起，落在长长的等腰线上。

她抬起头，眼睛望向窗外，辨认出声音：一场风暴，一件可怕的事情。她耳朵向后转动，沿着头骨平展开来，仿佛要用自己的力量将它们固定住。我安抚她，观察她的耳朵以获取反馈。她耳尖软下来，不过只是稍微放松了一点。她仍然紧紧地立着双耳，对抗雷公的咆哮。

并没有长着突出耳朵的我们，大可以羡慕狗狗那双傲人的耳朵。狗耳有一系列令人眼花缭乱的同样可爱的变体：极长且呈小叶片形状的；小、软、有活力的；优雅地折叠在脸上的。狗的耳朵可能是活动的或僵硬的，三角形的或圆形的，松软的或直立的。在大多数狗中，耳朵外部可见的部分，也就是耳廓，会旋转以便更好地打开从声源到内耳的通道。许多狗狗的品种标准长期以来规定人类要为他们剪耳、切断耳廓使松软的耳朵直立，这类做法越来越不受欢迎。如此设计狗，有时还美其名曰减少感染的可能，其实在损伤狗狗听觉敏感性方面具有未知的后果。

大自然这个造物主设计出的狗耳朵，已进化到可以听到某些类型声音的程度。令人高兴的是，这组声音与我们可以听到和发出的声音重叠：假设我们有话说出口，就至少能传到附近一只狗的耳膜里。我们的听觉范围是 20 到 20000 赫兹：从最长的风琴管的最低音到极其尖锐的吱吱声都涵盖其中。* 我们大部分时间都花在理解 100 到 1000 赫兹之间的声音，这是附近任何一场趣味演讲的声频范围。狗能听到我们人能听到的绝大部分内容，以及一些我们人类听不出的声音。他

---

* 实际上，几乎没人能在这个范围内灵敏地捕捉到同样的声音。随着年龄的增长，人耳逐渐察觉不了 11000 到 14000 赫兹这一范围以上的高频声音。这激发了相关产品的设计灵感。针对青少年内心能体验到的世界，一款设备被开发出来：它可发出 17000 赫兹的音调，也就是超出了大多数成年人听力范围的音调。但年轻人是能听到的，而且这声音给他们造成的感受非常不好。商铺老板将这种音调用作青少年“驱虫剂”，阻止青少年在他们店铺周围游荡妨碍生意。

们可以探测到高达4500赫兹的声音，比我们耳朵的毛细胞费力弯曲才能听到的音高还要高得多。因此，狗哨，一种看似神奇的装置，它虽不会发出明显的声音，但力量却能让狗耳振作起来。我们称这种声音为“超声波”，因为它超出了我们的听觉范围，但它处于我们本地环境中许多动物的可听声音范围内。不要以为对于出生就享有高配耳朵的狗狗来说，除了偶尔的狗哨声之外世界是安静的。哪怕是一个普普通通的房间，在狗耳中也高频脉动着，狗狗从中连续不断地检测到声源。早上起床时，你以为自己的卧室很安静吗？数字闹钟里晶体谐振器发出的永不停歇的高频脉冲警报，狗耳朵可以听到。墙后老鼠做出导航的鸣叫，还有墙内白蚁身体的振动，狗狗可听到。你为了节省能源安装的节能荧光灯呢？你可能听不到嗡嗡声，但你的狗可能会听到。

我们最关注的音高范围是讲话中的音高范围。狗能听到所有的声音，并且在检测音调变化方面几乎和我们人类一样厉害——例如，狗狗能理解以低音调结尾的陈述，并把它同提问区分开——英语的问句以升高的音调结尾：“你想去散步吗？”带有问号。有与人类散步经验的狗狗就会对这句话感到特别兴奋。这句话要是不带问号，在狗耳里就只是噪声。想象一下近期增多的“语调上扬”的说话方式，每句话都以问号结束，给狗狗制造了不少混乱。

如果狗能理解语音的重音和语调，也就是说话韵律，那是否意味着他们理解语言？这个问题很自然地产生了，不过答案有争议。由于人类与其他动物之间最明显的差异之一就是语言的使用，因此语言被界定为至高无上的终极智力体现。一些动物研究人员对这一衡量标准严重不满，他们开始试图证明动物具有语言能力（讽刺的是，他们并没有在头脑里想好具体要为哪个蒙冤的物种辩驳）。非人类动物拥有语言能力的证据越来越多，哪怕是原本就赞成语言是智力之必需这一观点的研究人员，也为动物拥有语言能力的论断增添了大量研究成果。然而，各方都同意，在动物中还没有发现类似人类的语言，即通常带有多种定义，可以无限组合，构成句子时有一套规则的词库。

这并不是说动物有可能理解不了我们某些语言的使用，即使他们自己不生产这些语言，他们也能听懂。比如，有许多动物能利用好附近不相关物种的交流系统，这样的例子比比皆是。猴子可以基于周围鸟类对附近捕食者的警告呼叫采取保护行动。哪怕是一些蛇、飞蛾甚至苍蝇都能做到。通过模仿来欺骗另一种动物，某种程度上来说他们也是在使用另一个物种的语言。

对狗的研究表明他们确实理解语言，只不过理解范围有限。一方面，说狗能理解单词是不恰当的。单词存在于一种语言中，语言本身是一种文化的产物；狗是在一个非常不同的层面参与这种文化。单词应用的原则在狗的理解里和人类的理解里，是完全不同的。毫无疑问，狗狗世界里的单词比加里·拉森（Gary Larson）的《远方》漫画所包含的更多：漫画里人与动物就是在吃饭、走路、捡球。但狗狗其实可会搞事情了，只不过因为吃饭、走路、捡球是他们与我们互动的主要元素，我们就将狗的世界限制在这一小部分活动中了。与城市宠物相比，工作犬似乎反应灵敏且专注。并不是他们天生反应灵敏或者专注度高，而是他们的主人已经在他们的词汇表中添加了要做的各个类型的事情。

要理解一个词，需要能将它与其余词区分开来。受限于自身对语音韵律的敏感度，狗狗并不总是擅长分辨不同单词。试着在一天早上问你的狗狗要不要去散步；接下来，用同样的声音问你的狗狗是否想去瓜洲古渡。如果只是说话内容变了，语音语调等都保持不变，你可能会得到同样的肯定的反应。然而，话语开头的声音似乎对狗的感知很重要，由此推出，如果将吞咽的辅音更改为清晰的辅音，将长元音更改为短元音——这样的不规范发声法可能会引起狗狗理解上的混乱。当然，人类也能从话语的节奏韵律中读出含义来。英语语言本身没有赋予韵律以句法功能，但韵律仍然是我们能得以解释“刚刚所言”的一部分因素。

如果我们对自己同狗说的话听起来是怎样的能多一些敏感，那可能会从狗狗身上得到更好的反应。说话时高音的含义不同于低音的，上扬的音调与下降的音调也形成对比。人类往往用憨傻率性的语气，也就是儿语，对婴儿咕咕说话。同摇尾巴的狗交流也是用类似的儿语。尽管婴儿可以听到其他语音，但他们对儿语更感兴趣。狗也对儿语反应敏捷——部分原因是狗狗会把这种对着自己诉说的特定语言同其他在头顶上持续盘旋的喋喋不休区分开来。此外，与低音调说话人的呼唤相比，他们更容易接受重复的高声呼喊和请求。这背后的生态学含义是什么？高音对狗来说自然很有趣：它们可能表示兴奋的打斗或附近受伤猎物的尖叫。如果狗没有回应你要他现在就跑过来的合理提议，请抑制自己压低音调增强语气的冲动。这样一来会表明你因狗狗先前的不合作而可能惩罚他的心态。相应地，以更长的降调而不是重复的升调说话，更容易让狗听从命令。这样的语气更容易让狗放松，使狗狗为说话人的下一个命令做准备。

有一只叫栗哥的狗相当有名，他对单词用法的领悟力非常卓越。栗哥是只德国边境牧羊犬，可以通过名称识别超过 200 种玩具。只要在他面前摆一堆他曾经见过的各种玩具和球组成的巨大堆垛，他就能靠谱地拽出主人要求的那个物品，将其带回。现在，撇开为什么狗需要 200 个玩具不谈，栗哥的这种能力足以令人印象深刻。孩子都很难完成同样的任务，而且有时只能在取回东西上帮些忙。而栗哥更为出彩的一点是，他能通过排除法快速学习新物品的名称。实验者将一只新奇的玩具放在一堆熟悉的玩具中，然后说出栗哥从未听过的词让他找回。“去抓蛇鲨，栗哥。”如果栗哥看起来很困惑，接着带着最喜欢的旧玩具溜回来，那会让人非常同情。然而，栗哥靠谱地选择了新玩具，只要你说得上名字，他就能取得回。

当然，栗哥并没有像我们成年人，甚至是年幼的孩子那般使用语言。人们可以争论他听懂了多少人话，争论他拿回了正确的玩具是不是纯粹因为他偏爱新的，而跟人们在说什么、他弄没弄明白人们说的话等一切都无关。但无论如何，他在拾取人声指示物中表现出来的敏锐洞察力，极大满足了发出各种声音的说话人。栗哥的能力可能并不表明所有的狗都这么能干：栗哥可能是个非常熟练的单词应用者*，而且他肯定会因找出正确玩具得到的表扬而倍受激励。尽管如此，即使他是唯一能做到这样的狗狗，也表明了狗拥有的认知配置足以支撑他理解某种情境中相应的语言。

承载意义的不仅是表达的内容、语音。要成为一名称职的语言使用者，意味着要理解语言的使用——语用学：即你讲话的手段、形式和上下文如何影响你所说意思的学问。20 世纪哲学家保罗·格赖斯（Paul Grice）描述了我们人类使用各种规范语言进行含蓄表达时的“会话准则”。会话准则的践行表明说话人是个有合作性的演讲者；哪怕他们故意违反会话规约，也往往是有意义的违反。会话准则包括吸引人的关系准则（所提供的信息要与话题相关）、方式准则（所提供的

---

* 自 2004 年栗哥的成功事迹得到报道以来，报告显示，其他狗（大部分也是边境牧羊犬）的词汇量增长到 80 到 300 多个词不等，掌握的都是各种玩具的名称。可能你家里就有这当中某个奇妙词汇对应的玩具。

信息要条理清晰、简洁明了)、质量准则(所提供的信息要真实可靠、有依据)和数量准则(所提供的信息量要刚好符合谈话目的要求，充分不多余)。

狗在度过美好的一天时，头脑中印刻着格赖斯提出的所有准则。想想吧，当一只狗在街上见到只看起来很流氓的家伙，可能会冲其吠叫。这是遵循了关系准则：这个家伙看起来很流氓；狗狗的叫声急剧而锐利，这是遵循了方式准则：指意非常明确不含糊。不过这个家伙到了附近狗狗才会吠叫起来，所以说狗狗警告的吠叫在当下这一刻是真的，符合质量准则；并且吠叫不会超过几声，相对简练，符合数量准则。虽然狗几乎没有资格成为称职的语言使用者，但这并不是因为他们违反了交流的语用学。只因他们的词汇量规模小，且单词的组合使用受限，也就失去了同栗哥竞赛的资格。

许多狗主人感叹，与栗哥比起来，自家狗不是特别好的听众——尽管让狗狗试演的空间够广阔了。公平地说，犬科动物并不依赖听觉作为主要感官。甚至相对于我们人类的听力，他们并不具有能力来精准地辨别声音的具体位置。他们通过声音的源头锚定声音传来的方向。就像我们人类一样，狗狗也必须把注意力集中在某个声响上才能听得最清楚——首要表现是他们的脑袋会倾斜，将耳朵稍微指向声源，或者调整耳廓位置。我们人类很熟悉这种姿态。狗狗的听觉似乎不是用来“看见”声音来源，而是对听起辅助作用，即帮助狗找到声音的大致方向，这时他们可以开启更敏锐的感官，比如嗅觉甚至是视觉，以进一步锁定声源。

狗本身能在不同的音高范围内发出各种声音，也能发出仅在节奏或是频率上有细微差异的声音。他们是彻头彻尾的“杂音”制造者。

狗想说什么

“粗黑麦面包”嘴巴张到一半，缓慢而轻柔地喘气，紫色的舌头润润的。真完美。她的喘气本身就是一种对话——当她对我喘气时，我总觉得她是在跟我说话。

一群狗奔跑起来发出的刺耳声音乍一听似乎是无差别的球拍敲击的声音。但是，如果仔细观察，就可以区分叫喊声和呼号声，尖叫声和吠叫声，玩闹的汪汪声和威胁的汪汪声。狗会有意无意地发出声音，无论有意还是无意，两种类型都可能包含信息。听觉造成的狗狗的骚动，已符合被称为“交流”的最低要求，而不是简单的“噪声”。科学家感兴趣的，是要摸清狗狗发出信息的含义。鉴于狗狗发出种种声音的方式，毫无疑问，他们的各种声音具有不同的含义。

研究人员花费了无数个小时聆听动物的叫喊声、咕咕声、咔哒声、呻吟声和尖叫声，进而发现了声音信号的一些普遍特征。它们要么表达关于世界的一些情况——一大发现，一个危险事物——要么表达关于发出信号者本身的一些东西——狗狗自己的身份、性别、地位、等级，在群体中扮演的角色，他的恐惧或是快乐。这些声音会对他者产生影响：可能会缩短发出信号者与周围人之间的社交距离，从而将某人拉近；或是增加社交距离，将某人吓跑。此外，声音可能有助于群体的凝聚力，例如一起防御捕食者或入侵者，又或者声音会引发母性或是激起性关系。最终，一切发出声音的目的都具有进化意义：有助于动物保障自身的生存或亲属的安全。

那么，狗在说什么，他们又是怎么说的呢？关于说什么的答案，要通过查看狗狗发出声音的前后语境来回答。语境不仅包括狗狗周围的声音，还包括声音的意思：狗狗尖叫着发出来的词与沉闷的耳语意味着不同的东西。狗在快乐地摇摆时发出的声音，尽管与用裸露牙齿发出的声音听来一样，却意味着不同的东西。

也可以通过观察听者的行为来识别一个声音的含义。尽管人类对话语的反应可能是恰当的也可能看似不合逻辑。比如，如果问起“你好吗?”，对方可能得体地回答“我很好，谢谢。”也可能不合时宜地回答“是的，我们没有香蕉。”有理由相信，狗和其他非人类动物都会作出天真的反应。在许多情况下，声音对附近的人产生的影响很靠谱：想想“着火了！”或者“免费发钱了！”这两句话会产生的效应便知道了。

狗狗发出声音信号的方式很简单。狗的大多数声音是口头发出的：用嘴发出，或从嘴发出。至少，我们人类所知道的声音是这样发出的，可能是通过发声产生，也可能是通过吐气产生。喉部，即用于呼吸的气道振动，是为发声。也可能是吐气，即呼气过程的一个环节在发声。其余声音则是完全的清音，但要用到嘴巴，比如咬牙切齿的机械声音。不同声音在音高、音长、音色、音量四个维度上彼此不同，一听就能听出来。音高（频率）各不相同：呜呜声几乎总是高音调，而咆哮声很低。试着捏着嗓子挤压出的一声“咆哮”，听起来就不再是“咆哮”了。不同声音持续的时间各不相同，有的一次滑过，很短促，持续不过半秒；有的是冗长的声音，又有的是一次又一次的重复。声音的波形各不相同：有些是纯音，而另一些则更加地破碎，起伏波动着，上升又下降。嚎叫声在很长时段内几乎没有变化，而吠叫声是嘈杂多变的。最后，各种声音的响度和强度各不相同。呻吟声不会是响亮的，叫喊声也不会是以耳语形式呈现。

呜咽 · 咆哮 · 尖叫 · 轻笑

她察觉出我基本准备好了。当我穿过房间收拾我的包、书本和钥匙时，“粗黑麦面包”把头固定在她爪子之间的地面上，目光追随着我。我在她耳边挠挠她的耳朵以示安慰，接着起身去门口。她抬起头，发出一声悲哀的叫声。我顿住，回头一看，她正匆匆摇晃着走过来。好吧，我想，她会和我一起去的。

典型的狗叫声是吠叫，但吠叫并不构成大多数狗日常发出的主要声响，狗狗能发出的声响包括高音低音、偶发的声音，甚至是嚎叫声、轻笑声。当狗突然疼痛起来，或是需要他人注意自己时，会发出高频声音——啼哭声、尖叫声、呜咽声、悲哞声、拖长声和吠叫声。以上是小狗起初会发出的一些声音。我们人类透过这些声音了解了狗狗的意思：狗崽往往在试着引起狗妈妈的注意。被踩到或是走失了的小狗可能会发出叫声。狗崽还没能睁开眼睛，张开耳朵，又聋又瞎，这样一出声狗妈妈更容易找到她的宝贝。反过来也一样。和狗妈妈重新团聚后，一些狗崽会继续尖叫，当母亲抱着他们时，他们哭得更厉害了。尖叫声不同于嚎叫声，狼的嚎叫是在提示母亲梳理她的幼崽，提供狼崽正常发育所必需的接触。母亲可能会忽略哭声和拖长的尖叫声，因此特定的尖叫声可能倒不是一种特别有意义的话语，而是一种通用的声音，仅用于试探他者的反应。

低吟或哼叫声在幼犬中也很常见，似乎不是疼痛的迹象，而是狗的一种咕噜声。有抽泣的低吟也有叹息的低吟——有些人称之为狗狗“满足的咕噜声”，两者似乎都具备相同的含义。当幼崽与同窝仔、他们的母亲或熟悉的人类看护员密切接触时，会发出咕噜的喉音。咕噜声可能只是沉重而缓慢的呼吸的产物，说明狗狗可能不是故意发出声音的：没有证据表明狗是故意咕噜咕噜的（也没有证据表明他们不是故意的；是或不是，两者都没有得到证实）。但无论他们是有意还是无意，咕噜声都可能起到确认家庭成员间关系的作用，无论成员是由听到了低低的振动还是接触皮肤感觉到的。

若是听到咆哮的隆隆声和龇牙的低吼，不用人告诉你也能听出来是侵略性的声音。小狗不具有产生这样声音的意图，因为他们没有发起攻击的倾向。使动物看起来有攻击性的部分原因在于他们发出的低音：那是大型动物发出的声音，而不是小型动物的高音尖叫。在与另一只动物打擂时（生物学上称为竞赛），小狗狗会想要显得自己的体型更强大，更有力量——于是他会发出大狗的声音。动物发出更高音调的声音，就会使自己听起来更弱小。同低沉浑厚的声音相比，高音是一种表达友好或安抚的声音。尽管咆哮声背后的意图具有攻击性，但它仍然是社交的声音，而不仅仅是狗感到恐惧或愤怒时发出的声音。在大多数情况下，狗不会对无生命的物体*，甚至不会对并不面朝着自己或并不指着自己的有生命物体咆哮。狗狗的声音也比我们想象的更微妙：不同的低吼，从隆隆声到近乎咆哮的声音，用于不同的情境。拉锯战中的吼声或许听起来很可怕，但它完全不像是在夺骨头激战中

---

* 除非是动画里头的场景：微风将一只废弃的塑料袋吹落在城市的人行道，引起了警犬的咆哮，他进入戒备状态，偶尔发出攻击。狗狗是可以用万物有灵论解释的。他们就像处于婴儿期的人类一样，试图将生活中熟悉的属性迁移到未知物体上来理解世界。冲着塑料袋咆哮的狗狗是我很好的伙伴：达尔文描述过自己的狗把在微风中撑开的飘移的阳伞当成生物，冲它吠叫，追踪它。英国动物行为学家珍·古道尔（Jane Goodall）观察到黑猩猩会对雷雨云摆出威胁性的手势。大家知道的，我自己也对雷雨云避之不及，从来不面朝着它。

饱含占有欲的警告声。如果在狗狗心心念念的骨头前放置个扬声器播放这些咆哮声，附近的狗会避开骨头——哪怕他们并不能看到吠叫的狗。但是，如果扬声器只播放狗狗玩耍的咆哮或是冲着陌生人的咆哮，附近的狗就会径直上来抓住无人看守的骨头。

狗有时会在某些情况下无意发出些声音。这样的声音虽出自无心，但真实可信，已能用于有效的交流。狗狗两只前脚同时落地发出的哒哒声，是玩耍中不可免去的一部分。单单这声音就足以热情洋溢地告诉你，可以邀请狗狗来一起玩。一些狗狗在兴奋的渴望中牙齿打颤，这牙齿的咔嗒声是警告你别忘了对他保持警惕。狗狗在玩耍中用鼻子嗅或粗暴开咬时的夸张尖叫甚至是种仪式化的欺骗，这欺骗让狗狗得以摆脱自己不大确定的社交互动方式。当狗狗脑袋垂直向上举着，在人的嘴巴周围嗅探食物时产生的鼻吸声，不仅是对食物的寻找，还可以是对食物的请求。即使是靠得太近了狗鼻子压在另一副身躯上所产生的嘈杂呼吸，也表明自己正处于一种满足放松的状态。

如果和猎犬住在一起，你会很熟悉嚎叫声。从断断续续的叫声到哀号，狗的嚎叫似乎是它们祖先留下的一种行为，为社会群体中的生活所需。狼在离开群体时会嚎叫，也会在与群体出发狩猎前或狩猎后团聚时发出嚎叫。狼独处时的嚎叫是想寻求陪伴，一起嚎叫可能只是集体的呐喊或庆祝。嚎叫具有传染性，会使近邻深受感染即兴加进来。我们不知道他们对彼此或对月球在说什么。

人类最具社交性的声音是房间里传来的咯咯笑声。狗会笑吗？好吧，只有当某些事情极其有趣时，是的，狗会有所谓的笑声。狗狗的笑声与人类的笑声不同，人类自发的声音是为了回应一些有趣的、令人惊讶的，甚至是可怕的事情而发出的。狗狗的笑也不像我们人类制造的咯咯笑、傻笑和哧哧的笑那样形态多样。狗的笑声是在呼气，听起来像是一阵激动的喘息声，我们可以称之为社交性喘气：这是一种只有狗狗玩耍或试图让某人跟自己玩耍时才能听到的喘气。狗似乎不会对自己笑，坐在房间的角落里兀自回想今天早上公园里那只黄褐色的狗是多么聪明——比人类还聪明。相反，狗在社交互动时会笑。如果你和你的狗狗一起玩耍过，那可能听到过这笑声。事实上，触发狗狗同你玩耍做游戏的最有效方法之一，就是以朝他喘气的方式与他社交。

正如我们的笑声通常是不经意的、反射性的反应一样，狗的笑声也可能是这样的：就是在同你的玩耍中四处乱窜时，发出的喘气声。虽然这笑声可能不受狗的控制，但社交喘气似乎确实是狗狗享受的标志。哪怕它不能激发乐趣，至少也能减轻狗狗的压力：在动物收容所播放狗笑声的录音可以减少狗狗的吠叫、踱步和其他感到压力的迹象。欢笑带给狗狗的感觉是否像它在人类身上产生的作用，尚且有待研究。

狗吠的含义

我记得“粗黑麦面包”第一次发出汪汪声时，她大概三岁。在那之前，她一直很安静，之后有一天，在和喜爱吠叫的德国牧羊犬朋友共度时光后，她突然发出一声吠叫。它更像是类似于“汪汪”的音而不是确切的“汪汪”，好像一种代表吠叫但本身尚且不是真实吠叫的声音，伴随着前腿的轻微跳跃和尾巴的疯狂摇摆，她吼出一声发音清晰的“wu-ang wu-ang”。这些年来，她这种精彩的声音展示有所改进，但我总感觉她像是每次都在尝试一种对狗狗来说完全新鲜的事物。

令人遗憾的是，吠叫这种举动往往太响亮了。吠叫是要大声喊出来的。虽然公园里发生在两辆婴儿车之间的平静交谈可能会记为 60 分贝左右，狗的吠声可是 70 分贝起步，并且一连串的吠声可能会夹杂着高达 130 分贝的声音界的尖峰。声音响度的测量单位——分贝的增加是指数级的：每增加 10 分贝，就意味着声音强度给听者的体验增加了 100 倍。130 分贝，是雷声和飞机起飞的音量。吠叫是一时的，但对我们的耳朵来说可是个不愉快的时刻。这就让人遗憾了，因为大多数研究狗狗的人员都同意，这些吠声中有很多信息。鉴于狼的吠叫相对稀少，一些人认为，狗已经发展出一种更复杂的吠叫语言，而这正是为了与人类交流。但是，如果我们认为吠叫都是从同一个模具刻出来的，那么它们更像是会起到激怒作用，而非交流作用。

研究人员可能不会声称吠叫“烦人”，但他们称吠叫为“混乱”和“嘈杂”。“混乱”很好地描述了每声吠叫中声音种类的可变性；“嘈杂”不仅意味着这是一种令人不快的声响，还意味着吠叫声的声波是波动的。吠叫声很响亮，且不同的吠叫具有不同数量的谐波分量，具体取决于吠叫产生的情境。

尽管如此，在狗发出的声音中，吠声是最接近说话声的。狗的吠声就像讲话发声法一样，是由声带的振动和沿着声带流出并通过口腔的空气产生的。也许是因为吠声与人类说话声的频率重叠——在 10 赫兹到 2000 赫兹的范围内——我们倾向于在吠声中寻找类似于人类语言的意义。我们甚至用人类语言中的音素来命名吠叫：狗会“哇哇”地叫，“若阿”地叫，“阿阿”地叫，或者“吧哇吧哇”地叫（尽管我认识的狗没这么叫过）。法国人听到的狗叫是“哇哇”的，到了挪威狗那是“沃夫沃夫”；意大利狗则是“波波”叫。

一些动物行为学家认为，吠叫从根本上说并不能传达任何东西，它“指意含糊”、“毫无意义”。狗吠含义的难以解读助长了这一观点，因为狗有时会在没有明显动因、没有听众的情况下吠叫，或者在前一声吠叫的一切信息已被传达后很长的时间里，仍继续吠叫。想想一只狗在另一只面前连续叫了几十下：如果那叫声当真有什么含义，重复一两次不就可以传达了吗？

这触及了确定动物主观体验的要害：你无法问动物问题。这是个麻烦。动物每一刻行为的意义都被仔细审视着。毫无疑问，很少有人类行为能够经受住如此严格的审查并获得正确的评估。如果你录下我在自家狗狗面前练习将在当天晚些时候发表的演讲，你可能会得出以下结论：（a）我相信狗能理解我在说什么，或者（b）我在自言自语。无论哪种情况下，（c）都成立：我这样发出声音似乎不是经典的交流方式——因为我缺少能理解自己的听众。同样，狗在沟通时并不顺畅的例子似乎打破了狗狗可以交流这一概念。但大多数研究人员认为犬吠确实有意义，尽管含义取决于具体情境，甚至取决于狗狗个体。吠叫，尤其是警报性质的吠叫，是狗和其他犬科动物最明显的区别之一。狼通过吠叫来传达警报，但很少见。狼所发出的声音，比起我们熟悉的旷日持久的狗吠声，更像是一种“嗷呜”的声音。狗不只是比狼吠叫得更多。他们在吠叫这一主题下开发了许多变体。

某些吠叫可靠地产生于某种使用场景，人是能分辨出的。狗吠是为了引起注意，警告危险，表达恐惧，致以问候，表示玩耍，甚至是出于孤独、焦虑、困惑、痛苦或不适。具体的意义取决于产生吠叫的情境，但又不仅限于情境：狗吠声的频谱表明，吠叫是咆哮、呜咽和叫喊中使用到的音调的混合体。通过凸显其中一种音调而弱化掉其余的音调，狗吠呈现出不同的特征，即蕴含不同的主旨。

狗狗发声的早期研究得出的结论是，所有狗吠都是要引起注意的吠叫。事实上，如果有人离他们足够近，近到能听到狗叫，那狗狗确实会想办法引起那人注意。但最近的研究对各种犬吠进行了更微妙的区分。虽然在某种程度上，所有的吠叫都可归结为某种“吸引注意力”的方式，但不妨说，我们说话是为了被听到。这个论述真实，但不完整。例如，当实验者在陌生人按门铃、狗狗被锁在外面、玩耍这三种情况下分别分析数千只狗吠声的频谱图时，发现了三种明显不同类型的吠声。

狗狗面对陌生人的吠声音调最低、最刺耳。狗狗几乎要喷出口水。与其余类型的吠叫相比，面对陌生人的吠声没那么多种多样，朝生人的叫可以巧妙地远距离传送信息，这在狗狗独自陷入威胁情景中时是必要的。这些吠声也可以组合成“超级吠叫”，即吠叫的串联——持续时间比其他情况下吠叫持续的时间要长得多。最终呈现的状态是：多数人类听众都感到了具有攻击性的吠叫正朝着自己。

狗狗被孤立时发出的吠叫往往频率更高，变化更大。有的吠声从响亮变得柔和，又从柔和变得响亮；有的吠声从高音滑向低音。这些吠声时而一个接一个地飞向空中，时而间隔着发出。听起来“让人害怕”——人们倾向于这样评价狗叫声。

玩闹时的吠声也是高频的，但它们比起落单的叫声，往往更加此起彼伏，一声响起，一声落下。不同于被孤立的吠叫，玩闹时叫的目标指向是狗或人类玩伴。当然，不同狗狗个体间差异很大，并非每只狗都一样。小狗的陌生吠声可能会以“若、若”的声音或是“若阿、若阿”的声音结尾，而体型较大的狗会发出“若”音贼重的“若夫、若夫”尾音。

吠声类型间的差异具有进化学上的意义：最低沉的声音用于受到威胁的情况（同样也为了显得自己更强大）；音调高些的声音是恳求——向朋友寻求陪伴，因此是卑微的请求，而不是警告。个体吠叫者之间的差异表明，吠叫可能被用来确认狗的身份，或揭示他与某个群体的关联（甚至是群体中的他同把他拴在皮带末端的那女人的关联，而不是与他正身处其间嬉戏的这群狗的）。狗狗一起吠叫可能是社会凝聚力的体现。吠叫可能会传染，就像嚎叫一样：一只狗吠叫起来可能会引发一群狗吠叫，他们都加入了共同的喧嚣。

身体和尾巴语言

当我和“粗黑麦面包”走近街上的人时，她将所有的感官都集中用于观察。如果她认识他们，头就会微微低下，害羞地往上看，好像老奶奶从老花镜片上方探出目光。她也会低低地摇摆尾巴。这与她靠近自己迷恋的狗的方式完全不同：那时的她完全直立着，尾巴高高竖起，姿势无可挑剔，摇摆起来像军人行进一样有节奏；也与她接近狗朋友的方式不同——面对狗友，她会以更轻松闲适、更响亮的方式，甚至是张开嘴朝着对方的脸抓啃，或者臀部沿着对方的身体轻轻撞击。

你此刻可能正坐下，舒适地蜷曲进椅子里；或者你可能正站在车厢里，吊着拉环去上班，紧贴着的另一位通勤者的后背揉皱了你的书本。很可能你坐着或站着、走路或仰卧都没有任何意义，不过是图方便或舒适的姿势。但在其他情况下，我们的姿势本身就传达了信息。接球手蹲下意味着他已准备就绪，马上接住投来的球。一位家长蹲下，张开双臂，则是在邀请孩子过来抱抱。当你在奔跑时有认识的人靠近，你会突然停下来打招呼；当你站着不动时有熟人走来，你会转过身体奔向对方。仅仅从你身体是充满活力还是懒散就可以看出意义。对于用声音表达的才能有限的动物来说，姿势甚至更加重要。似乎狗会采用特定的姿势来做出非常具体的“陈述”。

狗狗有一种身体语言，音素是臀部、头部、耳朵、腿和尾巴。狗狗凭直觉就知道如何翻译这种语言；而我是在观看狗狗相互交流数百小时后才学会的。我们在狗眼里，看起来一定特别僵硬，他们可以通过改变身体的形状和海拔高度来表达顽皮、进攻、示爱等各种意图。相比之下，我们天然就是拘束的脊背直立者，大多是静止或是很少过度移动地向前行进着。偶尔——我们还能把头或手臂转向一边——天哪，这可已经是相当华丽的动作了。

“但人类自己却不能像狗狗一样用朴实的外在信号来表达爱和谦逊：耳朵下垂，吊着嘴唇，活络身体，摇晃尾巴时，他是遇到了心爱的主人。”——查尔斯·达尔文。

对狗来说，姿势可以表明攻击性的意图或者是谦虚的态度。狗狗单单是直立着，最大程度地站高，脑袋和耳朵朝上，就是宣布准备好交战了，兴许还是交战的首发进攻者。即使是肩膀之间或臀部之间的毛发——被毛，也可能会立起来。这不仅是一种视觉唤醒信号，还可以释放毛发根部皮肤腺体的气味。为了夸大整体效果，这只狗可能不仅会站起来，而且会爬到另一只狗身上：把自己的头或者爪子搭到对方背上。这几乎是一个声明：他感到自己处于主导地位的声明。而相反的身体姿势：低头蹲下，耳朵向下，尾巴收起来，则表示顺从。一直躺着露出肚皮，就更是如此了。*

这一对应原则——相反的姿势传达相反的情绪——描述了狗狗的

---

* 令人惊讶的是，狗更关心对方的姿势而不是身高：狗不会简单地将高大解读为具有统治力或自信心。正如我们稍后会读到的那样，这么说不完全正确，就像人们常说勇敢前进的小狗认为自己是一只大狗：实际上，他不知道自己看起来体型大不大——他所知道的是，姿势很重要。

大部分表达范围。面部表情，在嘴巴和耳朵上表达得最明显，也遵循这个原则。嘴巴从闭合再到放松地张开，嘴唇抬起，鼻子皱起，露出牙齿。狗狗下巴紧闭，“咧嘴笑”，是顺从的；随着他嘴巴的张开，兴奋度也在提高；如果牙齿暴露在外，外观就会变得咄咄逼人。狗狗转了一圈，张大嘴巴，牙齿大部分是覆盖着的，则是打哈欠，人类通常拿这点类比自身打哈欠，但狗狗的哈欠并不是像人类那样表示无聊的迹象。相反，它可能表示焦虑、胆怯或压力，狗狗用哈欠让自己或他人平静下来。耳朵也可以做出这些体操：它们可以抿起来，可以放松着朝下，或者沿着脑袋紧紧折叠起来。一只狗直接盯着另一只狗看可能是表达威胁或攻击性；相比之下，移开视线则是表示顺从——试图平息自己的焦虑以及另一只狗的兴奋。换句话说，每种情况下，都有一个从一种极端到另一种极端的范围，代表了情绪连续体中强度的变化，幅度从放松到恐惧或是惊恐。

这些都不是静态符号——或者，即便是，它的静态也是有意义的。保持直立的姿势，一动不动，是在姿势上加上感叹号的安静方式。它夸大了狗狗交流的紧张程度。在大多数情况下，狗狗会采取一种姿势并扭动。尤其是狗尾巴，天然是用于摇摆扭动的肢体。没有人对狗尾巴每一次摆动的含义进行过彻底的调查，这对科学界来说是极大的遗憾。

作为一只小狗，她的尾巴修剪得整整齐齐，柔软的黑色皮毛形成一支箭头的形状。事实证明，这根本不是她尾巴的最终命运：“箭头”会长成一条惊人的尾巴“旗帜”，带着奢华的羽毛，吸附着杂乱无章的叶子。在她年幼的时候，由于与车门不匹配，它的尖端要蜷曲起来。她兴奋或高兴时，则将它摊开，弯曲成镰刀状，尖端指向自己的背。她躺下时，我一旦靠近她就高兴地在地上敲打它。她尾巴笔直地低垂着的姿势，则记录了自己的筋疲力尽。她尾巴夹在两腿之间，则是表示对爱管闲事的狗不感兴趣。大多数时候，当我们一起走时，它会松松垮垮地垂下来，欢快地向它的尖端弯曲，愉悦地来回摆动。我喜欢慢慢接近她，跟踪她，让她的尾巴颤抖着摇摆。

狗尾巴间的巨大差异，是解读狗狗尾巴语言的难点之一。金毛猎犬华丽的羽毛与哈巴狗紧致的螺旋形“开瓶器”形成鲜明对比。狗狗尾巴又长又硬，粗短而卷曲，沉重地垂下或者是一直振作着。狼尾巴在某些方面是狗狗各个品种尾巴的平均值：长长的一条，略带羽毛，自然地略微下垂。早期动物行为学家对狼尾巴的各种姿势进行推算，确定了狗狗至少 13 种不同的尾巴形态分别传达 13 条可区分的信息。根据对照原则，狗狗高高的尾巴表示自信、自我肯定，源于兴趣或是攻击性的兴奋；而低垂的尾巴则表示抑郁、压力或焦虑。直立的尾巴同时暴露出肛门区域，好让这只大胆的狗散发出他的气味特征。相比之下，一条低垂到双腿之间向后卷曲的长尾巴封闭着臀部，则表现出狗狗正主动地顺从着、恐惧着。当一只狗只是在空等，他的尾巴是放松地低垂着的，下垂但不僵硬。尾巴轻轻抬起，则是轻微的兴趣或警觉的标志。

但要读懂狗狗尾巴的语言，并不只看尾巴的高度那么简单，因为尾巴不仅仅举着，而且是摇摆的。摇摆并不意味着简单的快乐。高举的僵硬的尾巴可能是一种威胁，尤其是伴有直立姿势时。下垂的尾巴快速摇晃是狗狗屈服的另一大迹象。这是刚刚舔好你鞋子最后一口的狗狗被抓时尾巴的形态。摇摆的活力程度大致表示狗狗情绪的强度。

尾巴轻轻地摇晃代表狗狗很感兴趣，但只是试探性地接近。松散、活泼的尾巴伴随着由狗鼻子引导的搜索，那是狗狗在寻找高高的草丛中丢失的球，或地面上嗅到的气味痕迹。令人熟悉的快乐摇摆与所有这些都非常不同：尾巴放在身体上方或身体外面，在身后的空气中强烈地画出粗糙的弧线，这是不言而喻的喜悦。哪怕不摇尾巴也是有意义的：当狗狗小心翼翼地靠近你手中的球时，当狗狗等待你告诉他接下来会发生什么时，往往会保持尾巴静止不动。

对狗狗大脑感兴趣的研究人员意外发现了关于狗尾巴的一些情况：狗尾巴是做不对称的摇摆的。大体上，当狗突然看到他们的主人，哪怕是其他感兴趣的事物：另一个人，或者一只猫时，他们的摇摆幅度更倾向于右侧。当遇到一只不熟悉的狗时，狗狗依然会摇摆——更多的是尝试性地摇摆而不是快乐地摇摆。这时候他倾向于向左摇摆。你可能没法在你自己的狗身上看出这一点，除非看他们在慢动作视频中摇摆——我强烈推荐你去看慢动作视频。除非你的狗属于不怎么一左一右来回摇摆，而是转圈圈摇摆比较多，摇摆过程中尾巴会向一边倾斜的那类。要是狗狗如此明确地带着饱满的热情冲你摇尾巴，那你可该觉得自己幸运了。

“粗黑麦面包”会全身摇晃着，从脑袋开始，顺着全身向下滚动，整只狗身，哪怕尾巴，都透着闪闪发亮的光。她就像戏剧脚本里等着人发现的一个标点符号。当她感到迷糊时，或者单纯走来走去时，就抖一抖颤一颤，结束一段剧情。

狗狗富有表现力地使用他的身体，通过移动进行交流。甚至互动的时刻也以运动为标志：正如一只狗全身颤抖时，身体上的肌肤扭动着，以表明他已完成了一项活动，正继续进行着另一项活动。并不是所有的狗狗都有明显竖起的颈背毛，很明显地摇摆着的尾巴，或者饶有兴趣地竖立起的耳朵。毛茸茸的可蒙犬接近其他狗时，我们人类一定会猜想他是用脑袋在靠近对方，但在他长长的毛发下既看不到眼睛也看不到耳朵。在给狗育种，使他们具备我们认为合适的特殊外观时，我们限制了他们交流的可能性。正如我们可能预料到了但宁肯不去面对的那样，一条断了尾巴的狗狗，相应地他能表达自我的摇尾“曲目”也就被剥夺了，删减掉了。

在研究十个物理性状上不同的狗狗品种所发出的信号范围和速率后发现了这一点信息：从骑士国王查尔斯猎犬，到法国斗牛犬，再到西伯利亚哈士奇，将他们的行为比较一番显示，各个狗品种外观和他们发出的信号数量之间存在明显的关系。那些在被从狼驯化成狗的过程中身体变化最大的动物——最极端的国王查尔斯，发出的信号是最少的。这些幼稚的或新生的狗，在成年后保留了犬科动物幼年成员的更多特征，看起来最不像成年狼。哈士奇具有最像狼的特征并且在基因上更接近犬类灰狼，发出的信号也最像狼。

鉴于狗狗许多的身体信号提供了关于他状态、力量或意图的信息，在人类陪伴着狗狗一生的世界中，狗发送这些信号的必要性可能会减少。但是，用于说服占主导地位动物的相同善意信号也可用于向人类传达信息。穿过城市，我拐了个死角，差点踩到一条长皮带拉着的陌生狗。看到我，她蹲下身子，在两腿之间疯狂地摇着尾巴，朝我的脸舔舐。她可能刚开始是一种屈服的姿态，不过这会很可爱。

尿液：无心之举和有意为之

“粗黑麦面包”在自己睡得很晚、又忍受了我早晨梳洗一整套仪式的缓慢节奏之后，同我一道出门。这时候她做出的第一个动作从未改变过：跨出门两步，接着毫不客气地蹲下。她深深地蹲着，全身心地投入这个姿势，只有尾巴高高翘起，拉起了她的身体。大量的尿液流出（这一次的尿液量肯定多到破纪录了），似乎还伴随着她脸上肌肉的放松——以及我自己让她等了这么久的内疚感。她看着自己的尿在她身边流淌——尿液在人行道上发现了自己可以一滴不剩流淌进去的裂缝。

尽管吠声、咆哮或摇尾巴都蕴含着信息，发出声音和摆出姿势并不是狗唯一的交流媒介。两者都有可能与不同的气味信息相匹配。正如我们之前看到的，排尿是狗狗最明显的气味交流方式。人类可能很难相信膀胱的释放是一种“交流行为”，它就发生在朋友的礼貌交谈中，或政治家狗狗在他的选民面前发表演讲时。在某种程度上，膀胱的释放是狗狗正常社交的一部分，也是消防栓上狗狗自我推介的令状。

你可能不愿意将无足轻重的消防栓上高高留有的潮湿信息称为人类使用的交流方式——不仅仅是因为狗狗用臀部说话而不是脸。重要的是，我们人类大多数时候是有意地在进行交流：与其对自己的左手大声喋喋不休，我们倾向于将交流指向他人——离我们足够近的人可以听到我们的声音，不会分心，他们懂得语言，且能理解我们在说什么。人类的动机将交流与非交流区分开：被击中腹部下意识发出的“唔夫”，听到恭维时候的脸红，蚊子不断的嗡嗡声，或是不留神就接收到的交通信号灯、降半旗传出的信号。

尿液标记是有意识地小便。早晨幸福的释放可以缓解狗狗膀胱的压力。但大多数时候，狗狗会存储着部分尿液以备之后派上用场。据推测，后续排出的尿液和一早的是同款：没有证据表明狗狗有独立的通道或方法可以改变尿液散发的气味。但是标记行为在几个关键方面有所不同。首先，大多数成年公狗以及一些男性化的母狗，尿液标记时的特点是会把腿醒目地抬起来。所谓的"抬腿展示"因狗狗个体和具体情境不同而变化，可能后腿朝向身体适度地缩回，又可能将腿抬高到臀部位置以上，垂直向上，当然也是给附近任意的其他狗呈现视觉上的展示。两种方法都使得尿液能够定向流动，目标就是把尿液洒落在显眼的位置。（狗狗也可以蹲下做标记，这样完成得更为安静，可能是因为要传送的消息最好靠耳语而非大喊大叫。）

第二，狗狗做标记时膀胱并没有排空；尿液一次排出一点，以便狗狗在行程中更好地让气味分布。如果你把狗狗留在室内的时间足够长，长到他跑外面蹲下了，这种排尿的紧迫感可能会占先于他储存点尿液以供之后标记的能力。因此，稍后你可能会看到自家狗狗在灌木丛、灯柱和垃圾桶前挥舞着双腿却流不出一滴尿，徒劳地进行抬腿表演。

最后一点，狗狗通常只在花一些时间嗅闻了特定区域后才会留下尿液标记。这就是气味交换从洛伦兹的"插旗"概念提升为一种对话的原因。研究人员仔细记录着狗的标记行为。随着时间的推移，他们发现，一只狗前头何时何狗做过标记，附近有什么狗狗，都会影响他标记的地点和时间。

有趣的是，尿液信息包并不是随意留下的：狗狗不是每个表面都会标记一番。看一只狗狗在街上嗅闻的样子就知道了：他嗅的地方要比喷尿的地方多。这表明狗狗留下的信息并非每条都是相同的——留下的信息可能只针对某些受众。用新尿覆盖旧尿是公狗的常见行为，旧尿是属于不那么占主导地位的公狗的。周围一旦出现一只新狗，尿液标记都会增加一次。

如果标记中的不是地域性信息，那是什么？第一条提示是，这不是幼犬的尿印，而是成年狗之间的交流。从肛门腺的位置和尿液中的化合物可判断出狗狗至少在说明他们是谁：气味即身份。这是一条高质量的信息，不过很可能是无意透露的。我或许可以仅靠被人注视着自己走进房间来传达我是谁的信息，但我的肉身并不是持续地有意识地传达我的身份信息（除非我还是个孩子，要穿着打扮一番给人看）。

如果周围不存在其他狗，狗狗便懒得“说”出自己的身份，这看起来是狗狗在交流中的有意行为。被圈养的狗很少花时间做标记。公狗很少小便，不管公狗还是母狗都不会费好大一把劲就为了尿出少量尿液。被关在相似大小围栏里的狗群，则标记频率要高得多，而且他们每天都会定时标记。印度野狗会留下尿液标记给观众——异性观众看，想来如果尿液传达的信息是关于性的，那就说得通了：野狗自己是在求爱，或宣称自己适合被求爱。当有其他狗在场时，他们进行的抬腿展示是最多的，哪怕什么也没有尿出来。只有已经有其他狗在场时，高举的腿才能引来注意。

如果说尿液标记是为了交流而交流，也是有道理的：尿液标记发挥评论的作用，给出意见的作用，表达坚定信念的作用。没有科学证据表明确实如此，但尿液信息是只面向特定观众进行的交流，这点是得到一致赞成的。研究人员发现，与和其他狗放在一起饲养的狗相比，单独饲养的狗发出的交流的声音要少得多。然而，当终于能环绕在其他狗身边时，他们开始以与“社交牛人”狗相同的频度发出声音。换句话说，当有个同伴可以说话时，他们就会说话。

就像他们带着意图做标记一样，狗也能从我们的标记中读出意图：于我们的手势中。正如我们将在下一章中看到的那样，狗狗带着阅读彼此信息的注意力来诠释人类的肢体语言。当一个年幼的孩子蹒跚学步地走向一只珍贵的玩具时，一只狗可以看出她要去哪里，并先于孩子到达那里。狗知道人类思考时并非动用注意力有意偏转脑袋，但偏转过头看门则是带有意图的。狗狗也能意识到人类凝视门口和转身看墙上的时钟是有区别的。他们可以区分人类手指指向隐藏的食物，以及抬起手臂查看手表的瞬间。我们人类用身体大声地说着话。

我要坦白下：这一整章都是我的狗狗口授给我的。她就坐在我的椅子旁，头靠在我的脚上，耐心地等待着。而我在努力地将她的话翻译到书页上，我的洞见是从她那里来的，所受的召唤是从她那里来的，各种场景、各类形象和狗眼中的环境是从她那里冒出来的。

唉，也并非全部如此。但要看到据称是由狗写的数量惊人的书，我们必须想象下直接从狗嘴里讲出来的故事，狗讲述的故事就是我们都想要听到的故事，只不过是用我们人类的母语写的。19 世纪末，书店开始出现一种奇特的自传：关于你的猫咪、旧时养的狗或那场冬季风暴中失踪动物的“回忆录”。这种形式的散文，由会说话的动物讲述出来，可看作是第一次尝试从狗的角度出发进行的写作。这当中有很多本可供选择，甚至包括拉迪亚德·吉卜林（Rudyard Kipling）和弗吉尼娅·伍尔夫（Virginia Woolf）这样的名家名作。当我读到其中一本时，一种诡异的不满涌上我的心头。这是在伪装：作者没有狗的视角。相反，写书人是将人类的发声器官移植进了狗的口鼻里。把狗的思想单纯想象成更粗略形式的人类话语，对狗来说，这是一种伤害。尽管他们的交流范围惊人地广，交流程度惊人地高，但他们不使用语言这一事实，让我特别地珍视狗。无声可能是他们最可爱的特征之一。他们沉默着，却又不是发不出语言上的声音。与狗狗共享的无声时刻不掺杂丝毫尴尬：房间另一边的狗狗投来凝视，或是彼此睡眼惺忪地躺在一起。止语时，就是我们连结得最紧密时。

狗的视觉世界

“粗黑麦面包”用了6秒钟的时间，从熟练走向笨拙。在前5场比赛中，她完美地穿过了荆棘、灌木、连接着森林和田野的粗壮树木。“粗黑麦面包”接住了一只快速移动的网球。她从一棵树上跳下来，几乎要把球吸进嘴里。此时一只狗的幻影不知从何而来，只见一片白色的皮毛和树皮飞驰而过。“粗黑麦面包”注意到了他，冲过去，成功避开了这位“偷网球者”。第6秒，她停了下来，无目的地走动开来。她把我给跟丢了。我看着她搜寻的样子：挺直身体，昂首挺胸。我出现在她的视线之内，冲她微笑。她看向我的方向，越过我，无心看我这个人。因为她看到了那位带着只白狗的大个子，那个穿着厚厚的衣服一瘸一拐的男人。她在他身后起跑。我必须跑过去带回她。“粗黑麦面包”前一刻还是眼观四面的；此刻她是个小傻瓜。

我们人类感知世界的感官有一套内在的排名——远距离感知的赢家是视觉。眼睛引起了人类心理学家的极大兴趣；从眼睛的物理形态来看，它所蕴含的意义远比人们想象的要多得多。一个人无论鼻子多么漂亮，无论额头多么接近大脑，我们的鼻子、前额、脸颊和耳朵都没像眼睛这样被赋予如此重要的意义。

我们人类是视觉动物：几乎可以这么说：每个人都经历过现场面试，而排在眼睛后头的感官则很少要接受这样的挑战。嗅觉和触觉可能会并列第三，而味觉则排在第五位。并不是说任何特定场合中嗅觉、触觉等感官都对我们不重要。如果婚礼上多层蛋糕里人们期待的美妙甜味被醋味取代了，如果蛋糕散发出烘焙糕点之外的气味，又或第一口吃下去不是柔软而是松脆或黏稠的口感，那蛋糕展现出的美好和可爱就会削弱。尽管如此，大多数情况下我们首先会将目光投向新出现的场景或对象。如果我们注意到夹克袖子上有什么不寻常或意想不到的东西，会转身用眼睛检查它。除非视觉真的无法提供任何信息，我们才会下定决心凑近吸一口气或者干脆大胆舔一下。

狗的识别顺序则与人类颠倒，鼻子胜过眼睛，嘴巴胜过耳朵。鉴于狗的嗅觉敏锐度，视觉起到的是辅助作用是有道理的。当狗把头转向你时，与其说是用眼睛看你，不如说是让他的鼻子“看着”你。眼睛只是搭了鼻子的便车。你现在可能是房间对面一只狗狗恳求目光的终端对象。但是狗能看到我们在做什么吗？

在许多方面，狗的视觉系统——观察世界的辅助手段——与我们自己的非常相似。事实上，视觉在狗狗这里被降级，排在其他感官之后，可能会使狗眼看到我们人眼所忽略的细节。

人们可能会有疑问，一只狗可以靠非凡的鼻子去导航，寻找食物，还需要眼睛来做什么。一切需要仔细检查的东西，狗狗都衔进嘴里了。狗狗之间可以通过压在嘴和鼻子之间的感觉器官——犁鼻器来识别彼此。事实证明，他们的眼睛至少有两个重要用途：一是作为其他感官对嗅觉的补充，二是看我们。从他们祖先狼的故事中可以窥见狗眼的自然历史，阐释他们视觉进化的背景。狗眼让人欣喜、具有变革性的附加作用是，狗狗成为人类的良好观察者。

狼的生命中，只有一个要素可以很好地解释他们为什么进化出眼睛：吃。他们的大部分食物都是会逃跑的。不仅如此，狼还经常伪装，甚至是隐蔽在牛群中相对安逸地生活。他在黄昏、黎明或夜晚会活跃起来，也因此可能被发现。所以狼同一切捕食者一般，出于对猎物的回应而进化。尽管气味很重要，但它不能作为猎物出场的唯一指标，因为猎物在迂回的路径上到达狼鼻子前，空气中的气流持续散发着气味。气味是易变的：如果气味存在于物体表面，敏感的鼻子可以专门追踪它；但如果它是在风中，气味就更好比是一千种可能的来源生成的一朵云。快速移动的猎物跑得比他们自身的气味还快。对比之下，光波可在露天中可靠地传输。因此，嗅到气味后狼会利用视线来定位猎物。许多猎物会进行伪装，与周围环境融为一体。然而，位移会背叛这层伪装。因此，狼善于发现视觉场景中某物正在移动的表征。最后一点，猎物通常在黄昏或黎明时活跃，因为光线不亮，更容易隐藏自身，更难被发现。作为对猎物此时段出没的回应，狼眼在弱光下特别敏感，且尤其擅长在弱光下注意到物体的运动。

"粗黑麦面包"的眼眸是黑棕色的深潭。她的目光是如此的暗黑，很难看清落在哪里。但她也让任何瞥见她虹膜的事物都感到愉悦——仿佛透过它看到了她的灵魂。她的睫毛只有在眼神灰暗下去时才变得明显。她的眉毛也基本上是隐形的，但当她把头放在地板上，目光追随着我穿过房间时，眉宇间微微移动的样态是可见的。在睡梦中，她的眼睛扫视着眼睑下的世界。即便是合上，眼睑也露出了一点粉红色，仿佛在准备着，一旦附近发生什么重要的事情，立刻就睁开眼睛似的。

乍一看，这对追踪猎物的眼睛很像我们人眼：装在眼窝里的黏性球体。我们的眼睛和狗的差不多大。尽管狗狗之间头部的大小差异如此之大（猎狼犬的嘴能装下四个吉娃娃的头。当然了并不是说有人会屈尊提议验证下这个事实），但不同品种的狗狗眼睛几乎没有大小上的差异。

小型犬和婴儿一样：小狗的眼睛相对于头部体积而言，是比较大的。

但是人眼和狗眼之间的细微差异就很明显了。首先，我们的眼睛不偏不倚地长在脸蛋前面。我们向前看去，周围的图像便消失于我们耳边的黑暗中。虽然狗与狗之间眼睛的位置存在差异，但大多数狗以及其余四足动物的眼睛更靠近头部，因此可以看到全景环境：250 至 270 度角的幅度，与人类能看到的 180 度形成鲜明对比。

如果我们仔细观察，会发现另一个关键区别。我们眼睛的表面结构暴露出我们的视线：它显示了我们在看哪里，有怎样的感觉，注意力水平的高低。虽然狗眼和人眼大小相似，但当我们在黑暗的房间时，被唤醒时，又或感到恐惧时，瞳孔能扩大到 9 毫米宽；在明亮的阳光下或高度放松时，能收缩至 1 毫米。相比之下，无论光线强弱，无论狗狗的兴奋程度如何，他们的瞳孔大小都相对固定，保持在 3 到 4 毫米间。我们的虹膜是控制瞳孔大小的肌肉，往往会与瞳孔形成对比，呈蓝色、棕色或绿色。大多数狗的情况并非如此，他们的眼睛通常是单色的黑暗，以至于让我想起无底湖——我们可能觉得狗狗所有或纯洁或疏离的属性都源自这面湖。人类的虹膜位于巩膜（眼白）中，而许多狗（不过并非全部）的巩膜很少。眼动跟踪效应让我们总能看出别人在看哪里：瞳孔和虹膜指向特定方向，而显露的巩膜数量则突出显示了该方向。因为狗狗既没有突出的巩膜也没有显而易见的瞳孔，所以狗眼几乎不能指示出他们注意力所在的方向。

再靠近一点观察，我们便开始看见物种间的差异，这些差异值得我们仔细思考。狗眼能比人眼收集到更多的光。一旦光线进入狗的眼睛，就会穿过将神经细胞固定在视网膜上的凝胶状物质（这个物质稍后会讲到），继而穿过视网膜，到达三角形组织，再被反射回来。光神经纤维层在拉丁语中表示“光的地毯”，它证明了你持有的关于自家狗狗的一切照片中，明亮的光线为什么会从他们眼睛里该闪耀的地方闪耀出来。进入狗眼的光至少两次撞击视网膜，产生的结果不是图像叠加，而是使成像的光加倍了。狗狗成像系统中的这部分原因，使狗能够改善夜间及弱光下的视力。虽然漆黑的夜晚中，我们可能从远处辨认出了一根火柴，但狗可以探测到点燃的蜡烛上柔和的火焰。北极狼整整半年都生活在一片漆黑中；如果地平线上出现一团火焰，他们的眼睛是能发现的。

抓球员的眼眸

正是在眼睛内部，两次接收光线的视网膜处，能追溯到与狗狗习性特征相对应的生理结构。视网膜是眼球后部的一层细胞，将光能转化为电信号到我们的大脑，让我们感觉到自己看到了一些东西。当然，我们所看到的大部分东西只有我们的大脑才能赋予其意义。视网膜只记录光，但没有了视网膜，我们只能体验到黑暗。即使是视网膜结构的微小变化，也会从根本上改变视力。

狗狗的视网膜有两个细微的变化：感光细胞的分布和它们运动的速度。前者赋予他们追逐猎物、找回被扔掉的网球的能力，也让他们对大多数颜色漠不关心，无法看清眼前的东西。后者则使他们对主人白天外出时留给他们的肥皂剧不感兴趣。我们依次看看这两点。

去捡球！

供人类看的最重要的东西之中，就有位于自己脸部几英尺内的任意其他人。我们的眼睛是朝前的，视网膜有中央凹，即视觉最敏锐、具有额外的丰富光感受器的中央区域。视网膜中心有这么多的细胞，意味着我们非常擅长以高细节、高焦点和高色彩饱和度看面前的事物，非常适合识别男朋友或者是死敌向自己走来时的那团色块，那段身形。

只有灵长类动物有中央凹。相比之下，狗有所谓的中心区域：一个宽阔的中央区，上面的受体比中央凹的要少，但比眼睛周边的多。狗狗对直接放在自己面前的东西是能看见的，只不过不像我们人类看得那样真切。眼睛的晶状体会调整其曲率以将光线聚焦到视网膜上，但它无法适应附近的光源。事实上，狗可能会忽视鼻子前面 10 到 15 英寸处，也就是 20 多到将近 40 厘米远的小东西，因为它们用于接收来自视觉世界那部分光的视网膜细胞较少。你不必再为狗狗找不到他几乎已经要踩上去的玩具困惑：直到狗狗退后一步，才能注意到它。

不同品种的狗视网膜差异如此之大，以至于他们眼中的世界也不同。鼻子短的品种中央区域最为明显。例如，哈巴狗有着强有力的中央区域——几乎像是中央凹，但缺乏长鼻子狗还有狼所具备的“视觉带”。比如，阿富汗犬和猎犬的中央区域不那么明显，视网膜的感光细胞集中在眼睛的水平中线上，非常密集，就形成了视觉带。鼻子越短，视觉带就越少；鼻子越长，视觉带则越多。与人类相比，拥有视觉带的狗拥有更好的全景视野、更高质量的视觉和更广的周边视觉。中央区明显的狗也更能看清楚近距离处的影像。

这差异以一种小而显著的方式解释了基于品种产生的一些行为倾向。哈巴狗通常不是所谓的“捡球犬”，但长鼻子的拉布拉多犬是的。倒不是因为他们本身的长鼻子，除了充分利用数百万个嗅觉细胞的能力之外，拉布拉多犬还有视觉上的天赋，比如说，无需改变视线，便能注意到一只网球穿过地平线的移动。而短鼻犬，就像所有不论鼻子长短的人类一样，如果脑袋不跟着球的运行轨迹转动，那扔向侧面的球就会消失在视线外。相反，哈巴狗可能更擅长看清近距离处的物体，比如坐在主人腿上看清主人的脸蛋。一些研究人员推测，哈巴狗这种相对狭窄的视野使他们对我们的表情更加专注，从而表现得更具陪伴性。

去捡那只绿色的球！

狗并不像人们普遍认为的那样色盲。不过颜色对他们的作用远不如对人类重要，原因就在于他们的视网膜。人类有 3 种视锥细胞，负责我们感知细节和颜色的光感受器：每一种都会发射红色、蓝色或绿色波长。狗只有两种：一种对蓝色敏感，另一种对黄绿色敏感。他们拥有的视锥细胞不仅种类上，数量上也比人类的要少。因此，当颜色介于蓝色和绿色之间时，狗对颜色的体验最为强烈。啊，擦洗得很干净的院内游泳池对狗来说一定是焕发着光彩的。

由于视锥细胞的差异，任何在我们看来像黄色、红色或橙色的光，在狗眼中看来和在人眼中看来都是不一样的。因此，当你要求他们从商店带回葡萄柚时，他们似乎非常淡漠，而他们实际上会错带回橘子，把你给激怒。尽管如此，橙色、红色和黄色的物体在狗狗看来仍然可能不同，因为各个颜色具有不同的亮度。红色可能被他们视为淡绿色，黄色则是深些的绿。如果他们看上去好像能够区分红色和黄色了，是因为注意到了这些颜色向他们反射的光量存在差异。

要想象色彩在狗眼里是什么样的，不妨联系下我们一天中色彩系统分解的时段：夜幕降临前的黄昏。如果你身处公园、院中或是大自然的任何地方，请环顾四周。你可能会注意到你头顶茂盛的绿叶在轻轻地变暗，变成了一种更不起眼的色调。你仍然可以看到脚下的地面，但细节上：草叶的清晰程度、花瓣的层次减少了。景深受到了些许挤压。此刻它与大地融为一体了，我会比平时更容易在隆起的灰色岩石上绊倒。这种视觉信息丢失的原因植根于解剖学。聚集在视网膜中心的视锥细胞对弱光不敏感，在黄昏和夜晚也就不甚活跃，结果我们的大脑要从更少的检测颜色的细胞中获取信号。近处的世界在眼中变得平坦了一点：我们仍然可以看到颜色，我们仍然可以检测到光与暗，但是颜色的丰富性消失了，色泽更加粗糙，细节更少。所以这套视觉中的世界可能适用于狗，即使是在中午，狗眼中看到的景象也像是我们人类在暮色中所见。

由于体验不到大量不同的颜色，狗很少表现出颜色上的偏好。你给狗的蓝色领结配上红色皮带的突兀搭配根本不会影响到狗狗。但深度饱和的颜色可能会引起狗的更多注意，就像物品放置在对比色背景中的效果一样。生日派对结束后，你的狗踩爆剩余的所有蓝色和红色气球可能是有缘由的：蓝红两色在一片粉彩的海洋中最为独特。

去捡弹跳的绿球……电视上的！

狗狗有一组视杆细胞弥补缺乏的视锥细胞。视杆细胞是视网膜中的另一种感光器，在光线不足的情况下以及光密度产生变化时最为活跃，光敏度高，能捕捉到影像的运动。人眼的杆状体聚集在外围，有东西从视野的角落移出时能被我们注意到。当视锥细胞在黄昏或夜晚灵敏度降低时，杆状体便接管它们。不同狗狗眼中视杆的密度各不相同，不过在数量上都是人类的三倍。你只要猛推一下狗狗面前的球，他就能从原本看不见的状态切换为惊觉球神奇地出现在了自己眼前的状态。近距离处的物体弹跳时，狗狗敏锐度会大大提高。

狗狗感知、经验和行为的所有差异都是由眼球后部细胞分布的一些微小变化造成。还有一个小的变化会导致巨大的差异，甚至可能比焦点区域或色觉视野[①]变化造成的影响更深远。在所有哺乳动物的眼睛中，视杆细胞和视锥细胞通过细胞中色素的改变，于光波中产生电活动。色素产生变化需要点时间，不过非常短。在这时候，处理光的细胞无法接收更多的光进行处理。细胞处理光的速率放缓，引起了所谓的“闪烁融合”速率，即眼睛每秒拍摄的眼前世界快照的数量。

大多数情况下，我们体验到的世界是平稳铺开的，而不是闪烁融合速率下每秒 60 张静止的系列图像。对我们来说紧要的事发生时，比如门快“砰”地关上前赶紧抓住，在别人恼怒地抽回手前同他握手，比起这些，眼前一帧帧图像闪过的速度要快多了。为了创造现实世界的虚拟图像，电影——一如其英文单词的字面意思“移动的图像”——必须微微超过我们人眼的闪烁融合频率。这样一来，我们就不会注意到电影只是按顺序投影的一系列静态图片。不过，如果老式，也就是数码时代前的胶卷在放映机中放映速度慢下来，我们是能察觉到的。虽然通常银幕上图像的帧频比我们处理它们的速度要快，但当它变慢时，我们会看到胶片闪烁，一帧一帧之间有黑色的间隙。

类似的，荧光灯恼人是因为它们的运行速度太接近人眼的闪烁融合频率。用于调节光中电流的电子设备运行速度是每秒 60 个周期（即 60 赫兹），因此闪烁融合频率稍快的人能感受到灯光的闪烁并听到嗡嗡声。室内所有的灯光都会向家蝇发出荧光闪烁，因为它们的眼睛与我们的截然不同。

狗的闪烁融合频率也比人类高：他们每秒能达到 70 甚至 80 个周期。这解释了为什么人类会持续盯着电视屏幕，狗狗却没有这个特

---

① 不同颜色对人眼的刺激不同，也就产生了人眼可见的不同色彩空间范围，即色觉视野。

殊的弱点。就像胶片一样，非数字电视上的图像实际上是一系列静止的镜头，放映速度足够快，足以骗过人类的眼睛，让我们看到连续流动的画面。但是对于狗的视力来说，这种速度还不够快。他们还是能看到各帧之间的黑暗空间，就好像频闪一样。同时电视中也没飘出什么气味来。视觉和嗅觉因素叠加在一起，可能解释了为什么靠把他们安置在电视机前吸引不到绝大多数狗。电视在他们看来，并不真实。*

可以说狗看世界的速度比我们快，但真正意义上来说，他们只是每秒钟能看到的世界多一点。我们会惊叹于狗狗捕捉住飞行中的飞盘，或是紧跟快速弹跳的球这样看似神奇的技能。正如微视频和轨迹分析所记录的那样，他们的飞盘捕捉过程与棒球外野手自然使用的导航策略非常匹配——自己与迎面而来的球的弧线对齐。个别非凡的外野手不算，狗实际上比我们早几分之一秒就看到了飞盘或球的最新位置。在飞盘向我们头部飞来的那几毫秒内，我们眼睛的内部在闪烁。

神经科学家已经在一些人类身上发现了一种不寻常的大脑疾病，称为“运动失认症”。患者具有种运动盲目性：难以将一系列图像整合到对运动的正常感知中。患有运动失认症的人可能一开始是在倒一杯茶，但所感知到的茶水注入速度比茶水真正的注入速度慢很多，能注意到水位明显变化时茶水已经从杯子中溢出。狗之于人类就像没有脑损伤的人相对于有运动失认症的人一样，他们看到了我们时刻之间的空隙。相较于狗，人类反应迟缓。我们对世界的反应比狗要晚上一秒。

---

* 切换成纯数字电视广播能消除闪烁融合问题，使狗狗看电视更具可行性，不过嗅觉体验并不会更加有趣。狗狗看电视一事可以说是挺矛盾的。

狗·视界

上了年纪，“粗黑麦面包”突然不愿意进电梯了，也许是因为从外面一下子置身于电梯间的黑暗中，看不太清楚。我就鼓励她，或者我自己先跳进去，又或者在电梯地板上扔些浅色的东西给她瞧瞧。最终她每次都会振作起来，跃入其中，仿佛越过一道巨大的裂缝。勇敢的女孩。

所以说从视觉角度来讲，人能看到的一些东西狗狗也能看到，不过狗的视角和人的视角不一样。狗狗视觉能力的构造能解释他们的一大堆行为。首先，因为视野开阔，他们能很好地看到周围的事物，但面前的事物就看不太清楚了。狗狗可能不大注重自己爪子的使用。与我们对前肢末端的依赖相比，狗狗很少用爪子来操纵世界，这有什么奇怪的呢？视力上的微小变化会造成狗狗接触、抓取和操控行为的减少。

相似地，狗可以聚焦于我们的脸庞，但检测出人眼的能力就不那么好了。这意味着比起捕捉你朝他们投去的有意义的凝视，他们更能捕捉你完整的面部表情，并且他们能更好地紧跟你手的指向或是身体的某次转动，而不是你从眼角偷偷瞥出的一眼。他们的视觉感官与其他感官相得益彰。虽然他们只能粗略地定位空间中的声音，但他们的听力足以让眼睛转向正确的方向，在视觉上进行进一步的搜索。之后鼻子跟进，仔细检查。

例如，狗狗通过我们的气味认出我们，同时他们当然也清楚地看着我们。他们在看什么？如果无从捕捉你的气味，比如你处在顺风方向或者是身上沾满了香水，他们就会专门启动视觉提示。如果他们听到你的声音在呼唤他们，他们会犹豫一下，但不是因为你走近狗狗时的那张脸而迟疑，不是因为你特定的走路方式，也不是因为你颤动着呼唤他们名字的嘴。这点已被最近的研究证实：在大显示屏上依次播放主人的面部照片以及陌生人面部照片，同步配以主人及陌生人的声音，接着再调换照片顺序，分别测试狗狗在听到主人声音以及陌生人声音时的行为。当脸和声音不一致，即主人的脸与陌生人声音配对时，以及陌生人的脸与主人的声音一起出现时，狗狗盯着脸看的时间更长。如果狗狗单纯是更喜欢主人的脸，他们会一直盯着那张脸，看它个最长的时间。相反，当事物出现得出乎狗狗意料时，狗狗盯着看的时间最长，因为他感受到了音画的不匹配。

视觉的物理性要素决定了狗的体验，也限制了狗的体验。而这体验当中还有个更深层的要素，那就是视觉在感官层次中扮演的角色。对于像人类这样的视觉动物，当我们最先以一种非视觉感官接触到事物时，会特别高兴：站在公寓门外闻到美妙的气息；打开门，锅里传来嗞嗞作响的声音，银器的叮当声；被要求闭上眼睛品尝一叉子锅里的食物，品尝美味的熟悉体验也新鲜了起来。睁着眼不过是为了亲眼验证下此刻的情景：男朋友出现在我面前，周围是他乱七八糟的大型晚餐准备现场。

普通人由第二感官接触某个事物时首先会感到迷惑，紧接着会有一种新奇感。因为狗狗自己的感官分等级，所以我想他们也可能会感受到以鼻子之外的方式接近某物的神秘感。这或许解释了为什么狗狗第一次理解我们的一些要求时会遇到困难。比如我对新养的小狗说，从沙发上下来！她便用探询的目光看着我，当学会了分辨我们人类视觉世界的不同，他们就会充满自豪。

尽管我们的视觉世界和狗狗的相重叠，但狗对所看到的物体会赋予不同的含义。导盲犬必须对人类的环境有所认知：要弄明白对盲人而言重要的物品，而不是狗狗自己感兴趣的物品。甚至要试着让你的狗狗承认人行道路缘的存在。对狗来说，什么是路缘？坚持不懈地教下去，狗狗是可以被教会的。但大多数狗根本看不到路缘：倒不是因为路缘是隐形的，而是因为路缘对狗狗来说没有一丁点重要的意义。狗狗脚下的表面或许是粗糙的又或柔软的，光滑的又或布满岩石的，或许带有狗狗或人类的气味；但人行道和街道之间的区别，则是人类世界里才有的。路缘对狗狗来说只是我们用来覆盖泥土的硬块在海拔高度上的微小变化，仅对那些关心道路、行人和交通等概念的人类有意义。导盲犬则必须了解路缘对他的人类同伴的重要性。他必须弄明白一辆超速行驶的汽车，一只邮筒，靠近的其他行人，门把手的意义。他会的。他可能会开始将路缘与人行横道的独特条纹联系起来，将路缘与沿路发臭的黑暗雨水槽联系起来，或者与混凝土、沥青之间的亮度变化联系起来。比起人类对狗狗世界中各种事物意味着什么的了解，狗更善于学习在人类的视觉世界中对我们非常重要的东西。我依旧无法告诉你为什么“粗黑麦面包”一看到拐角处一只哈士奇形状的狗现身就兴奋起来。但十几年后，我开始注意到，她确实会贼激动。另一方面，她更快地认识到我对某些物品的重视——在磨损的沙发和我最爱的扶手椅之间，允许她坐上去享受的概率是不同的；叼来拖鞋会让我开怀大笑，而送来跑鞋则惹我骂骂咧咧。

狗狗的视觉体验有个方面让人意想不到：他们能看到我们看不到的细节。狗狗视觉能力相对较弱的事实，被证明是他们的福音。由于他们不想单凭眼睛看整个世界，因此可能会看到我们没有注意到的细节。从格式塔心理学来说，人类是完形观察者，经验和行为具有整体性。我们每次进入一个房间都会粗略地环顾下：如果房间中的一切都或多或少符合我们的预期，我们便停止扫视了。我们不会检查场景是否有微小甚至根本性的变化；我们可能会忽略墙上的一个大洞。不相信？我们在生活的每一刻中，都未曾注意过这么个巨大的洞：由我们眼睛的结构造成的视野中的洞，也就是盲点。视神经是将视觉信息从视网膜细胞传递到脑细胞的神经通路，始于眼球的视网膜，穿过视神经管入脑，传导视觉冲动。视觉信号经由视神经传送至视觉皮层。因此，我们要是保持眼睛不动，面前的部分场景是不会被我们的视网膜捕捉到的——因为景象刚好没落在视网膜的视觉感觉细胞上。如此就形成了盲点。

我们从来没有注意到我们面前的这个巨大的洞，因为我们脑补出的东西填满了那里。我们的眼睛在不知不觉中不断地前后移动——称为扫视运动，进一步搭建出视觉场景。我们从未体验过缺失的那个点。同样，对于那些与我们期望看到的略有不同但极其近在眼前的事物，我们也存在盲点。作为适应性良好的视觉生物，我们的大脑有能力在发送给它的视觉信息中寻找意义，尽管过程中存在漏洞和不完整的信息。

我们可能适应得有点太好了。我们视觉上忽略的一些东西，动物能看到。举个例子，研究自闭症的著名科学家坦普尔·格兰丁（Temple Grandin）就用奶牛证明了这一点。通常，被带进屠宰场的奶牛会犹豫、踢腿并拒绝继续前进。据我们所知，这并不是因为他们了解屠宰场会发生什么。相反，是因为有些小的视觉细节让他们感到惊异或是害怕。比如水坑中反射出的光，一件孤零零的黄色雨衣，突然出现的阴影，微风中飘扬的一面旗帜。像这样看似微不足道的细节。我们当然能够看到这些视觉元素——但我们不会像奶牛那么样地注意它们。

狗狗在视觉特点上比我们更接近于奶牛。人类可以快速标记场景，进行分类。当忙碌的通勤者沿着曼哈顿街道步行去上班，他完全不会注意到自己经过的世界。他既不注意乞丐也不注意名人，既不对救护车也不对街头游行感到震惊，对他而言，这只是避开了聚集在一起目瞪口呆的人群。好吧，管它人群是在盯着看什么东西，我很少跟随众人停下来跟着看。在大多数早晨，人类精简到靠地标标注路线。人类有充分的理由相信除了地标建筑，没什么需要注意的，狗可不这么想。随着时间的推移，狗狗熟悉起朝公园步行的路线，然而他们并没有停止寻找。他们对眼前实际看到的、直接的细节比他们脑袋里期望看到的更感震惊。

知道了狗狗视力的原理，那么他们是如何运用视觉能力的呢？很明显，通过看着我们，他们动用自己的视觉。一旦狗向我们睁开眼睛，就会发生一件了不起的事情：他开始凝视起我们来。狗看到了我们，不过他们的视觉差异似乎也让他们看到了我们人类甚至看不到的东西。很快，他们似乎就“直视”起我们的思想来了。

狗的注意力

我从工作中抬起头，发现“粗黑麦面包”看着我。她的眼睛盯着我，我吃了一惊，有点慌张。一只凝望着你眼睛的狗有种强大的吸引力。我落在了她的定位系统里，感觉她不仅看到了我，而且是在有意识地看向我，看进我的内心，解读我。

看向一只狗的眼睛，你会感觉到他正回过来看你。狗会朝我们回眸。他们的目光不仅仅是盯着我们看那么简单，他们以我们看向他们的方式来回看我们。狗狗的目光投向我们的脸，投来凝视的重要性在于，这当中包含着狗狗的心情和精神状态。凝视意味着一种心理状态，意味着关注。凝视者既在关注你，也可能在关注你自身的注意力。

从最基本的层面说开来，付出关注的目光是个将个体一切具有视觉上刺激轰炸性的地方提炼出来的过程。视觉注意力始于用眼看，听觉注意力始于用耳听，所有有眼睛有耳朵的动物都可以做到视与听。然而，考虑到看和听的对象，仅仅拥有感觉器官并不足以让人类付出我们通常所说的注意力。

心理学家是这么援引注意力的：它不仅被视为将头部转向刺激源那么简单，还被视为一种表明兴趣、意图的心理状态。在注意别人的转头时，一个人可能表现出对他人心理状态的理解——这是一项独特的人类技能。我们会关照别人的注意力，是因为这有助于预测别人接下来会做什么，他能看到什么以及他可能知道什么。许多自闭症患者的缺陷之一，是不具备看别人眼睛的能力，或者是缺乏看别人眼睛的意愿。结果，他们本能地无法理解哪一时刻他人在给予注意力，也不知道如何去吸引他人的注意力。

专注于某些事物而忽略其他事物的将之简单化的能力，对任何动物来说都是至关重要的：一个人看到、嗅到或听到的物体可能或多或少关乎自身生存。关注那些相关的视听元素，而去忽略其余的视觉景观、混乱噪声。即使生存不再是我们最紧迫的问题，人类仍在不断尝试引导、转移或吸引注意力。我们日常做普通事情都多少需要运用些注意力机制：听别人和我们说话，计划上班的步行路线，甚至回想自己刚才在想什么。

狗狗，像我们这样的社会动物，也或多或少地摆脱了生存压力，肯定在以一些有趣的机制关注这个世界。不过，他们凭借着不同于人类的感官能力，得以关注我们从未注意到的事情，比如我们身上的气味在一天中是如何变化的。同样的，我们会仔细关注狗狗甚至无法察觉的事物，例如语言使用中的细微差异。

但是，狗狗与其他哺乳动物乃至其他已驯化了的哺乳动物区别在于，他们的注意力与我们的注意力有重叠区域。同我们一样，他们关注人类：关注我们所在的位置、微妙的动作、情绪，他们对我们脸的关注最为狂热。关于动物的一大流行观念是，如果他们看着我们，便要么是出于恐惧，要么是出于食欲，将我们视为潜在的捕食者或猎物。放在狗狗身上这种观念就不正确了：狗狗是特地冲着观看人类去的。

当代以狗狗的认知能力为主题进行的研究尤为疯狂。这一主题下的研究以人类婴儿成长为成人的里程碑为标记，大量文献中显示的结果是显而易见的：人类到了成年期，都能明白什么是付出注意力。犬类研究揭示了狗狗具备与我们相同的一些能力。

孩童的注意力

无论是对于狗狗还是人类，注意力都始于先天的一些行为倾向。人和狗不是自动就拥有注意力，就能理解注意力。注意力是从本能自然发展而来的。与大多数动物一样，人类婴儿会做出基本的定向反射：尽最大力气、最大幅度地向安全、有食物、温暖的地方移动。新生儿将脸转向温暖的一边吮吸，是生根反射。就这个年龄而言，婴儿只能做到这么多。更早熟些的小鸭子，会毫不留情地追随自己看到的第一个成年生物。* 在小鸭子和人类中，这种反射依赖于早期的感知能力：至少要注意到其他生物存在的能力。这种能力可以帮助我们在最初的几年中了解与他人注意力相关的重要事实。

就人类而言，贯穿婴儿期的特定行为有其可靠的发展过程，这些行为的产生与对他人的日益了解有关。了解他人的一切精髓在于学习关注世界上正确的人、事、物，并逐步理解其他人也在关注这些。当婴儿睁开眼睛时，这项学习就开始了。刚出生的婴儿可以看到的虽然不多，但能感受些许。他们非常近视：只有离他们近到几英寸的咕咕哝哝说着话凝望着自己的面孔在他们眼中才可能是清晰的，不过这张

---

* 行为学家康拉德·洛伦茨将自己“假扮”为一群年幼灰鹅看到的第一个成年生物，完美地展示了 20 世纪 30 年代熟龄前水禽的追随倾向。灰鹅们很乐意跟着他，而洛伦茨最终也把这群鹅当作自己的孩子在抚养。

脸已经代表着整个世界的清晰程度。婴儿首先注意到的事物便是附近的任意一张面孔。事实上，我们的大脑有专门的神经元，看到一张脸时就会受到刺激。与其他视觉场景相比，婴儿可以检测到并且更喜欢看到脸或类似脸的东西——哪怕是三个点形成的字母“V”。从他们生命的早期开始，婴儿就会更长时间地*盯着他们感兴趣的事物，母亲的脸是他们最感兴趣的东西之一。很快，婴儿也学会了区分朝他们自己看过来的脸以及看向别处的脸。这项技能简单但绝不微不足道：他们要抛开视觉世界中杂七杂八的干扰，去注意物体的存在，意识到当中的一些物体是活的，是特别让人感兴趣的，并且意识到这些有趣的活物面朝着自己时，就会注意到自己。

一旦确定了这一点，且自己的视力提高了，婴儿就会专注于那张脸的细节。他们喜欢玩蒙着眼睛躲猫猫的游戏：一个很简单而又需要发挥眼睛重要性的游戏。正如心理学家通过实验证明的那样：对婴儿伸出舌头、做鬼脸，非常年幼的婴儿是可以模仿这类简单表情的。

当然，婴儿的这些表达还不具备日后会包含的含义（我们必须假设婴儿实际上并没有故意向心理学家吐舌头，尽管有人可能希望如此）。婴儿单纯在学习使用他们的面部肌肉。3 个月后，他们学明白了，便开始通过做鬼脸、绽放社交性的微笑来回应他人。他们转过头来看看附近的其他面孔。到 9 个月大时，他们会追踪其他人的目光，看看它落在哪里。他们或许会用搜寻的目光找出他们问起过的物件或是藏起来的东西。很快，他们会在手指、拳头或手臂的辅助下将视线延伸

---

* 儿童发展心理学家知晓这么个事实：尽管婴儿无法报告出自己在想什么，但他们确实会更长时间地观察自己感兴趣的事物。通过把握婴儿行为的这一特征，心理学家收集到了婴儿能看到、能区分、能理解什么以及偏好什么的数据。

至一个点，发出想要某个物品的请求。到了1岁生日，他们便已会展示、分享物品。

这些行为反映出婴儿在迅猛地理解着其他人是拥有注意力的，而这些注意力能够照亮让人感兴趣的物品：瓶子、玩具或者是人。在12到18个月大之间，他们开始与他人多次进行互相关注：目光锁定在彼此身上，接着看向另一个物体，之后重新进行眼神交流。这标志着婴儿发育的一大突破：为了实现完全的“互相关注”，婴儿必须在某种程度上明白自己和对方不仅是一起在看，而且是一起在参与。他们学着理解：在其他人和他们视线中的物体之间，有一些无形但真实存在的联系。一旦婴儿们认识到了这点，翻天覆地的巨变便发生了——婴儿可以通过注视某个地方来操纵他人的注意力，检查其他人的视线在哪，指向的位置是哪，在进行自己想要和别人共同参与又或想背着别人的活动时，开始注意起成年人是否正注视着自己。在指向或展示自己之前，他们会先向成年人瞥一眼。他们努力看着大人，以引起人们的注意。他们可能会开始回避注意：在关键时刻走出房间，或者在成年人的视线范围内隐藏物品。（这为他们长大后成为难以“驯服”的青少年做好了充分的准备。）

我们都走过同样的发展路径，成长为典型的人类。几年之内，婴儿便从起初漫无目的地睁开初生的眼睛，到进行有意义地看，再到凝视他人，又到追随他人的目光。他们愉快地保持着眼神交流。不久之后，他们就开始从凝视中获取信息，通过分散他人的注意力、回避对视、指引别人的目光来操纵他人的视线，来引起对方的注意。在某个时候，他们开始意识到这么个事实：别人凝视的背后蕴含着对方的想法。

动物的注意力

她向我挪近了1英寸，也就是2厘米多，对我喘起气来，睁大眼睛，一眨不眨，以此告诉我她需要点东西。

一步步地，认知研究人员一直在追踪动物的发展过程，只不过渐渐有了新的研究对象，从人类转向了动物。动物跟随了婴儿发展的多少轨迹？动物睁开眼睛后，是有意地还是无意地向外看？他们注意到别人的眼睛了吗？他们理解注意力的重大意义吗？

考察受试动物如何理解他人的"心理状态"，是动物认知研究的一大方面。大多数用动物进行的实验测试都是身体和社会认知测试，人类确信自身擅长这两者。从海蛞蝓到鸽子到土拨鼠再到黑猩猩，圈养的动物都被放在迷宫里；摆在他们眼前的是计数、分类、命名任务，受试动物被要求区分、学习、记住一系列数字和图片。设计任务是为了看他们能否认出、模仿、蒙蔽他人，乃至辨认出自己。一些测试抛出的问题甚至更具有人类特征：当这个动物分别与同物种的成员以及其他物种的成员互动时，脑子里是怎样想的？当一只关在笼子里的黑猩猩看到人类饲养员时，他会思考哪怕一丁半点有关饲养员的事吗？他会想知道如何做才能诱导人类打开笼子门吗？他哪怕对任意一件事情有什么疑惑吗？还是他单纯在等着看看旁边这个五颜六色、有生命般的物体和自己有什么相干，又有什么有趣的地方？猫是不是把老鼠看作抓捕活动中的一个角色？是不是看成一种有生命的动物？还是觉得老鼠是必须先围堵再撕块的移动的食物？

正如我已经谈到的那样，众所周知，很难通过科学的手段获得动物的主观体验。人类无法要求任何动物用声音或者纸笔讲述他的经历*，所以我们必须以动物的行为为指导。但是行为指导也有其缺陷，因为我们不能肯定任何两个个体产生相似行为就表明其具备相似的心理状态。例如，我开心时固然会微笑，可我也可能是出于担心、不确定或是惊讶而微笑。同样的，如果你对我微笑，可能是因为快乐，也可能是在挖苦冷嘲。更不用说几乎没办法确认你的“幸福快乐”是不是和我的“幸福快乐”一样。

因此我们去研究动物的行为，特别是他们的行为与人类行为的相似处。由于在人类世界的社交互动中运用注意力、追随注意力非常重要，因此动物认知研究人员会寻找能表明动物用到了注意力的行为。

尽管如此，即使不去不断验证他人的心理状态，行为的导向作用也已经足够强大了，它让我们能很好地预测动物未来的行为，从而平和、富有成效地与他们互动。

狗狗最近兴致勃勃地跑进了实验室，跑到了受控的户外设施点，

---

* 大多数情况下，倭黑猩猩坎兹和非洲灰鹦鹉亚历克斯都位列接受并回答人类提问的名单上：亚历克斯能够根据偷听到的研究者间的对话创造出、说出新颖连贯的由三个词组成的句子。坎兹拥有的词汇量高达数百个，他可以指着图片词汇表进行交流。一只名叫索菲亚的狗已受过训练，可以边敲击简易的八键键盘边进行她先前已经学会的活动，如散步、钻进板条箱、抓取食物或是玩具。她学会了通过敲击正确的键来提出请求。这种交流方式中的行为，更接近于叼给主人一只空碗来请求吃晚餐，而并非成熟的语言。实验并没有报告动物产生了进一步的抽象话语，也没有设计可打出更抽象请求的键盘。

还被记载到了收集他们使用注意力的能力数据表里。狗狗被放在受控的环境中，通常在场的有一个或多个实验人员，也有隐藏的有吸引力的物品：玩具或是食物。通过改变暗示狗狗零食位置的线索，实验人员的目的是确定哪些线索对狗来说是有意义的。

研究人员的问题是，狗狗可以沿着儿童的注意力发展轨迹走多远？注意力始于凝视，而凝视需要视觉能力。我们已经确定狗狗能看到什么，我们也确定了狗狗是会用眼睛看的。可他们理解什么是注意力吗？

凝　视

目光的凝视远不是看起来那样简单：凝视某人，就几乎是在对他采取行动。正如我的学生在他们的现场实验中发现的那样，眼神接触带来的体验几乎就像是实际的触觉接触般强烈。

有一些未曾公开讨论过但已经成为广泛共识的规则在约束着人类管理好与他人的目光接触——违反这些规则可能被视为一种攻击性行为或亲密行为。我们可能盯着某人看时是在试图制服他们，或者用长时间一动不动的凝视来传递一种色眯眯的兴趣。

目光稍加转换，很容易就能看出有多少非人类动物在使用眼神交流。猿类彼此间的眼神交流非常重要，可以用作一种攻击性行为，一支队伍中顺从的成员会避免眼神接触。盯着占主导地位的动物意味着主动邀请对方攻击自己。黑猩猩不仅会逃避盯着对方看，而且会逃避被对方盯着看。从属地位的黑猩猩沮丧地拖着身躯，低头看着地面或自己的脚，只偷偷瞥周围一眼。在狼群中，直接的对视也可能被视为威胁。因此，动物界眼神接触的“攻击性”元素与人类相同。动物的目光变化是这么个规律：一切非人类动物，只要他们具有能构建意义的视觉能力，都会将眼睛转向感兴趣的东西——但如果这个感兴趣的东西刚好是他们本物种的成员，盯着看带来的社会压力通常会让他们转移开感兴趣的目光。因此，我们可以预判出狗在相互凝视方面的行为可能与我们人类的行为有所不同。由于狗狗是从这么个物种进化而来的：凝视绝大多数情况下意味着威胁，因此我们与其说他们躲避眼神接触是无能，不如说是他们进化的结果。可是等等！狗狗确实会看我们的脸。他们看着脸蛋的中央：眼睛所在的高度。大多数狗主人会反映狗狗直视自己眼睛的这么个情况。*

所以到了狗这，事情发生了变化。虽然目光侵略的威胁阻止了狼、黑猩猩和猴子同物种成员之间相互凝视，但对于狗来说，直视我们的眼睛获得的信息值得他们忍受一切古老的残余恐惧，即便凝视可能会招来攻击，他们也要投来目光。人类对注视着自己的狗给予了积极回应，因而产生了皆大欢喜的结局——我们与他们的联系得到加强。

可以肯定的是，狗狗与我们的“眼神接触”可能比“面部接触”要少。** 由于狗眼的表面解剖结构缺乏明显的虹膜和眼白，视角范围

---

* 有人可能会说，狗狗注视人脸的这种行为之所以会得到强化，是因为他们的生存价值驱使着自己要观察人类。就像婴儿看人脸一样，一张成人的脸包含很多信息，其中最重要的可能是下一顿饭的来源。20 世纪早期的动物行为学家尼古拉斯·廷贝亨（Niko Tinbergen）同样发现，成年海鸥的红点喙对小海鸥具有强烈的吸引力，动物行为学家点上了红点的任意一根棍子也是如此，非常能吸引小海鸥的目光。

** 狗表现出一种额外的倾向，人们在看脸时也有这种倾向：首先看向左边，也就是对面这张脸的右侧。即使是年幼的孩子也会表现出这种“凝视偏好”：检查一张脸时，右侧是先看的，看的时间也是更长的。通过仔细观察狗狗是如何观察人脸的，研究人员发现，狗狗在看人脸时也有人类的这种偏好。而在看其他狗时，他们则完全没有先凝视一侧脸的偏好。为什么会这样？人们仍然在猜想：也许我们在不同侧面表达的情绪不同；也许狗狗的表情比人类更对称（撇开耳朵高度不一致这点）。狗已经学会了以人类看人类的方式看人。

窄，眼睛在特定角度通常只能靠凑到更近处看清，这样一来跑出了科学家的摄像机所能拍到的范围。数代犬种饲养者在饲养过程中都偏好狗狗黑眼睛的特征。人们通常觉得浅色虹膜的狗看起来多变抑或鬼鬼祟祟——具有讽刺意味的是，当他们避免目光接触时，我们可以清楚地看到他们眼眸在闪躲。尽管繁殖消除了狗狗浅色的虹膜，我们并没有消除狗狗视线的转换，只是抹去了我们对狗狗会转移视线这一事实的洞察能力。狗狗眸子的闪躲变得不那么容易察觉了。晚上我们睡得更好了，床脚是一只神情平静的狗，而不是目光紧张流转的狗。不过，无论出于什么目的或意图，可以说当我们将脸转向对方时，狗和人类是在“相互凝视”。

凝视具有的原始力量仍然会影响狗狗的行为。如果你一眨不眨地盯着你的狗，他可能会移开视线。如果狗显得过于咄咄逼人或过于感兴趣，可以通过向旁边瞥一眼来分散掉自己的一些兴奋。你对着狗狗怒目而视间的责备或是惩戒，可能会招来狗狗的凝视。控诉方面对有罪之人时特别容易辨认出对方狡猾的表情，难怪我们也会把罪责怪到回避凝视的狗狗身上。拒绝直视我们的眼睛致使狗狗露出种内疚的表情——尤其是当我们已经认定是他们做出了些啥促使他们摆出这副表情的时候，就不能明显看出他们是感到内疚还是说返祖，即出现了祖先所具性状的现象。

但是狗会直视我们眼睛的事实，使我们更加能够以拟人化的眼光看他们，于是把伴随人类对话的隐含规则应用到他们身上。狗主人停下来责骂“坏狗”，接着将狗头转向主人脸的情况并不少见。我们希望在与狗狗交谈时他们能看着我们——就像我们在人类对话中会接受听者的凝视一样。在这种对话中，听众更多地看说话者的脸而不是反过来。值得注意的是，人类不会在谈话中一刻不停地凝视对方，如果有人这样做，我们可能会感到不安。在亲密诚恳的交谈中，人类之间有更直接的眼神交流。我们倾向于将这种对话动态地扩展到我们的狗身上。在与他们交谈之前，我们会先叫他们的名字，将他们视为尽管沉默寡言但愿意交谈的对话者。

追 视

虽然不会一下子就发生，但是在第一次将成狗或小狗带回家后，你可能用不了多久就会注意到这点：房子里没有什么东西是安全的。狗能把人类训练得突然整洁起来：一旦脱了鞋袜，赶紧拿到一边去。在垃圾堆高之前带到外头扔掉；确保地板上没有任何东西可以被一只兴奋活泼、无拘无束而且正在长牙的小狗塞进张开的嘴里。这样以后，或许能换取暂时的和平。毕竟，你可以把东西放在紧闭的门后、密闭的柜子里和高高的架子上。狗狗只能迷惑地看着鞋子、外卖、瓶瓶罐罐、帽子神秘失踪的地方。但很快你就会注意到家里这只狗学到了一些新东西：你是神秘搬运的源头——而且你有会透露自己将要干啥的倾向。

为什么这么说呢？你看，当我们拿起袜子再把它放下时，不单单是一只手在上面捏着；我们的动作会伴随自己的凝视，我们会看向要去的方向。稍后，在谈到狗狗早期的“盗窃”行为时，我们可能会再次查看那个安全的袜子点，这么一凝视，再次揭示了袜子的位置：凝视本身就是信息。我们已经见识过这种利用他人目光的能力，即所谓的注视追随。婴儿在一岁之前就会这样做，狗能更迅速地做到这一点。

以共享信息为目的投出的凝视很简单，就像是指一指，只不过不是用手在指。追随某个点也是一项稍微简单些的能力。当然，狗狗在观察人类家庭成员时会看到大量的指向以及手势。这可能是他们的视觉追踪能力，即追视能力的来源，或者他可能只是发挥出一种与生俱来的能力罢了，这能力使他能从我们的行为中收集一切可能的信息。研究人员在各种实验中测试了狗狗能力的极限，无论是自然的还是习得的。这些实验将狗置于这样一种环境：他们可以从人指向某物的手势中获取信息。例如，当狗狗这一主体对象离开房间时，实验者将狗饼干或狗狗会想要的其他食物藏匿在两只倒扣桶中的一只里。当所有气味线索都被掩盖时，狗就必须决定自己要选择哪只桶了。如果他选择正确，会得到食物奖励；如果选错了，他将一无所获。附近站着位知道该选择哪个桶的人员。在圈养的研究环境中，实验者微微调整任务，让黑猩猩来完成。令人惊讶的是，尽管黑猩猩似乎在追视人所指的地方，但是单就追随人的目光而言，他们并不总是做得很好。

狗的表现则可圈可点，令人钦佩。他们能追视人的指向，不管是人绕过身体往外指的方向还是从人身后指出去的方向。如果人进一步指向诱饵，那么效果还会更好。* 他们并不单单了解了伸出手臂的重要功能，还明白人用肘部、膝盖、腿指向某物也可以是在提供信息。即使是瞬时性的指向——朝一个点瞥了一眼——信息就落入了狗狗眼中。在观看主人真人大小的视频投影过程中，他们能跟上主人用指向给出的提示。尽管他们身上没长着可以指向东西的手臂，但狗狗的表现胜过被测试的黑猩猩。最厉害的是，狗可以简单地使用人头部的方

---

* 要注意的是，狗会以"明显并非偶然"的速度将爪子指向两只存放了诱饵的桶中的一只。这证实了他们的技能，意味着他们并不是随机决定先去哪只桶下搜寻的。恰恰相反，他们有 70% 到 85% 的概率会指向正确的桶。已经不错了，不过这说明他们仍会在 15% 到 30% 的时间里做出错误的判断！3 岁孩子每次都能选出正确的桶。这表明狗的成功可能源于一种与我们不同的理解方式。

向——他的注视——来获取信息。你也许可以在渴望得到袜子的黑猩猩那成功藏起一只袜子，但你的狗是能把袜子找出来的。

在不容易被人察觉的情况下，狗狗使用注意力的方式真正变得有趣起来。并不是当他们来看我们指向某个地方某样东西的时候，而是当他们不得不下定决心思索怎样才能告知我们他们要出门的时候，或者想要我们把球扔给他们的时候，又或者他们需要告诉我们一些非常重要的消息的时候——比如想告诉我们不在房间里的时候，美味的食物掉到了他们能够到的范围外的哪一块位置。狗狗可能产生这些能力的丰富场景之一，便是同人类玩耍的场景；实验类型也操纵着他们可以从他人的注意力中收集到的信息。所有迹象都表明，狗似乎知道如何引起人注意，如何利用人类注意力向我们提出要求，以及怎样分散注意力能使得他们从淘气行为遭到的惩罚里脱身。

获取注意

能从儿童身上看到的第一个能力被称为注意力吸引能力。不正式地来说，往往你面前狗狗这种能力的表现是干扰你当前正试图完成的任一事情。更正式地来说，狗狗这些行为足以转变他人的注意力。例如，他们会进入人类的视野，发出可辨的噪声或跟人进行肢体接触。突然跳到你身上就是狗狗吸引注意力的一种熟悉行为，尽管并不是被跳上去的人所爱的行为。狗狗的另一大法宝是吠叫。不过，狗狗吸引注意力的方式可不局限于日常生活。他们鲜为人知的手段包括碰撞、用爪子刨或将自己的身板简单往别人面前一横：在我狗狗的游戏行为数据库中，我称之为面对面碰撞。导盲犬在需要时会发出响亮的舔嘴的声音——可听见的咕噜咕噜声——来引起视障人士的注意。玩耍中的兴奋有时也会让他们想出新奇的技巧来。我最喜欢观察这么个回合：热切而又沮丧的狗狗做出一系列反映他单相思着另一只狗狗的行为。他先是靠近对方正从里头喝水的碗，凑过去喝上一口，接着用这“圣”水来舔自己的脸；或者当另一只狗发现一根可供自己玩耍的上乘树枝时，他也抓起一根属于自己的树枝。

狗和我们在一起的日常中，常常借助吸引我们注意力的东西，我们的注意力便是他得到的奖励。不过除非他们应用吸引注意力的东西时有微妙的表现，否则并不能证明他们完全理解我们的注意力。可能他们只是在解决需要你看着他们这一大问题的时候，把自己拥有的所有“工具”都扔给你罢了。一个孩子大喊大叫着，你会跑到他身边：一个会吸引注意力的人，便诞生了。有关狗与人类玩耍的观察表明，狗狗吸引人注意力的方式是多么粗暴或者说微妙。有些狗会站在取回的网球上不停地吠叫，而他们的主人则在一边与自己同物种的人类成员社交。虽然吠叫很容易引起人的注意，但如果并未引起注意还持续使用，那吠叫这一法宝就没能得到很好的应用。另一方面也有证据表明，狗会以非常微妙的方式吸引注意力，以应对主人原本分散的注意力。通过改变姿势，例如从坐姿到站立，或从站立到接近，狗能够重新吸引主人和自己一起抛球或猛扑着嬉戏。

你经常目睹狗在吸引注意力方面表现出的灵活性。如果你的狗单单靠走近是不能把扶手椅里看小说的你唤醒的，他可能会转身叼着一只鞋子或其他你禁止他叼的物品再回来，如此徘徊反复。可能这会让你温和地教育他一下，接着回到你的书上。于是他明白了需要采用更正经的策略来严肃地唤起你的注意。接下来狗狗可能发出抱怨的或者是试探性的呜呜声，向你发起触觉干预——用湿润的鼻子轻轻推你，用口鼻蹭你，或跳跃起来，甚至会猛地落在你脚边的地板上，制造出一声巨响，发出一声叹息。此时此刻他让你领教了什么是尽力而为。

展示所见

到目前为止，狗已经跟上发育中孩子的步伐：有能力注视、跟踪某个点，进行追随凝视，使用能吸引注意力的小工具。他们是否也会尽力地用自己的身体指向物品？他们会用脑袋辅助，指给你看某个东西吗？

于是，实验者再次设置了一个包含凝视跟踪任务的情境，只不过这次是倒置的凝视跟踪。他们认为如果狗狗真有以上能力，此情此景将促使狗狗产生特定的行为。在这些情境中，选用的狗狗不再是天真无邪的，而是能接收信息但无能为力的：他们独自目睹着实验者把零食藏了起来，气狗的是，藏得还离狗狗特别远。接着他们的主人走进房间，实验者将相机对准狗狗：他们是否将主人视为可以帮助他们的救星？如果是，他们会和主人交流下零食的位置吗？

在这些情况下，似乎房间里唯一迟钝的动物是人类，他们可能压根意识不到狗的行为有可能是想让他们看到点东西。狗狗的方法包括多种引人注意的行为，例如吠叫，之后最关键的是，他会在主人和零食的位置之间来回查看。换句话说，狗狗用目光指向零食的位置，指引人去看。

这一现象在非实验环境中每天都能看到。热衷于捡球的接球犬通常会将沾满了自己流下的口水的球体传递到抛球者的正面，而不是背面。而且，如果丢球出错，丢到了背后，引不起主人反应，狗狗就会采取很多吸引注意力的方法，不停地转换目光：先看着持球人的脸，目光再回到球身上，如此连续地快速切换。活力四射、注意力不集中的狗永远不会满足于把找到的袜子叼到你背后，即便不把袜子正好叼到你腿上，也要确保袜子落在你的视线范围内。

操控注意力

最后，狗将他人的注意力作为信息利用起来，获取他们想要的东西，更重要的是，还可以确定自己什么时候能逃脱惩罚。

研究中会赋予狗狗选定一个人去讨吃食的机会，看狗狗是否明智地选择了对的人，进而确定出狗狗具不具备利用人类注意力的能力。假设每个人都是一样好的获取食物的来源，人们便会期望狗狗以一样迷人的表情接近所有人——半恳求、半期待的表情。当然，有些狗会这样做*，有些狗会把自己又萌又可怜兮兮的乞讨节省着留给屠夫，或者自己那口袋里塞满了动物肝脏零食的主人。但是当我们想要某样东西时，大多数狗会对可能的合作者和不可能的合作者做出区分。如此区分对我们来说意义很大。我们人类会根据受众的知识和能力提出适当的要求。比方说，你不会要求面包师解释弦理论，也不会跟物理学家要一袋 7 片装的切片面包。

在涵盖狗、实验者、食物和知识这四大要素的实验环境中，狗似乎有能力区分有可能对自己有帮助的人、有可能不会帮助自己的人。

---

* 由于狗狗对主人的兴趣大于对狗类的兴趣，因此经常被下结论为属于人的狗。

当一位拿着三明治的人被蒙住了眼睛或者是脸朝外时，狗会抑制住自己靠近三明治的冲动。相反，如果附近有一位没有被蒙上双眼的人，狗狗就会去乞求他给口三明治。这给你很好地上了一课：餐桌上，你与狗狗的目光接触可能会鼓励他凑过来“乞讨”——即使你已经花了足够长的时间告诉他不要讨食吃！要么设置一个反应灵敏的人专门负责响应狗狗的“乞讨”，这样一来狗狗的所有注意力都会集中在那人身上。（孩子就很适合扮演这么个角色。）

狗也会小心翼翼地接近被蒙住眼睛的人——在狗狗不知道自己是实验对象这么个事实的情况下。像这类典型的心理测试都会设置一个装备奇特、反应迟钝的人物角色。在某种程度上这么安排是有用的，能避免受试者（这里是狗狗）对他们即将遇到的环境已有丝毫的准备。换句话说，测试的目的是了解狗狗对人类知识水平直觉上的理解，而不是评估看到被蒙住眼睛的人时，狗狗约摸已掌握了什么知识。话虽如此，这只狗仍然需要经历奇怪又别扭的几个小时。

科学家首先在黑猩猩身上尝试了“乞食”的变体实验。变体实验中用人类注意力的状态表明他知道什么。房间里，看到两只桶中的一个藏着食物诱饵的人，就是“知识渊博的”真知者；另一个无所事事，但头上顶着桶的人则没有知识，是盲猜者。黑猩猩是向知识渊博的人乞求还是向正猜测着食物位置的人乞求？（后者偶尔能猜对一次食物位置）。随着时间的推移，黑猩猩学会了向知识渊博的线人乞求——但只有在盲猜者已离开房间的情况下，或者在桶里放置诱饵时盲猜者恰好背转过身的情况下。哪怕盲猜者用桶、纸袋或眼罩挡住自己的眼睛，黑猩猩也会过来乞求。

狗曾被与奇怪的人类一起放入试验：人头顶着水桶、蒙着眼罩，或将书放在眼前，挡住了自己的视线。狗狗的表现胜过黑猩猩：狗更喜欢看人——看他们能看到眼睛的人。这就是我们的行为方式，更喜欢说话、哄骗、邀请或招揽那些能让我们看得见眼睛的人。眼睛意味着注意力，注意力意味着掌握了信息。

最牛的是，狗狗能让这些信息服务于自己操纵注意力的目的。研究人员发现，狗不仅能理解我们什么时候注意力是集中的，而且对在主人不同程度的注意力下自己能逃脱的事情很敏感。一项实验在指示狗狗躺下，狗狗尽职尽责地这样做之后，给予了狗狗三个测试，观察狗狗的行为。第一个测试中，主人站在那盯着她的狗看。结果呢？狗一直躺着：完全听话。在第二个测试中，主人继续坐着看电视：狗停顿了下，不过很快就表示不服从，站了起来。而在第三个测试中，主人不仅不理睬狗，而且离开了房间，留下耳边仍然回响着主人命令的狗狗独自一“人”。

显然狗主人在狗狗耳朵中留下的回声并不持久，因为这些试验中，主人在附近时狗会最快服从命令，同时又最有可能不再服从相同的命令。令人惊讶的是，主人一离开狗狗就不听话了。相反，狗狗会做出两岁的孩子、黑猩猩、猴子以及别的动物似乎不会做的事情：只去准确精准捕捉某人的注意力，并相应地改变自己的行为。这些狗有条不紊地利用主人的注意力水平来确定在什么情况下他们可以自由自在地违反主人的规则——就像他们在玩耍过程中利用从其他狗狗身上获得的信息，将注意力重新吸引到自己身上一样。

然而，狗对注意力的阅读是和情境高度相关的。当拿食物做相同的实验时，食物就成了狗狗发挥最佳表现的重要动力。狗狗不服从的门槛立马降低了：他很快变得不服从命令，也不甚关心主人是否分心了。当难以衡量主人的注意力时——主人和别人说话，或者闭着眼睛安静地坐着时——狗的行为是复杂的。有些狗狗会耐心地坐着，但同时又似乎正在积聚动能，筹划着等主人一离开房间就扑腾跳起。至于其他狗狗，他们在主人离开房间后不服从命令持续的时长，甚至要超过主人就在房间里但做着别的事时的时长。这种不合逻辑的现象可以用一个因狗而异的发展中的事实来解释。一些狗主人会发出这样的一系列命令："坐下！保持住！"之后就是令狗狗痛苦的长时间停顿。"好了，起来！"在这种惯例下，一只狗狗可能需要等待很长时间才能获准去吃东西。狗以自己那令人钦佩的强大自制力忍受了我们设计的这种游戏。但是，如果主人开始在房间里和其他人聊起天来——忙着吸引别人的注意力去了——为什么狗狗就不干了呢？因为对狗狗来说，游戏结束了。

你可别以为可以利用刚讲的这点知识欺骗你的狗狗：工作时只要假装和他一起在家，隔着免提电话或视频就能让他听话了。一项实验恐怕带来了非常令人失望的消息。当狗狗面前放映主人真人大小的数字视频时，他们不服从的程度与独自在家不受监督的程度相一致。虽然狗狗可以借助视频里主人的提示与指点寻找食物，但他们并没有费心去听从主人的诸多口头命令。狗狗确实是尽职尽责的，不过当主人沦为录像带时，他们便会更加有选择性地"尽职尽责"了。你不能指望靠在答录机前告诉狗狗"停，不准哭了"来减少他孤独的哭泣——但你可以告诉他哪里可以找到你留着款待他的美食。

你下次参观动物园时可以检查下猴子笼。也许里头有卷尾猴。它们移动迅速，尾巴张扬，轻易就跳跃起来，发出尖锐的叫声。或者是疣猴，一种移动缓慢的食叶动物，黑白外衣里通常隐藏着只紧贴妈妈的小疣猴。你也可观察观察雄性雪猴跟随粉红雌猴的样子。观察我们进化史上遥远的表亲，能意识到不少东西。我们看到他们的兴趣，他们的恐惧，他们的欲望。大多数猴子会注意到你并回应你——很可能是远离你，或者转过头来避开你的注视。令人惊讶的是，与这些灵长类动物相比，狗狗在领会我们注视背后的意味上要擅长得多，懂得如何从中获取信息或为他们自己谋利。狗狗会解读人类，而我们的灵长类表亲则不能。

狗的共情力

因我的小狗熟知我，故我是我。

——格特鲁德·斯坦（Gertrude Stein）

狗的凝视是一种审视，一种关注：凝视另一个有生命的动物。他能看到我们，这可能意味着他会在脑袋里想着我们——我们喜欢被他者想到。我们自然会想，在那一刻的相互凝视中，是狗狗在想着我们吗，正如我们想着他们那样？狗狗对我们有什么了解？

众所周知，我们的狗可能比我们对他们的了解要多得多。他们可是完美的窃听者、偷窥者：进入我们房间这片私密的空间，悄然窥探我们的一举一动。我们的来去他们了然于心。他们逐渐了解我们的习惯：我们在浴室待多久，在电视机前待多久。他们清楚我们和谁一起睡觉；我们吃什么，什么吃得多；和谁一起睡得多。没有动物会像他们注视我们一样地注视着人类。狗狗与数量庞大的老鼠、千足虫和螨虫共享着我们的家园：没有虫鼠会费心看向我们所在的方向。我们打开门，会看到鸽子、松鼠和各种飞虫，而这些动物几乎压根不会注意到我们。相比之下，狗则在房间的另一头、窗户边注视着我们，从眼角里投来注视的目光。狗狗对人类的观察是由他们视力赋予的一种微妙而强大的力量促成。视力让狗狗付出视觉上的注意力，而视觉注意力是用来观察我们在做什么。在某些方面，狗狗的视觉与我们人类相似，但在其他方面，则超越了人类的能力。

盲人和聋人有时会养只狗代他们看世界、听世界。对于一些残疾人来说，狗可能会使主人得以在无法独自生活的世界中自如地活动。正如狗狗可以为身体硬件受损的人充当眼睛、耳朵和脚一样，他们还可以为一些自闭症患者充当人类行为的阅读者。患有任意类型自闭症谱系障碍的人，皆因无法理解他人的表达、情绪和观点而自成一个封闭的群体。正如神经学家奥利弗·萨克斯（Oliver Sacks）描述的那样，对于养狗的自闭症患者来说，狗似乎是人类心灵的读者。虽然自闭症患者无法解析他人忧心的皱眉，无法解读他人害怕、着急时升起的语调，狗狗对他们背后的种种心理保持着敏锐的感知。

狗是身处我们人类中的人类学家。他们是学习行为学的学生，在观察我们的实践中，懂得用上人类学这门科学所教导的看人类的方式。作为成年人，很大程度上我们行走在人类群体之中却不曾仔细观察过他人，社会把我们训练成一副自顾自的模样。即使是和最了解的人在一起时，我们也可能不再关注他们的表情、情绪和外观上的细微变化。瑞士心理学家让·皮亚杰（Jean Piaget）提出过，当还是孩子的时候，我们都是小小科学家，会形成关于世界的种种理论，再通过行动来检验它们。果如她所言，我们则是自己打磨出一番技能后来却丢开手的科学家了。通过了解人们的行为方式，我们走向成熟，可是最终我们较少地关注他人每时每刻的行为方式。我们生长的速度已远远快过习惯发展的速度。当一个有好奇心的孩子盯着街上一瘸一拐的陌生人入了迷，会被教导这么做是不礼貌的。一个孩子又可能会被人行道上旋转落下的树叶吸引，而成年后则会忽略这片叶子。孩子会对我们的哭声感到惊奇，会查视我们的微笑，看我们所看向的地方；随着年龄的增长，我们仍然有能力做到这一切，但已摆脱了看的习惯。

狗不停地看着——看一瘸一拐的步态，看落下的树叶在人行道上翻滚，看我们的脸。都市犬可能缺少自然景观的阅历，却拥有饱览奇人异事的眼福：踉踉跄跄将人群冲撞开的醉汉，路边大喊大叫的传教士，跛足的人，还有贫民……城市主人的狗会冲着经过的一切瞪大眼睛。狗之所以成为优秀的人类学家，是因为他们与人类如此协调：狗狗能注意到什么是典型的人类场景，什么又是不一样的。而且，他们不会像我们人类习惯于人类那样地习惯我们——他们也不会长大成我们。

狗的灵性

狗狗与人类的这种协调一致，或者说狗之通人性，让我们倍感神奇。狗狗能预感到我们的到来——而且，他似乎知道一些关于我们和其他人的重要信息。他是有千里眼吗？还是第六感？

我想起一匹马的故事。在19、20世纪之交，有一匹叫汉斯（Hans）的马，绰号称“聪明的汉斯”。“聪明”二字颇具反讽意味：既象征着汉斯其实不具备人们以为他所拥有的能力，又警示着人类在解释动物能力时不要过度归因于动物自身。汉斯的行为深刻影响了它之后百年的动物认知研究进程。

主人声称汉斯可以数数。展示起来是这么一回事：在黑板上写一个算术问题，汉斯会在地面上用蹄子敲出总和。尽管他的算数行为在受到鼓励和强化后，能利用直接的条件反射来进行敲击，但汉斯并不是在死记硬背预先确定的问题。相反，他在所有方面都很出色，能解决没遇到过的问题，哪怕出题者不是汉斯的训练师。

汉斯为自己身处的时代奠定了高亢的基调——从汉斯身上，人们推测出了马儿潜在的认知能力。动物训练师和动物学学者都感到困惑：汉斯究竟是如何做出算数的。除了它实际上确实是在做数学运算之外，几乎没有其他解释。

最后，一位名叫奥斯卡·普丰斯特（Oskar Pfungst）的心理学家发现了汉斯的“诀窍”——这是连汉斯的主人都不知道的，不经意间制造出来的戏法。要知道，当不让提问者本人知道问题的答案时，汉斯的运算就会开始大错特错。原来汉斯没有在数数，它也没有通灵能力。汉斯单纯是在“阅读”提问者的行为。提问者们在无意识间以微小的身体动作提示了它答案：当汉斯敲出正确的数字时，他们会不由地要么向前倾要么往后缩，肩膀和面部肌肉得到放松；如此轻微地倾斜上几分，直到汉斯敲击出正确答案。

聪明的汉斯曾经是，现在也依然是一则警示故事的代表，警示人们当能以更简单的机制解释动物某项能力时就不要丢给它们更复杂的解读。不过想想狗对注意力的使用，我倒是联想起了汉斯的绝招。虽然汉斯在宣传的数学运算领域并不聪明，但他非常聪明地阅读了提问他的人无意中发出的信号。在数百名观众面前，只有汉斯注意到自己的训练师在前倾，身体时而绷紧时而放松，汉斯知道一旦如此便意味着它不能再拍蹄了。它会关注到带有信息的种种线索：注意力远远超过他的人类观众为这场算术表演活动付出的注意力。

自相矛盾的是，汉斯超自然的敏感性可能源于自身其他方面的缺陷。因为它对数字或者是算术大概没有任何概念，所以黑板上字符和加减乘除的刺激并不曾让他分了心。相比之下，人类对一个个看似突出的细节的关注，反而导致我们错过了关于答案的明确指示。

我遇到过的一位实验心理学家，在教授本科课程期间用鸽子做研究证明了这种现象。他向学生展示了一系列条形图的幻灯片，每张条形图上带有不同长度的蓝色条，图片背景均为白色。他说，这些幻灯片分别属于两类中的一类：要么具有不甚明确的某个特征（暂称之为“X”特征），要么就不具备X特征。接着他指出哪些幻灯片属于具备以上“X”特征的类别。之后，他让学生依托这组示例幻灯片，找出图片符合这一说不清道不明的“X”特征的条件是什么。在学生尝试探索了数分钟均以挫折和失败告终后，他透露道，拿着一组具备“X”特征的图片训练过的鸽子，在被给定一张新图表时，可以确凿地判断出新图片是否符合“X”这一难以捉摸的特征。学生在座位上不自在地移动着——尽管得知了鸽子都能解出这一难题，也没有人想得出答案。最后，这位教授填补上了他们知识的空白：大面积呈蓝色的幻灯片属于具备X特征这一类别的成员，那些白色部分更多的图片则不是。

学生怒得捶胸顿足：自己居然被鸽子打败了。我在心理学课上进行这项测试时，发现学生也会吐槽这项任务。虽然没有学生说得出答案，但后来无一不抱怨这道题不公平。他们都在寻找一张条形图与另一张条形图之间的某种复杂关系——一种与一类条形图要呈现的特征相吻合的关系。但是不存在这么个复杂关系。“X”特征就是“更蓝”而已。只有鸽子是幸运的，它们不知道条形图这玩意儿，它们看着颜色，感知到了不同类别图形之间真正的差异。

狗所做的，是汉斯和鸽子所为的翻版。“汉斯”现象、“鸽子现象”的轶事比比皆是。一名狗教练会在搜救犬走错路时恼怒地把手放在臀部，另一名则会不安地摩挲起下巴。在这两种情况下，狗都学会了将他们教练的暗示作为提醒自己快快离开错路的信息线索。（训练员必须接受训练，好弱化他们暗示狗狗的肢体语言。）当我们为某个事件或某人的行为寻找更复杂的解释时，可能会忽略狗狗天然能看到的线索。狗狗并没有拥有超感官的知觉，他们不过是把各个普普通通的感官叠加在一起使用罢了。狗狗会将他们感官的技能同对我们人类的注意力结合起来。如果他们对我们本身的注意力情况不感兴趣，他们就不会将我们的步幅、身体姿势和压力水平的细微差异视为点滴重要的信息。这样一点一滴的信息使他们得以预测我们的行为举止，揭示我们的心理状态。

心明眼亮

狗狗观察人类，思考人类，了解人类。那么，狗狗对我们自身的关注以及对我们注意力的关注之中，是否产生了对我们的一些特殊了解呢？他们确实掌握了关于人类的一些特殊知识。

虽然语言上说不出来，但狗狗知道我们是谁，知道我们做什么，知道一些我们自己不知道的事情。狗狗可以通过我们的外观，更重要的是，通过我们的气味来了解我们。除此之外，我们的行为方式也定义了自己是谁。就我为什么认得出“粗黑麦面包”来说，部分原因不仅仅在于她的容貌，还在于她走路的样子——她平衡能力略显不足，快活地小跑着，贴垂的耳朵也跟着跳动。对于狗狗来说，一个人的身份也不仅仅关于他的气味和外表，而更在于他如何活动。我们的行为举止赋予了自身可识别性。

即使是最普通的行为——以我们特有的行走风格穿过房间——也充满了狗可以挖掘的信息。所有的狗主人都会发现，他们的幼犬对一些“仪式”越来越敏感，这些仪式在许多养狗的家庭中被称为遛——狗。* 当然，狗很快学会了识别主人穿鞋的动作；我们开始明白一旦自己抓住皮带或者夹克，便会提示到狗狗可以散步了；按时按点的遛狗时光早解释了他们何以拥有马上能出去散步的先见之明；但是，如果在狗狗爬到你身上前，你所做的不过是从工作中抬起头或从座位上站起，那会发生什么呢?

如果你突然之间穿过房间，或者有目的地大步穿过房间，细心的狗狗就会收集到他需要的一切信息。狗狗是你行为习惯性的观察者，即使你认为你没有泄露任何东西，他也会看出你的意图。正如我们已领教到的，狗狗对目光的注视非常敏感，因此对我们视线的变化也很敏感。对于如此敏感于目光接触的动物来说，不管我们是抬起头或向下倾，离他们远些或朝向他们，这当中的差异都极大。即使是人类手的小动作或身体的调整也会引起狗狗的注意。花 3 个小时盯着电脑屏幕，双手拴在键盘上，然后抬起头，将手臂伸过头顶——在狗狗眼里这可是巨大的质变！因为你注意力的转移此刻非常明显——一只满怀希望的狗狗可以很容易地把这信号理解为散步的前奏。人类观察者如

---

* 当然，拼写单词而非说出单词通常是徒劳的。狗狗还可以学习人们拼出单词的韵律与随后散步之间的联系，即使后者不会随着前者的结束而立马发生。另一方面，在并非狗狗心目中所想的情境下拼写单词——比如坐在浴缸里拼单词，不会引起狗狗太多的兴趣。毕竟当你赤身裸体时想要起来散步的可能性可以说是约等于零。

果足够敏锐也会注意到这一点，但我们很少允许其他人在日常事务中如此密切地监视我们。（我们也不觉得如此监视别人有什么乐趣。）

狗狗在预测我们行为方面的能力，部分要从解剖学、生理学，部分要从心理学角度解释。狗狗的生理解剖结构——所有的杆状光感受器——使他们能够在几毫秒的时间内注意到运动。他们能在我们看到有什么之前做出反应。批判心理学是关于预期的——由过去预测、联想到未来。狗狗必须熟悉你的典型动作，这样才能预料到你的行动：一只新生的小狗或许不会被虚晃一拍的网球给欺骗，但随着年龄的增长，他会的。在母亲的到来和食物的交付之间，在你注意力的转移和散步的承诺之间——即使是不熟悉的事件，狗狗也擅长建立起两者之间的联系。

狗狗抓住了我们日常习惯的主旋律，因此对人类习性的变化特别敏感。就像我们经常走同样的路线去把车开走、去上班、去地铁站一样，我们也会带着我们的狗狗去散步。随着时间的推移，他们自己学会了路线，并且可以预见到在哪里我们要左转经过树篱，又要在哪个配备了消防栓的拐角处向右急转。如果我们在回家的路上小小地绕一条新路，哪怕是不必要的一条——比如绕着街区转一圈——狗狗只需外出几次便会适应新的路线。他们甚至在自家主人朝那个方向做出任何动作之前就开始朝着绕道的方向前进了。这种特性使狗狗成了优异的步行合作伙伴——比与我在城市中一同漫游的许多人要好，要知道当我带领他们走上我偏爱的路线时，经常要撞到他们身上去不可。

狗主人就狗狗阅读人性能力的声明是关于狗狗预判能力的一大补充。很多人会把自己生命中潜在的浪漫伴侣交由他们的狗来选择。另一些人则宣称自己的狗是个很好的人格判断者，能够在第一次见面时就看穿一个两面派的坏人。狗狗似乎能辨认出不值得信任的人。* 这种能力也许是来自狗狗对我们模样的近距离观察。如果某个陌生人的靠近让你感到迟疑，你会从行为举止间透露出踌躇和不情愿，无论你是多么的出于无意。正如我们所见，狗对压力引起的气味变化很敏感。他们还可以注意到紧张起来的肌肉，快速呼吸或喘气之时声音上的变化。（测谎仪测量的维度包括这些生理变化：人们不难想象训练有素的狗能够代替机器和相关技术人员。）不过在评估一个新出现的人时或是尝试解决问题时，狗狗的视觉能力则要胜过靠嗅觉和听觉作的“笔记”。我们在生气、紧张或兴奋时都会产生具有特定特征的行为。“不值得信任”的人在谈话中经常偷偷朝外瞄一眼。狗狗会注意到这一瞄。而咄咄逼人的陌生人则可能会进行大胆直接的眼神交流，不自然地缓慢或是迅速移动，或者在展开任何实际的攻势之前莫名其妙地偏离直线路径。狗会注意到这种行为；他们在目光相遇后会发自内心地做出本能的反应。

有一年冬天，我和“粗黑麦面包”一路向北旅行，来到一处拥有真正意义上的寒冬的地方，还遭遇了一场大的暴风雪。我们拉出雪橇，发现了一座庞大的山，随后开始沿一条不规则的小路往下滑。霎时之间，“粗黑麦面包”内心深受触动，突破了心理防线，每次下坡都要凶猛地跑，抓咬我和她自己的脸蛋，滑来滚去。她攻击着我被雪覆盖的脸，我快速移动着，笑得没法停下来阻止她“进攻”。她在玩耍，不过

---

* 虽然狗实际上可能能区分行为上有细微差异的人，但人们怀疑但凡借助狗狗识人的主人，都可能受到心理学家所说的确认偏误的影响：只注意到自己狗狗反应中支持他们自己对这个人主观判断的那部分。这位先生是不是有点不值得你信任？是呀，瞅瞅狗狗是怎么冲着他咆哮的就知道了，鉴定完毕。狗成为我们自身信念的放大镜，我们可把自我的臆断归因到狗狗身上去。

玩的是我以前从没见过的游戏：带有真正的侵略性的游戏。当我最终设法站起身来，抖落下山这一路覆盖在身上的积雪时，“粗黑麦面包”一下子平静了下来。

狗狗独具的千里眼是否意味着没法愚弄他们呢？不。狗狗固然是精明的观察者，但不是读心者，并不是不会被人类误导。当我把自己切换成“粗黑麦面包”跳上雪橇时，我成了水平的而非竖直立着的动物；我穿上了雪的衣袍；最关键的是，我的行动完全不一样了。突然间，我变成了一只能高速、平稳移动的猎食动物，而不再是一位直立着蹒跚而行的伙伴。

也许我的狗狗对拉雪橇的人特别感兴趣，不过她的行为与许多其他狗的追逐行为是相似的。狗狗经常去追逐骑自行车的人，滑滑板的人，玩轮滑的人，开汽车的人又或跑步的人。至于他们为什么这样做，通常人们给出的通用版答案是，狗狗有追逐猎物的本能。这个答案并非完全错误，但是非常不完整。并不是说狗狗把以上这些物体和人本质上当成是“猎物”，而是你的动作彰显出你具有另一种维度的形态，那就是滚动！快速的滚动！这一番滚动改变了你在狗狗眼里的属性。狗对特定运动的反应是特别强烈的。骑上自行车的你并没有变成猎物——正如在下车时，你的狗狗会迎接你而不是吃掉你这一事实所表明的那样。狗狗灵敏的反应能力或许进化成了一种猎物探测术，但猎物探测术是可以以各种各样的方式应用的：它为狗狗对环境中的物体、动物的解读、经验判断叠加了额外的方式。这种方式就是通过事物的运动特性来感知它们。

拉雪橇、骑自行车和跑步有个组成部分是共同的，那就是有一个人在以某种方式移动着，平稳且快速地移动着。步行者在走动，但并不迅速：他们没有被什么追赶着。“粗黑麦面包”没认出滑雪橇中的我，是因为通常情况下，我前进的动作并不特别流畅，也不迅速。尽管我很愿意把自己的姿态想象得优美而敏捷。我行走时产生了过量的垂直运动：来回穿梭，打很多手势，这一切细碎的小动作构成了我向前迈步的进程。

要阻止一只追赶着自行车、眼中闪烁着掠夺性光芒的狗，我们打断他的幻觉便可：把车停下来。这时狗狗检测运动的视觉细胞引发的追逐冲动便会松弛下来。（可能仍然存在荷尔蒙引发狗狗的吠叫行为，促使狗狗追逐平稳快速的移动者。这些激素仍会在狗狗体内系统中流淌，持续上几分钟）。

科学已经证实行为之于个体身份的重要性。我们的身份，也就是我们是谁，部分由我们的行为定义。因此，我们可以研究一个人的行为如何影响外界对其个人身份的认识。在一个实验中，狗狗在区分友好和不友好的陌生人方面表现得没有困难：这些人显示着不同的身份。为了让实验中的人展示不一样的身份，实验员将参与者分成两组，并要求每组的成员以规定的方式行事。友好的行为包括以正常速度行走，用愉快的声音与狗交谈，轻轻抚摸狗狗；不友好的行为包括做出有可能被解读为威胁性的行动：飘忽不定、犹豫不决地接近狗狗，盯着狗狗的眼睛而不说话。

实验的主要结果并不那么令人惊讶：狗狗会接近友善的人，避开不友善的人。不过实验中还有一个隐藏的亮点。关键处是这样的：当一个原本友好的人突然表现出威胁性时，狗狗是如何行动的？被试狗的行为各不相同。对一些狗来说，此人现在完全是个不一样的人了，一个不友好的人。这个人的身份改变了。对其他狗来说，比起相信对方新出现的奇怪行为，更愿意相信自己靠鼻子识别出的那个友好的陌生人。鼻头的检验获胜了。

一开始这群人对狗来说都是陌生的，但在训练过程中，狗开始熟悉起各色人：他们也就变得“不再陌生”。每个人身份是好是坏一部分由自身的气味定义，一部分由他的行为定义。

洞悉一切

狗狗给予我们的关注力和他们的感官能力这两者融合在一起，产生的能量是爆炸性的。我们已经看到他们对我们健康状况的检测，对我们真诚度的检测，甚至对我们同狗狗彼此之间关系的检测。在我们甚至可能根本无法表达出口的这一刻，他们却能洞察关于我们的事情。

一项研究结果表明，狗狗在与人类的互动中能接收到我们的荷尔蒙水平。研究人员对参加敏捷性试验的主人和狗进行了研究，发现人与狗这两者的荷尔蒙：人的睾丸素水平和狗的皮质醇水平之间存在关联。皮质醇是一种压力荷尔蒙，有助于调动你的反应，比如说要从贪婪的狮子口逃离时。不过你在心理上感到紧迫而非生理上有紧急致命的情况下也会分泌出皮质醇。荷尔蒙水平的增加，即睾丸素水平的提高，伴随着许多强有力的行为要素：性欲、攻击性、支配地位的展示。训练前人的睾丸激素水平越高，狗的压力就越大（此前这人所在的团队输了的话）。从某种意义上说，这些狗能获知主人的荷尔蒙水平，是通过观察主人行为或感受主人气味，或是凭借人的行为和气味这两者，狗狗自己“抓住”了主人的这种情绪。在另一项研究中，狗的皮质醇水平显示出他们甚至对人类玩伴的游戏风格也很敏感。那些在游戏中发出命令的主人——让狗坐下、躺下或听话，会使得狗狗在游戏后皮质醇处于较高水平；而那些与更自由、更热情的人一起游戏的狗狗，游戏结束时皮质醇水平较低。狗能感受到我们的意图，且能被我们的意图感染，哪怕是在游戏中。

我们的狗狗不光了解我们，还能预测我们的心理状态、行为举止，这是人类喜欢他们的很大一个原因。如果你曾体验过走近一个婴儿时他冲你露出的笑容，就会知道那种被认可的兴奋感。狗是人类学家，因为他们研究我们，了解我们。他们观察着我们之间互动时有意义的部分：我们的注意力，我们的焦点，我们的目光；随之而来的结果倒不是狗狗能读懂我们的思想，而是他们能认出我们，能预见我们。这使婴儿成为人类的一员，这也使狗狗隐约具有了人性。

狗的智力

天亮了，我试图在不弄醒“粗黑麦面包”的情况下偷偷溜出房间。我看不到她的眼睛，如此的黑暗中，它们被遮蔽在她黑色的皮毛下，隐匿起来了。她的头安静地靠在两腿之间。到了门口，我想我已经成功了——踮起脚尖，屏住呼吸，以免她监测出我的离去。可后来我还是发现她察觉到了：她眉毛隆起，上扬间显然是在跟踪着我的路径。她已发觉了我，来到我身边。

正如我们所见，狗，是善观察者，是注意力的熟练使用者。他们的外表背后是否有一颗思考着、谋划着、反省着的头脑？人类婴儿观察注意力的能力的持续发展，标志着成熟人类思想的绽放。狗狗的样子能告诉我们他们在想什么吗？他们会想想其他的狗，他们自己，还有你吗？历时已久，但关于狗脑袋仍然有待解答的疑问：他们聪明吗？

狗的聪明

狗主人就像新父母一样，似乎总准备好了一些故事，来描述他们的孩子是多么的聪明。据说狗狗知道他们的主人什么时候会出去，什么时候会回家；他们也知道如何蒙蔽我们，如何诱骗我们。新闻报道中充斥着关于狗狗智力的最新发现：他们有使用语言、计数、在紧急情况下拨打 911（美国报警电话）的能力。

为了验证这传闻中的印象，有人设计了所谓的狗智力测试。我们都很熟悉人类的智力测试：纸笔形式的考试，要求你解决类似 SAT 考试的选词填空、空间关系和推理问题。有一些问题可测试你的记忆力、词汇量、不断下降的数学技能，以及基础的找规律能力和对细节的关注能力。即使抛开结果是否是能公平评估智力，这种设计也显然不能转化为对狗的测试。因此要进行修改。针对狗狗的测试不涉及高级词汇，而是要求识别简单的命令。并不让狗狗跟读一长串数字，而要求狗狗记住食物藏在哪里。他们学习新技巧的意愿可能会取代复杂的计算能力。智商测试题松散地模仿实验心理学范式：考察狗狗对物体持续性的判断（如果把杯子放在食物上，吃的还在那里吗?），考察学习技能（你的狗是否能意识到你想让他做点什么愚蠢的活?），以及解决问题的能力（他怎么办才能把嘴放到你的食物上去?）

人类对狗群的这些能力进行了正式研究——主要是考察他们对于实物和环境的认知水平。初步看来得出的结果并不令人惊讶。实验中研究人员将狗带到一处放有食物的地方，并对狗找到食物的速度进行计时，以此证实狗会使用地标来导航和寻找捷径。狗狗的这种行为与他们的狼类祖先在觅食以及找路时可能会做的事情是一致的。当然，但凡涉及自己要找到食物的任务，狗狗的表现是相当优秀的。如果有两堆食物可供选择，狗会毫不犹豫地选择较大的那堆。尤其是当两堆之间的反差越来越大的时候。把杯子放在食物上，狗就会马上伸爪去取食，打掉杯子，让食物露出来。狗狗甚至已经学会了如何借助简单的工具——拉动绳子——来获得系在上面的饼干，否则食物就处在他的触碰范围之外。

但是狗并不能通过所有的测试。在面对 3 块和 4 块，或者 5 块和 7 块的两堆饼干时，他们通常会犯不少错误：他们选择较少数量的饼干堆和较多数量饼干堆的次数一样多。而且他们会对左边或是右边堆积的食物产生偏好，这就导致他们犯了更多明显的错误。同样，他们寻找隐藏食物的技能也随着隐藏方式的复杂化而变差。而他们的工具使用能力也开始变得不那么让人惊艳，因为任务变得更加棘手了。当出现了两根绳子，却只有较远的那根系着诱人的饼干时，狗还是会去找较近的那根绳子，也就是什么都没系的那根。他们似乎不理解绳子是一种工具：是为达到目的的一种手段。事实上，在初始情况下，他们可能仅仅是用爪子和嘴来解决饼干拴在绳子上的问题，直到意外地靠拉解决了够不着饼干的问题。

一位狗主人在统计他的狗在以上狗的智力测试中的得分时可能会发现狗狗得分明明更接近于个傻瓜，但却很高兴，跟得了爱犬服从性训练营的第一名似的。果真是这样吗？狗狗终归不聪明吗？

仔细研究一下这些智力测试和心理学实验，就会发现它们的一个缺陷：实验无意中对狗进行了操纵。这个缺陷存在于实验方法上，而不是在被实验的狗身上。缺陷与人的存在有关——实验者或是狗主人。让我们更仔细地看一下一个典型的实验场景。它可能开始如下：一只狗正坐着，被皮带束缚着。一位实验者来到他跟前，给他看很棒的新玩具。这只狗狗喜欢新玩具。* 实验者让狗清楚地看到玩具、桶，接着

---

* 狗天然地对新奇的物品有一种偏好——喜新成癖。一项研究发现，当被要求从一堆混合着熟悉的与新的玩具堆中取回一只玩具，但不具体指定哪一只时，狗在超过 3/4 的次数里会自发地选择新玩具。这种对新事物的偏爱也许可以解释为什么当两只拖着树枝的狗在公园里相遇时，他们经常会同时放下自己一直宝贝的那根树枝，而去试着抓住走近的那只狗引以为傲的树枝。

把玩具放进桶里，之后实验者带着装有玩具的桶消失在房间里两块幕布中一块的后头。他回来的时候，桶里的玩具已经不见了。事实证明，这并不是残酷的骗局，而是标准的隐形位移测试：在这个测试中，一个物体发生了位移——被移到了另一个看不见的地方。自从心理学家让·皮亚杰提出观点——这一测试表明了婴儿在成长为屡教不改的青少年，再从屡教不改的青少年成长为能拥有自己的婴儿的成年人这一过程中，他对物体概念的一大飞跃。这项测试就经常放在幼儿中进行。在这个例子中，被试者对概念的理解是：当物体不在视线范围内时，它们也会继续存在着，这就是所谓的物体永恒性——该物体在世界中留下轨迹、持续存在的概念。如果有人在门后消失了，我们不仅能意识到这人在我们看不见的时候仍然存在着，而且我们可以通过在门后面搜寻来找到他。儿童在 1 岁前就掌握了物体持久性的概念，两岁时就掌握了无形的位移。由于皮亚杰将这种表征性的理解重新归纳为婴儿认知发展的一个阶段，它也就成了对其他动物进行的标准测试，以了解动物与小婴儿相比如何。仓鼠、海豚、猫、黑猩猩（确实通过了测试），鸡也被测试过。还有狗。

狗狗的表现好坏参半。哦，当然，如果测试是按照所描述的那样简单地进行，那么他们在幕布背后寻找玩具的时候就不会有什么问题。看起来他们已经通过了测试。但是，假设把情况弄得复杂一点——把桶放在两块不同的幕布后面，在第一块幕布后把玩具拿出来，给狗狗看看你的动作，接着去第二个幕布后——此时狗狗就会失败：他们先跑到第二块幕布，而玩具显然不在那里。其他的变体测试也会致使狗狗在寻找玩具时突然显得不那么聪明了。我们可以得出结论，一旦玩具离开了视线，它往往很快就会被狗狗遗忘掉。

但是，狗狗有时确实成功了，这一事实表明结论值得怀疑。与结论相反，狗狗的行为指向了两个解释。首先，狗可能记住了玩具，但并没有详细考虑它消失后的路径可能是什么。当玩具消失的时候。虽然有些狗无可争议地热衷于追踪玩具，但是狗对其环境中的物体的看法与人类非常不同。值得注意的是，狼和狗对物体所能做出的事情是有限的：有些物品要被吃掉，有些物品要被用来玩。这两种互动都不需要对物体进行复杂的思索。当狗意识到之前珍爱的东西不见了时，他们不需要考虑这一物品身上可能发生了什么故事。他们只会开始寻找起来，或是等着东西重新现身。

第二个解释具有更为深远的意义。狗在社会认知方面的技能是他们作为人类伙伴的一种胜利，不过这似乎导致了狗狗在这项任务以及其他物体认知任务中的失败。给你的狗看一个球，然后把它放在两只倒扣的杯子下面藏起来。面朝着这两只杯子，假设狗狗闻不出来球的气味，就会随机地看其中一只杯子下面：当狗狗无法获得任何线索时，这不失为一个合理的方法。抬起一只杯子，露出下面的球，这不会让你感到惊讶。当你允许狗狗寻找时，你的狗会毫不费力地在杯子下面寻找起球来。但是如果让狗狗偷看一眼没放东西的那只杯子下方，研究人员则发现狗狗会突然丧失逻辑——他们首先会在空杯子底下搜索起来。

家狗被他们自身的技能束缚了。每每遇到任意类型的问题时，狗狗都会讨巧地看向我们。我们的活动就是他们信息的来源。狗会相信我们的行为是和他们息息相关的——人类可能注意到了，我们通常会为狗狗带来一些有趣的奖励甚至是食物。因此，如果一个实验者躲在第二块幕布后面，就像他在更复杂的隐形位移任务中所做的那样，狗狗就会先跑向那儿。为什么？因为狗狗觉得那块幕布后面可能有一些有意思的东西。如果实验者举起一只空杯子，这个杯子也就变得更加有趣了，仅仅是因为狗狗看到实验者给予了这只杯子关注之意。

如果在测试中减少社会线索，狗狗的表现则要好得多。当实验者同时举着两只杯子给狗看时，即便狗狗看到了空杯子，表现也会更好。向狗展示空杯时，狗狗会思考的大脑会恢复过来。他们看着空杯，就会推理出要在另一只杯子下方寻找隐藏的球。同样的，那些社会化程度较低的狗——比如大部分时间都在外面院子里的狗——也会直接找到问题所在，而住在屋里的狗则经常悄悄地恳求主人帮忙。

如果我们重新审视一些考察问题解决能力的测试，会发现这些测试中狼的表现比狗好得多，我们现在看到的狗狗的不良表现也可以用他们寻找人类的倾向来解释。在测试他们的能力时，比如说从封闭的容器中获取一点食物的能力，狼就会不断地尝试。如果测试没有受到人为操纵，狼最终会通过反复尝试、反复犯错而取得成功。相比之下，狗狗则倾向于向容器发起进攻，直到发现它看起来不是那么容易打开的。之后他们会看向房间里任何一个存在的人，做出各种吸引人注意力的行为，直到对方妥协，帮助狗狗进到盒子里叼食吃。

根据标准化的智力测试，狗狗在智力游戏上是失败的。但据我来看，他们已经取得巨大的成功。他们懂得将一种全新的工具应用于测试任务。我们就是那个工具。狗狗已经学会这一点——把我们看作是很好的通用型工具：他们想要寻求保护、索取食物、获得陪伴时，人类都能派上用场。我们为狗狗解决了打开关着的门和填满空着的喝水碗的难题。在狗狗懂得的心理学常识中，我们人类足够聪明，聪明到可以从树上抽下杂乱缠绕着的拴狗的皮带，狗狗本来还以为皮带再也拿不下来咧；我们可以根据需要神奇地将狗狗运送到更高或更低的高度；我们可以变出无尽的食物给他们细细咀嚼。在狗眼里，我们是多么足智多谋，神通广大啊！向我们求助总归是一种聪明的策略。狗狗的认知能力由此发生了变化：狗狗在利用人类解决问题方面非常出色，但当我们不在身边时，他们却不太擅长解决问题。

狗爱学习

昨天，“粗黑麦面包”从一家宠物超市的自动门中学到这么个知识，当你走向墙壁时，自动门会打开，让你通过。今天，她朝墙壁撞去，引人注目地为大家展示了深刻教训，于是乎从记忆中抹去了所学的这条知识。

一旦一个问题得到解决，如藏起来的食物重新现身了，一扇“不法”关上的门又打开了——不管有没有人帮忙，狗狗火速就能运用同样的手段来解决这个问题，一次又一次。他已经确定了事物会呈现这样一种状态，并据此形成一种应对措施，意识到该问题与解决方案之间的联系。这既是他的胜利，有时也是我们的不幸。会有那么一次狗狗成功地跳到厨房柜台上，找到了那股令人愉悦的奶酪气味的来源。之后，便会有很多次，他跳上柜台。如果你喂给狗狗一块饼干奖励他礼貌的坐姿，那估计往后狗狗会用优雅的坐姿把你淹没。知道了这些，此番告诫就很容易理解了：在训练狗的过程中，你必须一次次回放你希望狗狗无休止重复的行为，加以巩固强化。

狗狗以上的这点掌握能力在心理学界我们称之为学习。毫无疑问，狗可以学习。学习是一切神经系统随着时间的推移，根据经验及周围每种动物的反应，经自然运作对自身行为产生的调节。从动物的联想学习训练法，到莎士比亚独白的背诵，再到总算弄懂量子力学，无一不顶着“学习”的帽子。

大概在掌握了夸克是什么之前，狗狗对新程序和新概念的轻松掌握就已停止了。他们所学的东西既不是学术上的，也不是教育体系里的。哪怕是这样，我们要求狗狗学习的大部分内容也只能用变幻莫测来形容，是我们随心所欲想出来的。当然，任何要去过野生生活了的动物都会学会用嘴巴吃东西。但通常情况下，我们希望狗狗去学习，也就是去服从的项目，与食物几乎没有联系。我们要求狗狗改变姿势（坐下、跳跃、站起、躺下、翻身），还要求狗狗以非常具体的方式对物品采取行动（叼来我们的鞋，下床），开始或停止他们当前的动作（等等，不，好），改变情绪（冷静下来，去抓他！），向我们靠近或远离我们（来，走，留下）。这些要掌握的“知识点”或许倒不至于量子力学般神秘，但哪怕对于遥远的驼鹿猎人来说也非常奇怪。野生动物的生活中没有任何事物能让他准备好臀部贴在地上不动，还要一直保持这个状态到你兴奋地喊“OK，起来！”狗完全能学习这些看似随意的东西，这点值得注意。

边看边学

一天早上，我躺在床上睡醒了，双臂举过头顶，勾绷脚趾，双腿往下伸，身体往上挪，头压进臂弯里。在我一旁的“粗黑麦面包”动了动，配合起我的动作：她绷紧前腿伸到身前，然后也伸直后腿，把自己向前拉直。如今我俩每天早上都会用一套一致进行的唤醒伸展来互相打招呼。不过我们当中有一位会摆动她的尾巴就是了。

比听懂命令更有趣的是仅通过观察他者——其他狗甚至是人进行学习的能力。我们知道狗狗可以从我们的指令中学习，但是狗狗可以从我们生活的实例中学习吗？像狗这样的社会性动物似乎应该向其他人寻求有关如何与世界展开最优谈判的信息。然而许多情况下，这个问题的答案显然是否定的：狗狗有大量机会看着我们在餐桌上礼貌地吃饭——但他们从不自发地拿起刀叉加入我们的行列。偷听我们说话也不足以让他们开口；他们对衣服产生的唯一兴趣似乎就是咀嚼而不是穿上身。明明完全置身于我们人类活动中，狗狗似乎却并不知道要如何模仿我们。

尽管狗狗的特点将他们与我们人类自己物种的成员区分开来——我们是完美的模仿者而他们不是，这倒不是什么弱点。从孩提时代到成年，人类凝视着彼此，来看看要穿什么，做什么，如何行动，如何反应。我们的文化建立在热衷于观察他人行为以学习如何表现自己的基础之上。我只需要看上一次你是怎么用开罐器打开锡罐的，自己便也可以打开罐子（我希望是如此）。实际的赌注比最初看上去的要大，因为一旦模仿成功，不仅能让你得到打开了的罐头里的东西，还表明你具备了一种复杂的认知能力。真正的模仿要求你不仅能看到别人在做什么，即不仅仅是看到手段是如何实现目的的，还要把别人的行为转化为自己的行为。

在这种情况下，狗狗并不是真正的模仿者，因为即使是观看人类使用开罐器数千次之后，也没有狗狗表现出什么兴趣：开罐器靠功能发出的声响对他们来说是无声的。但拿狗和人相比不是个公平的比较，你可能会抱怨：狗狗根本没有拇指，也不具备灵巧性来拨弄开罐器或餐具。同样，他们没有说话的喉头，也没有穿衣服的需要。你的抱怨是公正的：问题在于，是否真的可以通过演示来教狗狗怎么尝试一些新的事情——而不在于纠结狗狗是否是迷你版的人类。

花上 10 分钟观看狗狗互动，你便能见证狗狗相互模仿的样子：一只狗向另一只炫耀一根粗大的树枝；另一只很快找到了一根，也炫耀起来。如果一只狗找到了一块可以刨的地，其他狗也会火速加入，把坑越刨越深；一只狗发现自己会游泳了，便能导致另一只狗自我洗礼一番，让对方突然发现自己也游起泳来。通过观察其他狗，狗狗领略了泥坑和灌木丛中的特殊乐趣。以往“粗黑麦面包”一声不吭，直到她一位平平无奇的狗伙伴对着松鼠吠叫起来。一下子，“粗黑麦面包”也成了冲着松鼠吠叫的狗狗。

那么，问题就成了狗狗的这些行为是真正的模仿，还是别的什么。这个“别的什么”被称为刺激增强。这是一个难以搞懂的概念。20 世纪中叶，英国涉及鸟类以及送牛奶上门这两个要素的小事件最能说明这一现象。当时乳品还没有同质化，送奶上门在英国很普遍。因此，每到黎明时分，门口走廊上便会放着无人看管的铝箔盖的牛奶瓶，最靠近瓶子顶部的便是奶油。伴随着黎明与送货员一起起床的还有英国的大多数鸟类，毕竟黎明可是唱歌的好时机。一只小蓝山雀发现了这么个惊喜：瓶子上的铝箔很容易就能啄穿，下方露出的可是浓郁的液体奶油。人们收到了些牛奶瓶破损的报告，很快一波又一波，接着是一场破坏奶瓶的天灾。数百只鸟学会了啄穿牛奶瓶的技能。空对着脱脂牛奶抓狂的英国人很快就找到了罪魁祸首。对我们来说，问题不在于是谁偷喝了奶，而在于偷喝者是怎么学来的：这一发现是如何在蓝山雀中传播的？考虑到其传播的速度，可以推测一些鸟似乎非常有可能是观察到其他鸟获得了奶油，于是模仿同伴这样做。这真是群矮墩墩、胖嘟嘟的聪明小鸟啊。

一组实验者观察到：通过为圈养的山雀种群提供类似的场景设置，鸟儿“偷”奶喝现象便逐步地不再发生了。他们的研究提供了比解释为动物的模仿行为更合理的推测。倒不是别的鸟仔细观察并模仿了第一只“偷”奶油的鸟所做的一切，而是其他鸟光是看到第一只鸟站立在瓶子上，就可能已把自己也吸引到瓶子上去了。一旦鸟儿降落在瓶盖上，通过自然的啄食行为，它们自己便发现了铝箔的可刺穿性。换句话说，它们被第一只鸟停留的地方吸引到了刺激物——瓶子上。第一只鸟的存在增加了其余鸟也成为奶油窃取者的可能，不过第一只鸟可没有演示如何做到这一点。

说来有点庸人自扰，但模仿行为和刺激增强行为有一大重要的区别。比如在刺激增强发生的场景下，我看到你在门上以某种说不清道不明的方式行事，之后门就打开了。如果我缓步走到门前踢它，敲它，或者用别的办法砸它，我也有可能使它打开。在发生模仿的情形下，我则会准确地观察你对门所做的事情，并只复制那些会导致预期结果的动作——抓住门把手，转动旋钮，转动后施加压力，等等。我能做到这样是因为我能想象你正在做的事情在某种程度上与你打开门的目标有关，你的愿望是要通过门离开房间。而蓝山雀则不必去考虑奶瓶上的山雀想要什么——而且奶瓶上的山雀可能确实原本也没有打算要喝到什么。

狗的模仿

研究人员想测试一下这群炫耀自己爪子里树枝的狗狗是更像蓝山

雀还是更像人类。第一个实验旨在验证狗狗是否会在人们采取行动以达到某种预期目标的情况下模仿人类。研究人员本质上是在提问：如果狗狗不确定要如何靠自己去获得想要的物品，他是否可以理解一个人的行为，以此为示范。

他们进行了一个简单的实验，将一只玩具或是一点食物放在一套 V 形栅栏的拐弯处。一只狗坐在 V 形尖端的外侧，且有尝试取出食物的机会。狗狗无法直接从内部穿过或是从上方越过栅栏，但围绕着栅栏的两条路线——从左绕或从右绕的路径——同样长，同样好。当没有人给狗狗演示如何绕过栅栏时，狗狗会随机进行选择，不偏好任何一条，最终进入 V 形栅栏的内部。但是当有机会看到一个人在围栏左边边走动边热情地和狗狗说着话，直至走向食物奖励——一旁观察的狗狗便彻底改变了他们的行为：也选择了左边的路线。

实验中的狗狗看起来好像在模仿，且为模仿学到的东西所困：即便后来给他们展示了通过围栏的捷径，他们也坚持走通过观看学到的路线，而忽略了捷径。研究人员进行了其他的一些试验，以弄清狗狗们到底在做什么。他们不仅仅是靠气味在导航：在栅栏左侧留下的气味痕迹并不会诱使狗狗一路跟随。* 相反，狗狗会走上特定路线的做法，与他对别人行为的理解有关。仅仅目视着一个人静静绕着栅栏走是不足以让狗跟着人的路线走的：人必须呼唤狗的名字，引起狗狗注意，一路走一路没完没了地说话。观察着另一只经受过训练的狗狗从左边的路线取回奖励，也促使了“观众狗狗”向左走。

这一结果表明，狗狗可以将他者的行为视为达到目标的示范。不

---

* 鉴于我们关于狗狗的嗅觉技能探讨了那么多，狗狗对气味踪迹的矛盾心理乍一看可能令人惊讶。但单单是能够闻到气味踪迹并不意味着他们就一直在使用这种能力。通常需要训练狗狗，他们才会去细心注意特定的气味。

过我们从同狗相处的经验中明白了，并非我们所做的每一个相关行为都会被视为“示范”。当我前往厨房时，“粗黑麦面包”或许会看着我在散落的椅子、书籍和衣服堆中穿梭，但她自己可不会小心翼翼地避开这些，她只会踩在堆垛上以最短的路线冲向厨房。要确定狗狗是否真的在设身处地地为我们着想，而不仅仅是单纯倾向于跟随着那个管他要去哪儿的人，有必要展开更多测试。

两个实验已经测试了狗狗关于模仿性的理解能力。第一个实验提出了这么个问题：狗狗在别人的行为中究竟看到了什么：看到的是手段还是目的。一个好的模仿者能同时看到两者，但也会看明白特定的手段是否并不是达到目的的最便捷方式。从很小的时候起，人类幼儿就可以做到这一点。他们会虔诚地模仿——有时会犯错误*——不过也可能显示出了聪明伶俐。例如，在一个经典实验中，在看到一个成年人以一种不寻常的方式（比如用自己的头）打开灯后，如果要求幼儿受试者也这样做，他们是有能力模仿这种新奇动作的。但如果大人手里抓着什么东西使得自己无法用手来打开灯了，幼儿可并没有也自发地跟着模仿：他们还是会用自己的手去开灯，这一行为可以说是足够合理的。如果大人手里什么都没有，幼儿则更有可能用头打开灯——从中也许可以推断出，大人用头开灯的这一新动作除了是因双手满满

---

* 我最喜欢的关于孩子过度模仿的例子来自心理学家安德鲁·怀藤（Andrew Whiten）。他和同事拿着一只带锁的盒子进行实验，盒子里面装有一块诱人的糖果。他们很好奇 3 到 5 岁的儿童是否可以模仿实验者展示的解锁盒子的特定方法（包括拧下穿过盒子开口的小杆子）。孩子们看着盒子被大人打开露出糖果的全过程，被深深吸引住了，接着实验者把重新上了锁的盒子递给孩子们。沃顿发现孩子们几乎都模仿了大人开盒子的行为——连最小的孩子也过度模仿了——在拔出杆子之前不是拧了两三次，而是有时高达数百次。他们尚且不明白扭曲杆子这一手段要应用到什么程度才能把杆子旋转开，实现让糖向自己“投降”的目的。

当当之外，肯定有别的充分的理由。幼儿似乎意识到了成年人的行为是可以模仿的，并且只有在必要时才会选择性地模仿大人。

在基于刚才实验范例开展的狗狗变体实验中，实验者用一根木棒代替了灯，一只起“先锋示范”作用的狗狗被教导要用爪子按压木棒，以从装载了弹簧的自动取物器中释放出食物。接着，研究人员让示范犬在被安排一旁观看的狗狗面前表演自己新学会的把戏。在其中一次测试中，示范犬嘴里需要叼着一只球按下杆子。而另一次测试中则没有球。最后，实验人员让观察犬进入实验装置。

应当注意的是，狗不会天然地被机械装置吸引，哪怕是带有木棒的装置。而且，大多数狗遇到问题时采用的第一种方法并不是按压：狗固然可以轻轻松松地使用爪子，但他们要跟世界接触通常会先用嘴巴，之后才轮到爪子派上用场。虽然可以训练他们推动或去按压物体，但狗第一次接近这样的物体并没有办法凭直觉去理解。他们会撞它，用嘴巴吞它，敲击它。要是可以的话，他们会把它推来推去，凿它，跳上去。但他们不会花片刻考虑下现场情况再平静地按下杆。因此，一旁观察的狗狗会采用的第一种方法就变得特别有意思，观看到的演示会不会改变他们自身的行为呢？

这些受试狗狗的行为就像探索电灯开关的人类婴儿：看着不带球演示的那组婴儿会忠实地模仿，按下杆子，释放零食。看到演示者嘴里叼着球表演的那群人也学会了如何得到零食，只不过他们用的是（没有叼球的）嘴而不是爪子。如此模仿的狗是了不起的。这不仅仅是模仿，为了复制而复制；它也不仅仅是受活动源——演示者的动作吸引。看起来更像是一只动物的行为，他正在思考另一只动物在做什么，意图是什么，且如果他俩有相同的意图，那要怎样——或多大程度地——复制这种行为。

如果这些实验代表了所有狗狗的表现，那似乎可以说狗狗至少能够在特定的社会环境中通过观察他人进行学习。比如当可能失去食物时。最后一项实验表明的事实甚至令人印象还要深刻：狗狗实际上可能理解模仿的概念。单单是受试者——一只受过助盲训练的导盲犬，已经通过操作性条件反射学会了根据命令做一些不那么显而易见的动作：躺下、转圈、把瓶子放进盒子里。实验者想知道的是，这只狗狗是否不仅可以根据命令执行以上动作，还可以在看到其他人执行这些动作之后，自己也跟着执行这些动作。果然，狗狗熟练地学会了转圈，不单单是在听到“转圈”的命令之后，而是光看到一个正转着圈的人，听到“开始”的命令，就会模仿起转圈动作。之后当看到一个人做某个新奇的动作时，他会去探索一番自己接下来也要做什么，比如跑去推秋千、扔瓶子，或者突然绕着别人走再回到自己的起点。

他做到了。就好像已经学会了模仿的概念，并且他可以或多或少地把这概念套用于任何方向。为了实现人类动作，他必须用自己身体上的部位去一一适配相应的人体部位：人用手扔瓶子，狗狗用嘴；人用手晃动秋千，狗狗用鼻子推。这还不是关于模仿的最终章（只要你让狗模仿下你推秋千，就会发现结果并不总能一概而论），不过这些狗的能力显示了无意识模仿之外的东西。狗可以借助和人类一样的能力——几乎是以难以抗拒的冲动——模仿我们，以便利用我们人类来学习如何展开行动。我从“粗黑麦面包”同我一起做晨练中看到了这点。

心智理论

我悄悄打开门，只见“粗黑麦面包”就在那儿，距我不到两英尺远，嘴里叼着个什么东西，往地毯走过去。她停下脚步，回头看着我，耳朵低垂，眼睛睁得大大的。她嘴巴里是个被弯曲的东西，我辨认不出。当我慢慢走近时，她低着脑袋，垂着尾巴，在她张开嘴巴想更精湛地咬住美味的那一刻，我看明白了她嘴里是什么：我放在柜台上解冻的奶酪——布里干酪。偌大的一整块布里干酪，在她吞上两口后就消失了，顺着"粗黑麦面包"的食道。

脑补下从你"抓获"正欲从自家餐桌上偷走东西吃的狗狗：他们或是正视着你的眼睛，或是恳求你出去下喂食他们，给他们挠痒痒。当我看到嘴里塞满了布里干酪的"粗黑麦面包"正看向我，便知道她会采取点行动；当她看到我看着她时，会知道我将试着把奶酪从她嘴里拔出来吗？我深刻的记忆是，她确实会：当我打开门，她看着我、我看着她的那一刻，我们都知道对方会做什么。

正是针对这一类场景的处理，动物认知研究达到了顶峰：动物是否将其他人视为具有自我思想的独立生物呢？这种能力似乎比任何的其他技能、习惯或行为都更能捕捉到人类生物是怎样的。我们人类生物，是会思考别人想法的。这就是拥有所谓"心智理论"的能力。

即使你从未听说过心智理论，你仍有可能拥有非常厉害的心智理论能力。心智理论能力是通过将心理状态归因于他人来理解他人，即推测别人心中正在发生的事情的能力。心智理论让你意识到别人的观点与你不同，他们也因此有自己的信念；不同的事情有的他们知道，有的他们不曾耳闻；每个人对世界都有独特的理解。如果缺乏心智理论，那么其他人的行为，哪怕是最简单的行为，对观看者来说都将完全变得神秘，源于某个未知的动机，观看者预测不出对方行为的后果。假设一个人向你靠近，嘴巴张开，手臂高高举起，还疯狂地挥手，要预测他将会做什么，就需要依靠心智理论。心智理论之所以被称为一种理论，是因为心灵不能被直接观察到，因此我们要从行为或话语逆推背后促使该行为或言论产生的心灵是怎样的。

当然，我们并非生来就会考虑别人的想法。很可能我们生来根本就没有想太多，哪怕是考虑我们自己的思想。但是每个生理正常的孩子最终都能发展出心智理论能力，且这一能力似乎是由当前所讨论的过程培养起来的：通过关注他人，接着注意他们的注意力，获得心智理论能力。自闭症儿童通常不会出现部分心智理论或是任何心智理论能力的预兆：他们可能不会进行眼神交流，用手指向某处某物，或是参与到共同付出注意力的过程中——而且许多人似乎是意识不到心智理论的。对大多数人来说，从意识到凝视和注意力发挥着作用，再到意识到凝视与注意力之中蕴藏着人的意识，迈出的只是理论知识上的一大步。

心智理论的黄金标准实验被称为错误信念测试。在这个设计中，受试者通常是一个孩子，实验中让其观看由木偶表演的迷你剧。一只木偶会在她面前的篮子里放入一颗弹珠，此时孩子完全可以看到篮子中的弹珠，也能看到第二只木偶。接着第一只木偶离开房间。很快，第二只木偶恶意地将弹珠移到自己的篮子里。当第一个木偶回来时，孩子便要回答：第一个木偶会去哪里寻找她的弹珠?

4岁大时，孩子能回答正确，意识到自己和木偶所知道的东西是不同的。然而在那个年龄之前，孩子会出人意料地而毫不含糊地回答错误。他们说木偶将在第二个篮子里，也就是实际被放置在的篮子中寻找弹珠。这一回答表明孩子没有考虑第一个木偶真正知道什么。

要为动物设计一项语言上的错误信念任务几乎是不可能的，因为没办法期望他们说出自己的答案，他们也不会被木偶转移弹珠的剧情吸引到，所以开发了面向动物的非语言测试。许多人会从令人震惊的野外观察到的动物行为轶事趣闻报道中获取线索：要么是动物的欺骗策略，要么是聪明的竞争策略。作为最常见研究对象的黑猩猩，因为是人类的近亲，人们可能就期望他们具有同人类最为相似的认知能力。

虽然黑猩猩实验所表明的结果模棱两可，不过倒是为只有人类才具有发展完全的心智解读能力这一观点提供了可信度。然而新引入的一大因素干扰了实验工作。这一因素就是狗狗：狗狗关注注意力，看似拥有读心术，仿佛行为举止是依靠我们所说的心智理论一样。为了把我在客厅里摸索到的关于狗狗心灵理解力的理论升级为坚实的科学立场，研究人员已开始把对黑猩猩进行的一套测试用在狗狗身上。

狗的心智

这是一只狗，一个毫无戒心的实验对象，有天发现在家等着他的是这幅景象：他平日里的最爱——往常随时可以取用的网球，每一只都被收起来了，而且，还多了很多人站着，凝视着他。这位名叫飞利浦的 3 岁大比利时特尔菲伦犬到目前为止状态还不错，并没有吓坏。但是，当人把球一个接一个地给他看，接着放进三个盒子中的一个，锁起来时，可能就让他感到困惑了。无论是场比赛还是威胁，这场面都是没见过的。很明显，球被有条不紊地放置在了他最喜欢的地方之外——自己嘴巴的外面。

当主人放开他时，菲利普自然而然地径直走向盒子，他看到一个藏着只球的盒子，用鼻子蹭了一下。事实证明这是正确的做法，因为人类欢呼雀跃着打开盒子，把球给了他。尽管刚刚把嘴放到球上，但狗狗意识到自己周围的人一直在把球拿走，并放进这只或那只盒子里——所以他就一直任人摆布。之后大家把盒子锁起来，钥匙放到别处，于是在菲利普选对盒子之后，整个事情得花更长的时间：必须有人找到钥匙，拿到盒子那，打开盒子。最后一次波折中，一个人锁上了盒子，藏起钥匙，继而离开了房间。之后另一个人进来了——毫无疑问，一个和周围其他人一样，能够拿着钥匙打开这些上了锁的东西的人。

这是实验者等待的时刻：他们想知道狗狗是否认为新来的人对钥匙的位置一无所知。如果菲利普这么认为，那么他就不仅会指出哪个盒子里有心爱的球，还会帮助这个人找到能够打开那个盒子的钥匙。

反复的实验中，菲利普多多少少就是这样做的：他总是耐心地看着隐藏钥匙的地方，或者朝那个方向走去。请注意，他实际上并没有把钥匙含在嘴里打开盒子：能做到这点可是拿手绝活了，不过即使是最狂热的狗狗爱好者也会承认，狗叼着钥匙开箱不太可能。那怎么办呢？菲利普利用他的眼睛和身体进行交流。

菲利普的行为可以从三种角度进行解释：一种是功能阐释学派的角度，一种是行为意图学派的角度，还有一种是保守学派的角度。功能阐释学派角度的解释是这样的：无论狗是否是有意为之，他的凝视在为人提供信息。行为意图学派的角度：狗确实是有意进行凝视：他看向人、看向钥匙是因为知道那个人不知道钥匙的位置。保守学派角度：狗狗看钥匙是出于条件反射，因为最近有人在钥匙所在的地方待过。

数据做出了解释。数据表明，凝视具有功能这点是绝对正确的：凝视确实为附近的人提供了信息。但关于狗狗有意采取凝视行为的看法也是正确的：当房间里的人并不知道钥匙在哪里时，狗狗会更频繁地看向钥匙的位置——好像是想用眼神告诉那个人。这也就否定了保守派的解释。菲利普似乎在思考这群疯狂实验者们的想法。

这只是一只狗的情况——可能是一只特别精明的狗的情况。还记得关于黑猩猩、狗狗乞食吃的实验吗？与黑猩猩不同的是，所有被测试的狗都会立即听从掌握信息者（非蒙住眼睛或用桶盖住眼睛的人）就哪个盒子里有食物诱饵发表的意见。这些狗是七窍玲珑的明白狗，因此都从盒子里找到了食物。这似乎很符合狗的心理学：狗狗表现得像在思考面前这位给予自己指点的陌生人知识储备如何。但在看似达成这种认知上的成就之后，发生了一件奇怪的事情。当同一个测试一次又一次地进行时，这些狗改变了他们的策略。他们开始同样频繁地选择向不知道食物在哪只桶的人做出询问。这是否意味着狗狗起初有先见之明，之后就变得愚蠢了？尽管狗狗会为得到食物做出令人印象深刻的种种复杂事情，但把狗狗的抉择作为对其行为的解读是没有意义的。也许狗狗的迷惑行为只能表明他们第一轮靠问对人成功获得食物是侥幸罢了。

最好的解读是：狗在任务中的表现具有方法论上的意义。狗狗可能会借助其他线索做出决定，对他们来说，这些线索有强烈的重要性，就像食物位置的猜测者是否存在对我们有强烈的重要性一样。比如，想象下，从狗的角度来看，人类大体上是非常了解食物来源的。我们平常环绕在食物周围，我们本身闻起来像食物，我们整天开关装满食物的冷藏室，有时甚至我们的口袋里会掉出食物。狗狗早拿捏了我们了解食物源的这一特征，恐怕光靠一天下午的几次实验是很难推翻这一了解的。狗确实通过让人来做出决定这一事实，证实了这一假设：狗狗从未选择过食物位置猜测者及食物位置知道者选择之外的第三个盒子。

然而，不管我们怎样去解释结果，狗狗们都并没有竭尽全力地向我们证明他们在印证心智理论。当然，为任何动物设计实验的一大困难是，随着让程序越来越复杂化去测试非常特殊的技能，场景可能会变得让动物倍感迷惑。有人可能会说，给受试者造成的混乱并非不合理。谁让狗狗们经常被推入奇怪的境地呢：事实上，人类是在有意地营造出狗狗从未面临过的场景。就像上文中奇奇怪怪的实验场景：实验员头上顶着桶出现，试炼无止境，此刻场景的方方面面都不正常。尽管如此，狗狗有时仍能在自己面前的任务中表现出色。

不过，他们的自然行为——在自然环境中的做法——才是更好的指示。如果不存在放了诱饵、上了锁的盒子以及不合作的人类带来的困惑，狗狗会怎么做？他们在与其他狗或人类自然地打交道时才会出现最具代表性的行为。如果考虑其他狗的想法对一只狗的社会交往有帮助，那么狗狗思考其他狗想法的能力可能已经在进化了——并且可能在社交互动中仍能被觉察到。这就是为什么我花了一年时间看狗狗玩耍：在客厅中，兽医办公室里，走廊里，小路上，海滩上和公园内。

狗的游戏

所有视频的角落里都有“粗黑麦面包”的身影：在一个视频中，她灵活地跳跃着，避免与急速冲过来的狗发生碰撞——在对方冲出视频画面时追赶他。另一幅画面中，她和另一只狗趴在地上，假装张着嘴要咬人。在第三个视频中，她试图和两只狗一起玩耍，但失败了。他们跑掉后，她被独自留下，在镜头前摇晃尾巴。

我应该自我纠正下：很幸运能花上 1 年的时间看狗玩耍。狗狗间的玩耍可以被恰当地称为两只存在竞争性的运动犬之间“粗暴”的跌打比赛。观看他们玩耍的体验不亚于观赏一场体操奇迹。玩耍的狗狗们似乎是互相打了个招呼，接着突然互相攻击，露出牙齿，在危险的自由落体运动中一起翻滚；往对方身上跳；身体蜷曲着，纠缠着。当附近响起噪声，他们瞬时停下来时，可能就变成一幅安静的画面了。只需互相对视一眼或在空气中举起一只爪子，就可以尽情投入到他们共同的破坏式狂欢中。

玩耍，可能看起来就像狗所做的那样简单，但其实它有非常特殊的科学定义。动物间的游戏，科学的咏叹调，是一种自愿活动，融入了玩家行为的夸张和重复，持续时间的延长或缩短，参与动物的韧性千差万别，组合往往是非典型的；游戏中运用的操作模式若是放到非游戏情境中，则具备更强的辨识度、实用性。我们这样定义游戏不只是为从中获得乐趣：我们定义它，是为了可靠地识别它。游戏还具有良好社交互动的一切属性：相互协调、轮流上阵以及必要时的自我约束——落在游戏伙伴的水平点上进行游戏。每个合作伙伴都会考虑到对方的能力和行为。

动物游戏的功能是什么？难说。人们描述动物的大多数行为时会讲它们如何发挥改善个体或物种生存的作用。寻找游戏的功能是自相矛盾的，因为游戏本身看起来像是毫无用处的行为：在游戏结束时，双方没有获得食物，没有获得领土，也没有求到配偶。恰恰相反，只有两只狗狗气喘吁吁地倒在地上，冲对方摇着舌头。因此，有人可能会认为游戏的功用是享受乐趣——但真正的功能是不是这个，值得怀疑。因为游戏过程中的风险太大。玩耍会消耗大量能量，可能会造成伤害，并且如果是野外玩耍，还会增加动物被捕食的危险。闹着玩的打架可能升级成真正的打架，不仅对两只狗狗造成伤害，还会引起狗狗界的社会动荡。游戏的风险性使得其真正的、未被发现的功能变得更加让人着迷：既然这种行为在进化过程中幸存下来了，那一定是有非常实用性的功能。玩耍、游戏可以作为一项练习，从中狗狗锻炼了身体素质，磨练了社交技能。然而奇怪的是，研究表明成年人要想培养起游戏中能锻炼到的技能，游戏并不是必不可少的。也许游戏可以作为应对意外事件的训练，因为狗狗似乎确实在有意寻求具备不稳定性、不可预测性的游戏。对人类来说，游戏是社交、身体和认知三大方面正常发展的一部分。到了狗身上，他们玩耍可能是因为有多余的精力和时间——以及一位拿狗狗的翻滚替代亲自翻滚，进而间接感受狗狗生活的主人。

狗与狗之间的玩耍对他们而言特别有趣，因为狗狗比其余犬科动物（包括狼）玩耍得要多。他们玩耍着长大，玩耍着迈入成年。这在大多数会玩耍的动物中都是罕见的，哪怕是人类。尽管我们将游戏仪式化成团队运动、单人电子游戏了，但作为清醒的成年人，我们很少会自发地冲撞我们的朋友，攻其不备，奔跑着阻截他们，铲倒他们，又或者是朝对方做鬼脸。街区里那条 15 岁了、步履蹒跚、行动缓慢的狗警惕地看着满腔热情接近他的幼犬们，但即使是年迈如他，也偶尔会在玩耍时拍打两下幼犬的腿。

在我对狗狗游戏所进行的研究中，我一面托着摄像机跟踪狗，一面控制自己因他们快乐而发出快乐的笑声。我保持住了足够长的时间，足以记录下完整的游戏回合，从几秒钟到几分钟不等。几小时后，停下玩乐的狗狗们便会被我塞进汽车后座。我则步行回家，回顾这一天。我会坐在电脑前，以极慢的速度播放视频：慢到可以单独观看每一帧——30 帧才占满 1 秒钟。只有以这样的速度，我才能真正看到眼前发生的一切。我看到的不是自己在公园里目睹的场景的重复。以这种速度，我可以看到追逐开始前狗狗相互默许地点头。我看到了狗狗张开嘴巴、让人眼花缭乱的咬扯截击，实时动作模糊得无法辨认。在被咬的狗做出回应之前，我可以计算两秒钟的过程中要咬上多少口；我可以计算从暂停回合到重新开始需要多少秒。

且最重要的是，我可以查看狗狗产生怎样的行为以及做出这一行为的时刻。观看着将狗狗行为解构到时长上短于 1 秒的亚秒级戏剧，我能够记录下每只狗狗行为的长目录：戏剧的抄本了。我还记录了他们的姿势，彼此之间的距离，以及他们每时每刻进行观察的方式。如此解构，便可以重建起刚刚的戏剧，看看哪些行为匹配哪些姿势。

特别是狗狗游戏中发出信号、吸引注意力的行为，我很感兴趣。正如我们见到的那样，拿来吸引注意力的东西要显眼，以起到引起注意的作用。具体而言，吸引注意力是种改变他人感官体验的行为——你渴望某个人把注意力放在你身上。做法可能是让你的视野中断，比如“粗黑麦面包”突然将她的头放在我和拿着的书之间时。做法也可以是打断你的听觉环境：汽车的喇叭声是开车人有意为之，狗吠声也是如此。如果这些方法失败了，还可以通过身体的互动来引起注意：人把一只手放在你的肩膀上；狗狗将一只爪子搭到你的膝盖上；或者，狗与狗之间撞击臀部或是轻咬后腿。显然，我们所做的许多事情都在某种程度上引起了别人的注意，但并不是每一种行为引起注意的效果都同样好。大喊姓名或许能引起对方注意——但如果我们身在洋基棒球场最偏僻区域的末端，就不行了：到时需要一种更极端的方法（条件允许的话可能还要管风琴师上阵）。与此类似，狗的注意力也或多或少容易被吸引。狗与狗之间，我称之为面对面的做法是——一只狗将自己的脸蛋呈现在另一只狗面前，并且凑近他的脸——能有效地引起注意——但如果狗狗正在与其他人或狗玩耍着，则引起不了注意。这就需要借助更强有力的手段——另一只狗狗会围着一对玩耍的狗吠叫上几分钟。（如果你真的很想打破他们的游戏状态，或许在吠叫的同时穿插些优美的咬屁屁动作就更好了。）

玩耍信号，以及其他的行为信号，是请求玩耍或对玩耍感兴趣的宣言：可理解为像“让我们一起玩吧”，“我想玩”甚至“准备好了吗？因为我想和你一起玩”这样的话。话中具体的词汇是什么并不那么重要，重要的是话语的功能效果：玩耍信号能可靠地用于开启与其他狗的玩耍以及继续与其他狗玩耍的进程。它是一种社会需要，而不仅仅是一份社交礼仪。狗通常以极快的速度嬉戏，且玩耍场面凌乱又粗暴。因为他们做出的各种动作容易让人误解——咬对方的脸，从后头或是前面爬上对方的身体，从另一只狗的下面抓住腿——他们一定得表现出行为中的玩耍属性不可。* 如果你在做出咬、跳、撞击臀部以及站到你玩伴身体上之前没有发出玩耍的信号，那你实际上就不是在玩，而是在攻击他。

几乎每场玩耍都在这些信号中开始。典型的“求玩”信号是游戏的鞠躬，即一方狗狗在心仪的游戏伙伴面前弓下身子。一只狗弯着前腿，张开嘴，放松，臀部悬空，尾巴高高摇摆，竭尽全力地诱导某只狗玩耍。虽然没有尾巴，你自己也可以模仿这个姿势，期待下能得到回应：对方友好地轻咬或者至少再看向你一眼。经常做玩伴的两只狗

---

* 鉴于游戏要予以常规视觉效果上的保证：毕竟游戏要像个游戏，成功的三方参与的粗暴游戏要比两只狗之间的游戏要少见得多，也就不足为奇了。就和对话一样，当每个人同时发言时，有些东西就会遗漏掉——这里出现了游戏信号，那里有个注意力吸引物。通常，只有彼此熟悉的狗才会玩起三只狗一组的游戏。如果只有一个参与者觉得是在玩游戏那就不好玩了。若是这样，遛狗的狗主人知道接下来会发生什么：逗乐转眼成了攻击。没有玩耍信号的话，咬一口还真就成了咬一口，活该招来对方的怨恨乃至报复。若有了游戏信号，咬一口便单纯不过是游戏的一部分。

可能会采用简略版的“玩耍弓”行动：熟悉感使得他们能采取缩略形式，就像人类的熟人之间一样。比如“你好吗?”变成了“好哇”，玩耍弓也可以缩短为前面提到的拍打，即游戏开始之际前腿拍地；嘴张开但不露出牙齿；或者是低头，张嘴，摆动脑袋。即使是迅猛爆发的气喘吁吁声也可能是玩耍开始的信号。

狗狗游戏信号和吸引注意力行为的结合，可以揭示或反驳狗狗的心智理论。就像在错误信念任务中孩子的表现一样，有些孩子在思考别人知道什么，有些孩子则不然，一个人在交流中动用的注意力是有意义的。我基于玩耍中狗狗的资料提出的一大关键问题是：他们是否在有意地使用游戏信号进行交流——注意着自身受众的注意力？当他们没有得到游戏伙伴的注意时，是否会借助吸引对方注意力的东西？那些身体的碰撞、吠叫和玩耍弓是如何使用的？

很难清楚地描述你刚刚观看的一场玩耍中发生的事情。当然，我可以在两只狗狗之间创造一条非常简单的故事线——贝利和达西一起跑来跑去……达西追着贝利狂吠……他们都咬起对方的脸……再然后他们分开了——但我的描述掩盖掉了细节，比如达西和贝利是如何经常表现得自己仿佛智障一般，故意倒在地上被对方咬，或者在咬的时候故意用小点的力气？他们是否轮流咬对方、被对方咬，轮流追逐、被追逐？最关键的是，他们是否在可以看到信号并做出反应的情况下相互发出信号——以玩耍回应还是把对方从刚刚的信号里拉出来？要找到答案，你得查看秒与秒之间的玩耍画面。

我从中发现的东西可了不得。这些狗只在非常特定的时刻发出游戏信号。游戏开始时他们确实会发出相应信号——而且总是向正看着他们的狗发出信号。在典型的游戏回合中，他们可能会丢失上十几次注意力。一只狗因脚下植物成熟了的气味而分心；第三只狗向玩耍中的一对狗靠近；一位狗主人走开了。你可能会注意到，玩耍中的狗狗不过暂停了下，马上就恢复玩耍了。事实上在这些情况下，为了避免游戏永久地中断掉，对游戏饶有兴趣的狗狗必须快速执行一系列步骤，以重新引起他伙伴的注意，接着邀约他再玩一轮。我观察到的狗狗在游戏暂停时也会发出继续玩耍的信号，想要重新开始游戏——同样，几乎只针对能够看到自己信号的狗发出信号。换句话说，他们有意识地进行着交流——与眼里有自己的观众交流。

更妙的是，许多情况下狗的视线记录显示，那只暂停玩耍的狗分心了——寻找着别处，或是与其他狗玩耍起来了。对刚刚的玩耍搭档来说，一种选项是疯狂地弯出玩耍弓，引诱某只狗过来玩。但更值得注意的是他们在鞠躬前所做的：使用上吸引注意力的东西。重要的是，他们使用了与玩伴的注意力不集中程度相匹配的注意力吸引物。这说明他们对“注意力”这种东西是有几分理解的。即使在玩耍的过程中，他们也会使用温和的吸引注意力方式——比如在另一只狗面前蹦跶或夸张地后退；当自己的玩伴注意力轻微地转移时，他便一边向后跳一边看向另一只狗。如果一只狗狗心仪的玩伴正站在那儿盯着他看，以上吸引注意力的东西或许确实足以唤醒他，就像是朝正做着白日梦的朋友招手说你好呀。但是当对方非常分心，看向别处，甚至是和另一只狗玩耍时，他们便会采取激进的注意力吸引方式来引起对方注意——咬、撞、吠叫。在这些情况下，一句温和的“你好”是没有用的。想要玩耍的狗倒不会使用任何必要的暴力方式获得注意力，而是选择了足量但并不多余的注意力吸引法来获得所需的注意力。这确实是狗玩家敏锐而又体贴的行为。

只有在种种吸引注意力的法子奏效后，被邀请的狗狗才会表示自己有兴趣玩耍。换句话说，狗狗们玩耍前的操作顺序是：邀请方先成功引起对方注意，接着发出邀请，呼唤对方过来尽情玩耍。

这正是优秀的心智理论家所做的：考虑听众的注意力状态，只与能听到自己、理解自己的对象交谈。狗狗的行为看起来非常接近人类依托心理理论展现出的能力。不过有理由相信狗狗的能力与我们人类不同。一方面，不管是实验中还是我进行的游戏研究中，并非所有的狗都表现得同样专注。有些狗察觉不出对方对自己吸引注意力的行为反应如何。他们吠叫，得不到回应——然后又吠又叫，又叫又吠。其他狗则是在已经引起对方注意时使用注意力吸引物，或者在对方已经发出玩耍的信号后释放自己的玩耍信号。统计数据显示，大多数狗的行为很谨慎，却也有很多例外。我们尚无法判断例外的狗狗仅仅是表现不佳罢了还是说他们的理解能力并不完备。

或许两者兼而有之。大多数狗狗可能只是简单地互动罢了，不会去考虑一只狗背后的思想。他们动用注意力，发出玩耍信号的技能暗示出自身可能具备基本的心智能力：明白别的狗狗和他们的行为之间存在某些中间介质。基本的心智能力就好比是过得去的社交技能，可以帮助狗狗更好地与其他狗一起玩耍，思考对方的想法。无论这项技能多么的简单，都可能成为狗与狗之间公平交往体系的部分雏形。我们赞成换位思考也是对人类普遍有益的行为准则的基石。看着狗狗玩耍，我注意到了那些违反隐含规则的狗——他们没有吸引注意力或是发出游戏信号，没有留心遵循适当的程序就闯入了别的狗狗的游戏中——也就不被其他狗当作玩伴，而是被拒之于外了。*

这是否意味着你的狗狗了解我们此刻的想法，并对之感兴趣？不。这是否意味着他或许会意识到你的行为反映了你的想法？是的。狗狗习惯了同我们交流，这是狗狗看上去通人性的很大一部分体现。只怕狗狗未免太人性化了，有时他们甚至以邪恶的方式运用心智理论。

吉娃娃的故事

此刻，我们不妨重温下本书开头遇到的那对猎狼犬和吉娃娃。他们在山坡上的交会依然引人注目，自己所属物种的灵活性和行为多样性浓缩其中。他们何以有这场玩耍呢？狗与狗玩耍的历史源远流长，自祖先狼族群社交的时代便有。狗狗刻在基因里的玩耍属性在人狗之间的社交时间里也表现得很明显；明显存在于他们被驯化的岁月中；在同我们之间的言语对话和行为对话中。狗狗的感觉器官可以解释他们的玩耍能力：从鼻子里得到了什么信息，从眼睛中看到了什么信号。狗狗有自我反思的能力；在与我们不同的平行宇宙中，他们爱好玩耍的天性处处得到诠释。

他们彼此之间使用特定的信号。猎狼犬腰背拱起：鞠着玩耍弓，发出游戏的邀请——完美地热切表达着他要与小狗玩耍，而不是要吃

---

* 狗狗对公平有怎样的认知？另一迹象来自一项新的实验。该实验表明，当狗狗看到另一只狗因某种行为而获得奖励——如按照命令摇动爪子——但自己却没有因同样的行为而获得奖励，最终就会拒绝摇爪了。（不过得了奖励的狗可不会因明摆着的不公平而与不幸的同伴分享自己获得的奖赏……）

了对方的意图。作为回应，吉娃娃鞠了个躬：接受了猎狼犬的提议。在狗狗的语言里，他们在游戏场景中已是足够平等地看待着彼此了。他们身形大小上的不一致会影响到玩耍，需要相互磨合——这就解释了猎狼犬摔倒在地的原因：他迁就吉娃娃，主动让自己吃亏。通过把自己放低到小狗的高度——站在吉娃娃的角度思考——并把自己暴露在她的攻击之下，猎狼犬创造了公平的竞技玩耍环境。

他们经受着身体上的碰撞。身体完全接触在一起的社交距离对狗狗来说是合理的。他们互咬而不用受任何惩罚：每一口撕咬都势均力敌，要么就一并发出游戏信号解释下自己咬下的一口——每一口都是克制的。当猎狼犬对小狗的降维打击过度，将她吓跑了时，小吉娃娃可能一时间会被大狗视为逃跑的小猎物。但狗和狼的区别在于，狗能抛开捕食本能。所以接下来发生的是，猎狼犬道歉地甩爪收回了刚刚的一击。这是一种更温和版本的鞠躬。起作用了：她立刻冲回来扑到他脸上。

最终，当猎犬被主人拉远时，吉娃娃向离她而去的玩伴吠叫一声。要是我们一直看着他俩，要是猎狼犬转过身来，我们可能会见到吉娃娃张开嘴或是跳跃一小步——大喊大叫，希望能和她硕大的朋友继续游戏。

人狗有别

对狗狗认知能力的研究源于比较心理学的学科背景，顾名思义，比较心理学旨在将动物的能力与人类的能力进行比较。狗狗对认知能力的运用往往会让人毛骨悚然：他们交流——倒不是依靠人类语言的一切要素；他们学习、模仿、蒙骗——但又不是以我们人类的方式。我们对动物的能力了解得越多，我们就必须越细致地去分辨人与动物哪怕一丝一毫的差异，以维持住人类和动物之间的分界线。话虽如此，有意思的是，我们似乎是唯一花时间研究其他物种的动物——或者说至少，我们会阅读、撰写有关其他物种的书籍。狗狗们不读不写倒并不会让他们丢人。

人类给狗狗布置测试任务，衡量他们在我们认为只有人类才具有的社交能力上的表现。无论结果是显示了狗狗与我们的相似还是不同，都与我们同狗狗的关系相关。在思考我们对狗狗有何种要求以及我们应期望从他们身上得到什么时，弄懂他们与我们的不同之处是大有用处的。科学界为寻找人狗区别付出的努力最能说明人狗之间一个真正的区别：我们有确认自己人类优势的动力——去进行比较，判断差异。谢天谢地，狗狗，头脑高尚者，不这样做。

狗的思考

“粗黑麦面包”的个性无所不在地张扬着，再错不了的：她不愿去爬公园外陡峭的台阶——但随后又坚强而勇敢地冲到我前头去；年轻些的时候，她一阵阵地奔跑，打着滚儿嗅气味；她会为我长途旅行归来感到高兴——但不会总记挂着这事；她在我们散步时会回头查看我还在不在，却也总是保持着几步之遥。实际上她是只完全依赖于我的狗狗，然而又非常独立：她的个性不仅是在与我的互动中形成的，也是在没有我的情况下在外面游荡时，在独自探索她的空间时形成的。她有自己的生活节奏。

尽管关于狗的科学信息非常丰富了——关于他们外观如何，如何去看、去闻、去听、学习的信息——但仍有一些科学传播不到的地方。我最常被问到的关于狗的一些问题，以及我自己关于狗狗的一些问题，都没能通过研究得到解决。这让我困惑。在狗狗的个性、自身经历、情感以及想法方面，科学是沉寂的。尽管如此，积累下来的有关狗狗的数据为我们提供了很好的立足点，可以从中推断、寻求这些问题的答案。

这些问题通常有两类：一类是关于狗知道什么？另一类是关于做一只狗是什么感觉？首先，我们抛出这么个问题：狗狗对与人类相关的事情有什么了解？接着，我们便可进一步想象拥有这块知识的生物体——狗狗，有何种体验，也就是以一只狗狗为中心的世界。

I.
狗知道什么

人们不断提出关于狗狗知道什么的说法。奇怪的是，种种说法往往要么聚集在学术一端，要么聚集在荒谬一端。前者促使研究人员提问。比如狗狗是否知道如何计算金额。在一项实验中，狗狗被带着看一块块幕布后藏着的饼干，接着揭开幕布。哪块幕布后头的饼干比刚刚狗狗看到的更多或者更少，狗狗就会更长时间地盯着哪堆饼干——狗狗长时间的凝视流露出的是他们的惊讶。实验现象表明，狗狗一直追踪着数量且出现差异时会注意到。啧啧，狗狗们是识数的。

另一种关于狗狗的说法很笼统：狗狗具备道德、理性和形而上学的世界观。我承认我不止一次地认可过这样的想法，即我自己的狗似乎举止滑稽（无论她是有意还是无意的）。* 一位古代哲学家认为狗能理解数学界的逻辑推理——分离式三段论。作为佐证，他提供了自己的观察：在追踪动物一直追到分岔口时，如果追踪对象既不在三条小径的第一条也不在第二条，哪怕不靠气味，狗狗也可以进行推断进而

---

* 有次她花了一刻钟挖了个洞，要把自己嘴里咀嚼的宝贝皮革扔进去，但在挖掘过程中，她实际上创造了一大堆的洞而不仅仅是一个洞：结果是皮革事实上不但没有被她偷偷地藏起来，还骄傲又显眼地暴露在土里（这八成是她不甚完美的"要完美贮藏物品"的天然技能导致的结果）。类似地，当我在她面前展示手指时，作为人类可能会怀疑我是不是在表达讽刺（或表演魔术），在和"粗黑麦面包"的互动中则成了告诉她我手掌中的美味不见了。

意识到，追踪的动物一定在第三条路径上。*

出于对数学或是形而上学的兴趣向下挖掘，我们并不能在理解狗狗的道路上走得很远。但是由他们闻嗅到的世界入手，由他们对人类的惊人关注度入手，由认识狗狗了解世界的各种方式入手——我们也许能够知晓狗狗知道些什么。尤其是，我们或许就此接近他们是否像我们一样体验着生活、他们是否像我们一样思考着世界这些问题的答案了。我们人类在意着自己的自传式人生旅程，操心着日常事务，策划着未来的变革，害怕着死亡，努力地做好事情。那么，狗狗对时间、自己、对错、紧急情况、情绪和死亡了解多少？通过定义并解构狗狗头脑中的这些概念——从科学的角度检查它们——如此我们便可开始做出回答了。

狗对时间的感觉

一进家门，“粗黑麦面包”敷衍地问候了我一句，旋转过身体便跑开了，简直让我不大相信。一天之内，她找出了我在房子各个角落里留给她的所有饼干，一直等到现在才开吃：先是椅子边缘微妙地平衡着就差掉落的那块，再到门把手上的那块，接着是高耸的一堆书上难够到的那块，她狼吞虎咽着，小心翼翼地“采摘”下来，精神抖擞地跑一边享用去了。

动物置身于时间的长河之中，是时间的使用者。不过他们体验得到时间吗？肯定的。在某种程度上，存在于时间长河中和体验时间两者之间没有区别：时间只有被感知到，才能被使用。我猜测，很多人

---

* 这可能为栗哥能从一堆玩具中选出名字不熟的那个提供了另一种解释：他只管挑出自己不认识的玩具。

在问动物是否能经历、感受时间时想表达的意思是，动物对时间的感觉是否与我们相同？狗能感觉到一天的流淌吗？而且，至关重要的是，要是狗狗独自在家一整天，会终日无聊吗？

狗狗经历过足够多的一天，当然狗词典里可能没有“天”这个字就是了。我们是狗狗理解日子的首要来源：我们为狗狗计划着日子，为他们提供里程碑式的纪念日，用仪式感包围他们，让他们生活在和我们平行的时空里。例如，通过前往厨房或是食物储放室，我们会为狗狗做出进餐时间的提示。狗狗的饭点可能也是我们的用餐时间，所以我们开始从冰箱里头卸货，食物飘出气味，锅碗叉勺发出乒乒乓乓声。如果我们看一眼狗狗，低声咕哝，狗狗对眼前场景下的一切歧义就都抹去了。狗是天生的就保持着这么个习惯：对重复性出现的活动高度敏感。这使他们偏好去在意吃饭、睡觉、安全小便的地方——且会注意到你的这些偏好。

不过除了所有这些视觉和嗅觉线索之外，狗狗是否自然知道现在是晚餐时间？我知道有狗主人执着地相信什么点做什么事可以依赖他们的狗狗自己的生物钟。当狗狗走到门口时，正是出门的时候；当狗狗挪到厨房时，果然，该吃饭了。想象一下，若是消除给狗狗一天中时间的所有暗示：你的一切动作，环境里的任何声音，甚至是光明和黑暗，狗仍然知道什么时候该吃饭。

第一种解释是，狗狗事实上是戴着只手表的——器官内部而非身体表面的手表。它存在于狗狗大脑中叫做起搏器的器官内，一天当中调节着身体其他细胞的活动。几十年来，神经科学家已掌握了昼夜节律，我们大脑中下丘脑区域的视交叉上核，控制着每天的睡眠和警觉周期，这便是节律。不仅人类有视交叉上核，老鼠、鸽子、狗也有——每一种动物，包括昆虫，都有复杂的神经系统。这些神经元和下丘脑中的其他神经元协同工作，协调好一日之中的清醒、饥饿和睡眠状态。* 就算完全剥夺了自然光照下的明暗循环，我们仍然会经历昼夜节律；在没有太阳的情况下，完成一日的人体、动物体生物节律只需要比 24 小时多一点的时长。

今天早上我听到她在睡梦中吠叫——那种做梦时发出的低沉的、嘴巴一开一合喘着气的吠叫声。哦，她是不是在做梦？我喜欢她睡梦中的吠叫，流露出的严肃跟真的似的，与此同时脚丫经常抽搐两下，嘴唇扭曲得牙齿都露出来了，发出咆哮。凝视得足够久，我能看到她的眼球在快速旋转，下巴不时地咬紧，听到她细微的呜咽声。最美妙的梦会使她摇起尾巴来——洋溢着喜悦，“砰”的一声响，准把我和她自己都弄醒了。

我们人类一天中的经历通常由我们觉得这一天应当做什么或者理想情况下要做什么来决定——吃饭、工作、玩耍、聊天、交媾、通勤、小睡——也由我们的昼夜节律周期决定。然而，鉴于我们对前者的关注，我们有时几乎没有注意到我们的身体一天中都在绘制一条规律的路线。午后的困倦，早上 5 点起床的困难——两者都是由于我们进行的活动与自身的昼夜节律发生了冲突。去掉些人类期望的成分，你就会享有狗的体验：一天流淌而过赋予身体的感受。事实上，要不是对社会活动的预期分走了些他们的注意力，他们可能会更适应身体的节

---

* 随着年龄的增长，狗狗睡得越来越多，不过矛盾的是——快速眼动（夜间做梦时眼睛快速而细微的转动）——比年轻时要少。关于为什么狗狗会做梦，科学家们建立了相关理论，但还没有最终解释——要是狗狗眼球颤动、爪子卷曲、尾巴抽动、睡觉时叫喊，便是做梦的迹象。与人类一样，有一种理论将梦称为异向睡眠的意外产物，做梦阶段本身就是身体恢复的时期。梦也可以作为一个人在安全范围内训练想象力、未来社交互动和身体“十八般武艺”的过程，或者是回顾过去的种种互动和壮举。

奏，听从身体告诉自己什么时候起床，什么时候吃饭。从狗狗的起搏器来看，他们在黑暗即将让位于黎明的时刻最活跃，下午时分他们显著减少活动，晚上则精力充沛。没有其他事可做——没有文件要翻阅，没有会议要参加——悠长的下午狗狗直接拿过来连连打盹。

即使没有规律的进餐时间，身体也会经历进食周期。在要到饭点的时候，动物往往更活跃——四处奔跑、舔舐、流着口水——对食物是相当地期待。当一只狗狗气喘吁吁地坚持不懈地追在我们屁股后面，可怜巴巴地看着我们时，我们就会明白这种对食物的饥饿感了。于是乎，我们终于发现是时候喂狗了。

所以事实上，人们可以依赖狗狗的肚子做闹钟。而且更令人赞叹的是，狗狗的时间表在某套尚未被人们摸透的机制下生效，使得他们似乎有能力读取当天的空气。我们当地环境中的空气——我们所在房间的空气——指示着我们处于一天中的什么时段（假如空气指示靠谱的话）。虽然我们通常感觉不到空气指标，它只是狗狗可能会注意到的一种东西，但如果我们仔细观察，可能会注意到一天里的重大变化：太阳落山时的凉气，或者窗边流动的记录着一天中时刻的光束。不过一天的变化远比这微妙得多。借助灵敏的机器，研究人员可以探测到夏季结束时形成的温和气流：沿着内墙向上升的暖空气爬过天花板，溢出到房间中央，再沿着外墙落下。这气流形不成微风，甚至都不是人体可感的吹拂或飘动。然而，狗狗敏感的机体显然可以检测到像这样必然存在的低缓气流，可能是在狗狗胡须的帮助下吧。胡须长对了位置，可以记录空气中任何气味的方向。我们认识到狗狗可以检测气流，是因为他们能正确分辨的同时存在着被气流骗过去的可能：当一只受过训练的狗被带进温暖的房间，可能会先从窗户处搜索热空气，而真正的热气更靠近房间内部。

她很有耐心。她是怎样等我的呢？当我闪进当地的杂货店，她等着，起初一脸哀伤，然后平静了下来。她在家里等我，暖床、暖椅子、捂热门口的地儿，等我回来。在我们出去之前，她等我完成手头在做的事情；在我们散步时等我跟别人聊完天；当她饿了，她静静地等我去发觉。她等待我慢慢体会她喜欢被揉哪里。她等待我终于变得了解她。谢谢你的等待，小宝贝。

尚未有实验对狗狗感知特定时间长度的能力进行测试；不过这项测试已用在大黄蜂身上了。一项研究中，黄蜂接受了训练：先等待一段固定的时间间隔，之后再将长鼻穿过小洞吸取点糖。无论间隔多久，它们都学会了要克制自己那么久……再之后就不行了。想象你是一只等待着糖水的蜂儿，半分钟就已是很长的等待时间了。但真正的黄蜂们耐心地拍打着，照做了。其余经过充分实验的动物——老鼠和鸽子——也同样这么做了：进行时间的测算。

你的狗狗有可能知道一天有多长。但如果这样，随之而来的可是可怕的想法：狗在家里独自忍受这一天难道不是极其无聊吗？我们如何判断狗是否感到无聊？同其他我们所好奇的适用于狗狗的概念一样，我们首先需要了解狗狗无聊了是什么样子。随便哪个孩子无聊了都会告诉你，可狗不会——至少口头上不会。

无聊这个概念，很少在非人类科学的文献中拿出来讨论，因为无聊是这样的一类词：应用于动物身上让人觉得很可疑。“人是唯一会感到无聊的动物，”社会心理学家埃里希·弗洛姆（Erich Fromm）宣称，狗是非常幸运的。人类的无聊也很少成为科学界细致审视检验的对象，也许是因为无聊只是被视为生活体验的一部分罢了，而不是一种需要细察的病状。人类如此熟悉无聊是个什么感觉，也就有了种定义它的方法：无聊的体验是一种深刻的厌倦，一种完全缺乏兴趣的状态。也能从其他人身上发现什么是无聊：那些人萎靡不振的能量中，重复性动作的增加中，其他活动的减少中以及迅速减弱的注意力中，都透着无聊。

有了定义，无聊这种主观的体验便变得客观、可识别了，无论是狗狗这一物种还是人类身上的无聊，都是如此。精力不足、活动减少很容易就能识别出来：表现为运动减少，要么躺着要么坐着。无聊状态下注意力可能会直接减弱，化作长时间的睡眠。重复动作包括刻板认知中漫无目的、无休止重复的行为又或者是不自觉间自发的行为。无聊时我们人类会转动着揉捻拇指、踱步。被关在荒芜的动物园围栏里的动物经常疯狂地踱步——而且，虽没有拇指，也有类似拇指一样可以捻的玩意儿。他们痴迷不断地舔舐或咀嚼皮肤、皮毛，拔自己的羽毛，揉耳朵搓脸，来回摇晃身体。

那你的狗狗无聊吗？如果你回到家中，发现袜子、鞋子或内衣显然不曾安宁，已经神奇地从你原本放置的地方移动了一小段距离，或是让你想起来昨天刚扔进垃圾箱的东西散落在外面，都是一口吞的大小——答案都是肯定的，你的狗很无聊。也不对，至少在他疯狂咀嚼的时间里不无聊。想象一个孩子抱怨无事可做：大多数狗都是这样的。你把他抛下，一只狗在家独自待着没事干，只好找些事出来做。为了你狗狗的心理健康，为了你的袜子，解决方案倒很简单，走前丢给他们些事情做就行。

就算你回来发现屋子有些凌乱，不让狗狗涉足的沙发垫虽被抢占了，让人低落，倒也温暖。同样值得庆幸的是，狗狗还活着，通常看起来还不错地活着。我们离了他们出门去，就任他们兀自在家无聊着，因为狗狗通常会去适应自己所处的环境，不多抱怨。事实上，狗狗会像我们一样，在习惯了的、可依靠的环境中得到慰藉。如果是这样，那么他们的无聊便可能会因对熟悉主人的迁就服从而得到缓和。甚至，他们可能对一般要保持在家里等你的这个假姿态多久心中有数。这就是为什么你的狗也许会尾巴摇摇晃晃地等在门口，哪怕你企图在结束了一天的工作后悄悄溜进门。这就是为什么我离开的时间越长，藏在公寓里的零食就更多。我这是在告诉“粗黑麦面包”自己要离开一会——而且，留下点东西，给她打发时间。

狗关于自我的思索

用来确定狗狗是否会思考起自身来——如果他们有自我意识的话——最佳的科学工具很简单：一面镜子。有一天，灵长类动物学家戈登·盖洛普（Gordon Gallup）在刮胡子时，冲着自己在镜子里的成像沉思，不由想探究他研究的黑猩猩是否也会在镜子里思考自己的倒影。当然，用镜子照照检查自我仪表一番——在肚皮上抚平衬衫，拍拍凌乱的头发，试试腼腆地微笑——都展示着我们的自我意识。在我们具备自我意识之前，还是年幼的孩子之时，并不会像成年人那样地使用镜子。而孩子们在通过心智理论测试前不久，已开始思考起自己的镜像来了。

盖洛普即刻在黑猩猩笼子的外面放置了一面全身镜，观察他们的行为。猩猩们先是一致做了同样的事情：对镜子发出威胁，试图攻击镜子。从黑猩猩的角度看，突然间自己所在的笼子外面似乎又多了一只黑猩猩，这个问题必须立刻解决掉。镜中产生的结果令黑猩猩困惑，这点是毫无疑问的——不过尽管镜像似乎在反击，黑猩猩为了不费吹灰之力地解决掉莫名出现的新猩猩，在镜子前的第一天里，尽情同这只新来的、耀眼的黑猩猩社交了一番，向它展示自我。然而，几天后，黑猩猩似乎逐步回过神来。盖洛普看着他的黑猩猩们走近镜子，开始借助镜内图像检查自己的容貌、身体：抓挠牙齿，吹泡泡，对着镜子做鬼脸。嘴巴、臀部、鼻孔内壁各处照照——他们对肉眼通常触及不到的身体部位特别感兴趣。为了确保他们将镜像视为自己，盖洛普设计了一项“标记法”测试：他在黑猩猩的头部不声不响地涂抹了醒目的红色墨水。为了顺利标记，该测试中的第一批受试猩猩需接受麻醉；后来的研究人员则是在为动物做日常美容或医疗护理时贴上这个标记。当被标记的黑猩猩再次站在镜子前时，他们看到了一只带有红色标记的黑猩猩——他们摸了摸自己头上的红点，双手垂下，用嘴巴检查墨水。他们通过了测试。

关于以上实验结果是否能表明黑猩猩正思考着自己，有自我概念，能辨识自己，有自我意识，还是以上想法都没有*，存在着相当大的争论——尤其因为突然承认动物的自我意识会破坏我们对动物原有的看法。但是镜子测试在人们争论的同时继续进行着。到目前为止，通过扭曲身体探索标记的海豚们，加上至少一只用鼻子感知标记的大象通过了测试。猴子尚未。那狗呢？狗未被证明通过了测试。他

---

* 当动物通过了测试，怀疑论者就会强调结论在逻辑上的谬误：具有自我意识的人类使用镜子查看自己并不意味着使用镜子需要自我意识。当动物没有通过测试，争论就转向了另一个方向：动物为什么要检查自己头上并没有刺激性的东西？这点没有充分的进化学上的理由。即使动物认出了自己。无论动物通过了测试与否，镜像实验依然是迄今为止检查动物自我意识的最佳测试，启动实验的设备也很简单——一面镜子就行。

们从不在镜子里审视自己。相反，狗的行为更像是猴子：他们有时以仿佛镜子那头是另一种动物的眼光看着镜子，有时则无所事事地看着镜子。在某些情况下，狗会借助镜子来获取有关世界的信息：例如，看你在他们身后踮起脚尖。但狗狗们似乎并不认为镜子里是自己的形象。

关于为什么狗狗会有这样的行为有几种解释。狗狗们可能确实没有任何的自我意识——因此也就不知道镜子里那只英俊的狗狗会是谁。但正如这个测试引发的争论所表明的那样，实验本身并不能作为对狗狗自我意识的决定性测试而得到普遍的接受，也就不好下决定性的论断说狗狗缺乏自我意识。对狗狗行为另一种可能的解释是，由于缺乏来自镜像的其他线索——特别是嗅觉线索——狗狗失去了探究镜子的兴趣。散发着某些狗狗自身气味同时也反映狗狗自己形象的镜子，将会在这项测试中充当更好的媒介。另一个争论点在于，测试是以研究对象对自身具体的好奇心为依托，引导人类检查我们自己身体上有什么新变化。比起触觉上的新事物，狗狗可能对视觉上的新事物没那么感兴趣：他们会觉察到异样的感官体验，用嘴巴啃或者用爪子抓挠着来追踪。一只狗不会好奇为什么自己黑色尾巴的尖端是白色的，又或者他的新狗皮带是什么颜色的。给狗狗做的标记要引狗注目，且值得狗狗注意。

即便如此，狗狗其他的行为暗示了他们是有自知之明的。狗狗做出大多数行为前，不会在评估自己的能力上产生重大错误。鸭子跳入水中之后他们才跟着跳进去，一跳进去自己都感到惊讶——原来自己竟是天生的善泳者。狗狗居然越过了栅栏，这让我们大吃一惊——毕竟事实上，以狗狗的能力完全有可能撂倒栅栏。这方面的能力以外，人们常听到这么个说法：狗狗不清楚关于自己的一个非常基本的事实——自己体型有多大。小型犬昂首阔步地走到大型犬跟前：小犬主人宣称自己的狗狗“认为自己很大”。一些大狗主人忍受着自己蹲坐着的大狗，同样声称自己的狗“觉得自己可小了”。两种情况下狗狗的行为都为他们确实了解自己的体型大小这一说法提供了更高的可信度：小狗通过更大声地吹捧自己其余的品质来弥补自己体型小的事实；而大狗继续与小狗密切接触——只要小狗愿意忍受自己，之后到别的地方找个尺寸刚好是一只大狗大小的“靠枕”坐上去。

小型犬和大型犬都心照不宣地承认了，自己心里头明白自己的体型是什么样的。光承认这点似乎不大可能意味着他们头脑里就正考虑着大和小的分类。但是看看他们如何对世上的物品作出反应就知道了：有些狗会尝试捡起砍倒了的树，但大多数爱携带一根树枝的狗一有机会就会挑选大小相似的枝条，仿佛他们已经衡量过哪些东西可以捡起来含在嘴里。从那一刻起，一路搜寻着树枝的狗狗会将路径上所有的枝条都快速评估一番：这根体积太大了？太厚？不够厚？

进一步的证据表明，狗狗从粗暴的玩耍中获知自己体型的大小。狗狗间玩耍最典型的特征之一是社会化了的狗狗可以与几乎任何一只能社交的狗一起玩耍。这当中包括跳到獒犬后腿关节上触摸对方膝盖的哈巴狗。正如我们看到的那样，大型犬知道如何缓和自己在游戏中的力量，匀些给体型较小的玩伴。他们常常这样做。大型犬可以忍受最猛烈的咬伤，漫不经心地跳起来，以便更轻柔地撞上那只比自己要脆弱的玩伴。他们可能会心甘情愿地将自己暴露在对方的攻击之下。体型最大的那些狗常自己扑倒在地，露出肚皮让较小的玩伴咬一口——我称之为自我撂倒。年纪大些、“学识渊博”的狗还会迁就尚不知道游戏规则的小狗，调整游戏风格。

身型不匹配的狗狗之间通常无法持续玩耍很长时间，不过通常是主人来叫停他们的玩耍，而不是他们自己。大多数社会化的狗比我们更善于阅读对方的意图和能力。他们甚至在主人注意到他们之前就解决了大多数的误解。狗狗身型的大小或品种并不重要，重要的是他们彼此之间交谈的方式。

工作犬让我们窥见了狗狗对自己有何了解。牧羊犬从出生的最初几周起便与羊一起长大，然而长大后并不会像羊一样行事。他们不会像绵羊那样咩咩地叫、反刍、猛烈地用头去顶撞东西，也不会从母羊身上吸奶。牧羊犬与羊的共同生活使得狗狗与羊发生了社交互动——以狗狗的社交行为特征与羊互动。例如，研究牧羊犬的人员观察到，狗狗会对羊咆哮。咆哮是狗的一种交流方式：狗对待羊更像是在对待一只狗，而不是把羊视作潜在的一顿美味。这些狗的唯一错误是过度简化了互动对象：狗狗不仅在某种意义上清楚自己的身份，而且还认为别的生命体也是狗。人们可以说狗狗的这个弱点非常具有人性：他对羊说话就像同狗狗说话一样，好比我们和狗说话时把他看作人一样。

在打闹、捡树枝和放羊三者的间隙，狗狗会坐在那里想，哎呀，我可是一只很好的中型犬，不是吗？ 当然不会这么想：这种对大小、地位或外表的持续反思是人类特有的常态。不过在自己的认知能用得上的情况下，狗狗确实会根据自己的认知行事。他们在很大程度上尊重自己身体能力的极限：当你要求他们跳过太高的栅栏时，狗狗便会恳求地看着你。一只狗会小心翼翼地绕着遇到的地上一堆排泄物跳来跳去，尽管那是他自己的排泄物：他认得出自己的气味。要是一只狗思考起自身来，人们可能会想知道他是在思考过去的自己呢——还是未来的自己呢：他是否正在脑海中悄悄地写自传呢？

狗的记忆力*

当我们转过拐角时，“粗黑麦面包”在她的轨道上停了下来。她移动半步，好像在嗅着什么。于是我慢悠悠地走着，给予她宠溺；她从拐角处飞也似地回来了。在我们到达目的地之前，还要经过12个街区，一个小公园，一座喷泉和一个右转弯，不过她认得路。她一直在盯着我看，同我走过了一个又一个街区，最后一次转弯后，她心里揣测的目的地得到了证实。我们要去兽医那里。

心理学家报告说，那些记忆力最为惊人的人——能够丝毫不差地背诵一串读给他们听的数百个随机数字，还能无误地识别读者眨眼、吞咽或挠头的每一刻的人——有时往往是最受自己惊人记忆力折磨的人。如此彻底地记住细节，可能是种奇怪的能力，迫使他们无法忘记任何事情。每一个事件，每一处细节，都堆积在他们记忆中。

要是考虑下狗狗的记忆力，那溢出的垃圾信息，一天内收集到的过去的信息，可不仅仅是让狗狗有点回味而已。因为如果狗非要有什么想法，那就是：我们在厨房里有意戏弄他们似地保存着的那堆气味

---

* 我不知道狗狗纪年法的神秘起源——狗狗1年的寿命相当于人类的7年——这一说法的源头是否曾经被破解。我猜这是基于人类的预期寿命（70多年）再到狗狗的预期寿命（10到15年）的反向推断。这样类比有多少真实性不重要，关键是方便。除了我们都会出生和死亡之外，没有哪一截人与狗的生命长度是可以真正等价的。狗狗在头两个月里以闪电般的速度发育，可以自己走路、自己进食；人类婴儿则需要1年多。待长满1年时，大多数狗都已是有成就的社会演员，能够轻松地驾驭狗狗世界和人类世界。一般的孩子则要等到4、5岁才行。之后狗狗的发育便减缓，而人类飞速发育起来。如果非要将狗狗的纪年与人类的比较一番，人们可以建立一条滑动刻度：人类一生的头两年中，大致每10岁相当于狗狗的1岁，再往后，最后的几年中比例降低到更像是2比1。不过真正应当投入思考的应是狗狗成长中关键的临界期、在认知测试中的表现、感官能力随着年龄增长的下降，以及不同品种狗狗的寿命。

美妙又不让碰的东西，可是一种特殊形式的折磨。在那堆东西里头存在这么多顿晚餐的剩菜，冰箱后面惊现的特级奶酪，衣服穿了太久留下的太浓的味道。一切都能被闻到，但又没有任何的条理头绪。

狗狗的记忆是这样的吗？在某种程度上，说不定是的。有明确的证据表明狗狗有记性。你的狗在你回家时能清楚地认出你。每个主人都知道，自家狗狗不会忘记最爱的玩具放在哪里，晚餐又应该在什么时间送达。他能够在前往公园的途中创造一条捷径；记住最佳的小便地点、安静的蹲位；遇到的狗是敌是友，他一目了然，闻闻嗅嗅便知。

然而，我们居然会追究起“狗狗有记性吗？”这个问题，原因就在于我们的记忆远远不止用在追溯有价值的物品，熟悉的面孔和我们去过的地方上。贯穿个人记忆的是一条个性化的脉络，我们自己对过往的感受里掺杂着对未来的期待。所以问题变成了：狗狗是否像我们一样对自己的记忆有主观体验——他是否会本能地思考他生活中的事件，不是作为孤立的事件，而是作为他自己生活中的事件去思考。

科学家经常隐约表现得狗好像和我们一样拥有记忆似的，尽管他们自己通常都对自己的声明持保留甚至是怀疑态度。狗狗长期被用作研究人类大脑的模型。我们掌握的记忆力随年龄增长而衰退的知识，部分源于测试中发现小猎犬的记忆力随着年龄增长而减退。狗狗有较短的“有效”记忆周期，狗狗记忆的功能估摸着就跟心理学入门书对人类记忆的教导差不多。也就是说：在任何时候，我们都更有可能只记住那些我们放置于注意力“聚光灯”之下的事情。并非所有正在发生的事情都会被我们记住。只有那些我们为了日后的回忆而重复排练的事情，才会被存储为长期记忆。如果同时发生了很多事情，我们一定会只记住其中的一部分——第一件和最后一件事情最能被牢牢地记住。狗的记忆也遵循这一规律。

人类和狗狗记忆的同一性是有限度的。语言是差异的标识。作为成年人，我们对 3 岁之前的生活没有太多——可以说是任何的——真实记忆。一个原因是我们当时还不是熟练的语言使用者，无法构建、思考和储存我们的经历。可能的情况是，虽然我们可以对事件、人物，甚至思想和情绪产生物理上的、身体的记忆，但我们所说的“记忆”只是语言能力的出现所催生的产物。若果真如此，那么狗狗和婴儿一样，是没有那种不建立在语言能力基础之上的记忆力的。

但狗狗当然记得不少东西：他们记得自己的主人、自己的家、自己走过的地方。他们记得无数其他狗。但凡经历过一次他们便有了雨雪的概念；他们记得在哪里可以嗅到好闻的气味以及在哪里可以找到不错的树枝。他们知道什么时候我们是看不到他们在做什么的；他们记得上次是咀嚼哪个东西时招我们生气了；他们知道什么时候可以爬上床去，什么时候又禁止上床。他们知道这些是因为他们已经学会了这些——而学习说白了只是随着时间的推移对关联事物或事件形成的记忆。

那么，回到对自身的记忆这一块上来。从狗狗行为举止的许多方面来看，他们表现得就好像将记忆视为生活中的个人故事。有时他们表现得像是在考虑自己的未来。除非她在生病或者是睡着了，否则通常没有什么可以阻止“粗黑麦面包”吃狗饼干——不过她在独自居家时经常克制住这种冲动，选择等我回来。即使有人陪伴，狗狗也会经常性地把骨头藏起来，把喜欢的其他食物也藏起来；狗狗可能会看起来漫不经心地将一个玩具丢弃在外面，结果到了下周却笔直地冲到玩具跟前。狗狗行为的源头通常可以追溯到过去发生在他们自己身上的事件。他们不仅记得，而且知道要避开脚下粗糙的地面，记得突然粗暴的狗，行为古怪又或冷酷的人。他们对反复遇到的生物和物体表现出熟悉。除了快速识别新主人之外，随着时间的推移，幼犬也会逐渐熟悉主人的访客。他们和那些认识时间最长的狗狗玩得最好，而且投入最少的玩耍前仪式就可以进入玩耍——就好像两只狗狗被拴在了一起。这些长期的玩伴不需要彼此发射精心设计的游戏信号：他们使用自己的速记符号，将持续的信号简缩为几下闪烁，便完全参与到玩耍中来。*

有点儿令人沮丧的是，我们对狗狗对自己的了解并没有超出半个世纪前史努比的声明："昨天我是只狗。今天我是只狗。明天我大概还是一只狗。"没有实验研究专门测试过狗狗对自己过去或未来的思考。但是对其他动物的一些研究检查了可能被认为是自传意识的部分内容。例如，对西部灌木松鸦（一种天然会储存食物供日后食用的鸟类）进行的测试显示出了这类鸟具备人类所谓的意志力。如果我很想吃巧克力曲奇，刚好有人给了我一袋巧克力曲奇，我把曲奇收起来一直放到第二天的可能性非常小。松鸦们是知道的，当自己被给予了一种喜欢的食物——也就是人类巧克力曲奇的等价物——第二天早上是不会再

* 这类似于所谓的个体发育仪式化：随着时间的推移，群体中的多个个体共同塑造了仪式化的行为，直到哪怕是行为最开始的部分对自身来说都变得有意义。在人类中，一个朋友对另一个朋友的挑眉就可以代替口头评论。正如我们所见，在狗狗中，快速抬下头或许就可取代整个玩耍弓了。

次得到食物的。尽管我们可以假设松鸦对直接把食物吃了有浓厚的兴趣，但松鸦还是储存了些，第二天才吃掉。而我，第二天就没饼干吃了。

我们可能会问，狗狗是否有类似的行为？如果早上不给你的狗狗吃东西，他会在前一天晚上藏食物吗？如果是的话，这一证据暗示着他会计划未来。正如我们从冰箱冷藏室储存外卖的格子中发现还没吃的食物已认不出来那样，并非储存的一切食物随着时间的推移都依旧如初。假设你的狗狗每个月都在泥土中或沙发的角落里埋一根骨头，连续埋上 3 个月，他还记得哪根是最早埋的，哪根是最脏的，哪根是最新鲜的吗？且不谈沙发上散发出的强烈气味，狗也不大可能记得这些。我们考虑下狗狗的环境就明白，很明显他们根本不需要把时间花费在贮藏食物上，因为他们与灌木松鸦不同，狗狗享有规律的食物供应。此外，根据食物的保质期区别对待，或者是忍着当下的饥饿储存食物，对于狗狗这样由机会主义取食者退化成的动物来说，可能是一项艰巨的任务。他们在有食吃时尽可能地多吃，然后在没有食物的很长时间里断食。有些人认为，可以合理推断，狗狗掩埋骨头的行为与自己祖先天然的藏食冲动有关。祖先会在要勒紧裤腰带的日子里把一些食物藏在一边，以后再享用。* 狗狗有能力区分最新鲜的骨头和已经腐烂的骨头——或者留下些吃的以便日后美餐一顿——这些证据能证明这一点。更可能的是，大多数时候狗狗在考虑食物时并不把时间也考虑进来。骨头到底是根骨头，要么埋进土里，要么含在嘴里。

---

* 有些狼本能地会埋食物：即便是狼幼崽也会把鼻子往土地里拱，扔下一根骨头，鼻子再往土里深挖，然后骄傲地刨出一只洞，留下明显可见的骨头。成年狼则会改进行为，重新刨出贮存的食物——尽管没有关于狼的挖刨是否与时间相关的数据。

另一方面，尽管缺乏证据验证狗狗能借助骨头掌握时间，并不意味着狗狗不能区分过去、现在和未来。当遇到一只曾经——但只有过一次——具有攻击性的狗时，狗狗会首先保持警惕，接着随着时间的推移，会逐渐变得更胆大些。狗狗当然会预料到不久的将来自己身上会发生什么：步行前往狗粮店时会越来越兴奋，而在预示着要去看兽医的车程中则感到焦虑。

一些思想家把狗狗当作没有生存史似的：狗狗不曾拥有历史，让人羡慕，他们快乐是因为没记性。但很明显，哪怕狗狗有记性，他们照样舒坦。我们还不知道狗眼背后是否有一个“我”的存在——一种自我意识，一种身为狗的感觉。也许只需要一只狗狗连续不断地讲述故事，狗狗的自传便有望写成。要能那样的话，他们现在就会呆你面前写了。

狗的是非观

在“粗黑麦面包”还是只年轻狗狗时，我们家一大常见的场景是这样的：我转过身去又或进入另一间房间，几毫秒后，“粗黑麦面包”用鼻子对准厨房的垃圾桶，张望着寻找好东西。要是我回来时在这个容易遭“攻击”的地方抓住她，她会立即把鼻子从桶里拽出来，耷拉下耳朵和尾巴，不安地摇晃着。抓住了。

当研究人员询问狗主人狗狗对我们人类世界有哪些认识理解时，狗主人最常提起的是狗知道自己什么时候做错了事：狗狗知道有一类事情是任何时候都绝对不能做的。如今，这类事情包括撕毁垃圾，吞噬鞋类，从厨房操作台上抢走刚煮熟的食物，等等。在 17、18 世纪的启蒙时代，狗狗自然希望惩罚不要太过严厉：厉声呵斥、皱眉、跺脚，就算得上是严厉了。惩罚并非一成不变：在中世纪和更早的时期，狗狗，还有别的动物，因不端行为而受到过残酷的惩罚，他咬了几个人，就要对应地被割掉耳朵、脚，再到狗尾巴，这被称为“渐进性切割”。犯了“杀人罪”的狗狗还要在经历法律审判后被定罪；* 早先在罗马，庆祝高卢人袭击了首都的每个周年纪念日晚上，一只狗都要被钉死在十字架上，可是狗狗却未能得到即将有人对自己下手的警告。

一只狗露出的自知罪孽深重的表情，对于任何一位在犯罪现场抓获过“粗黑麦面包”的人来说，都是相当熟悉的：发现“粗黑麦面包”作案时，她正把鼻子深深地插入垃圾桶，或者就是嘴里有一些填充物，周围包裹着一簇簇从沙发内部拖拽出来的毛发、线头。此刻“粗黑麦面包”的耳朵会向后拉，压在头上，尾巴夹在两腿之间迅速摆动，试图偷偷溜出房间。这只狗意识到自己在作案现场被捕获了。

基于“抓捕”“粗黑麦面包”这一经验产生的问题，倒不是她内疚的表情是否确实会出现在类似的环境中：确实，“粗黑麦面包”一旦被抓就会露出这般表情。相反，问题是关于那些促使“粗黑麦面包”摆出无辜表情的场景究竟是什么样的。事实上，“粗黑麦面包”可能是出于内疚——或者可能是别的什么因素：闻垃圾时候的兴奋，被发现时的反应，或者对主人惊觉罐子里垃圾都被扒拉出来了发出不快的响亮声音的预期。

狗狗能分辨是非吗？他们知道翻垃圾这一特定的行为显然是错的

---

* 中世纪对狗施行的政策似乎挺荒谬的，认定狗狗应当被以恶意揣测。我们现代的政策则认定应当以最大的善意揣测狗狗，似乎就同样荒谬了：我们仍然会杀死对人造成致命伤害的狗狗——只不过如今我们称这类狗为“高危狗”，并且不会费心去审判他们了（尽管他们的主人可能会受到审判）。

吗？几年前，人们曾“雇佣”一只杜宾犬看守昂贵的泰迪熊收藏品展览。当中包括埃尔维斯·普雷斯利（Elvis Presley）最喜欢的熊。结果，埃尔维斯在早上发现自己身边围绕着一圈——数百只或“被打致残”，或被“斩首”的泰迪熊。新闻捕捉到的杜宾犬照片中，从他表情上看并不觉得自己是只做错了什么的狗狗。

如果狗狗或内疚或挑衅表情背后的机制与我们人类的相同，那似乎是不符合道理的。毕竟，对与错是属于我们人类的概念，我们在定义对错这类事情的文化中长大。除了幼儿和精神病患者，每个人最终都变得明白是非。我们在一个存在着“应该”和“不应该”的世界中长大，既学习明确的行为规则，也在观察中被渗透其他规则。

但是想想吧，当别人无法告诉我们是与非时，我们又怎能知道他们是否知道是非呢。一个两岁的孩子侧身走到一张桌子前，摸索着一只昂贵的花瓶，把它打翻了，花瓶碎了。孩子知道破坏别人的东西是不对的吗？考虑到附近任何成年人可能会有的爆炸性反应，这幅场景估计是让孩子从此踏上学习之旅了。但在两岁时，她还不明白这些概念：她并没有恶意破坏花瓶。相反，这个普普通通的两岁孩子，还在笨拙地想要学会移动自己的身体。我们可以通过观察孩子在花瓶掉落之前和之后所做的事情来了解其意图。孩子是直接走向花瓶并采取行动，将其推倒吗？还是伸手去拿花瓶，协调性却不够？花瓶落下之后，孩子有没有表现出惊讶？还是说看起来很满意？

基本上，相同的方法可以应用于狗，允许他们打破昂贵的花瓶，之后观察其反应。我设计了一个实验来确定狗狗内疚的表情确实是出自内疚，还是出自其他的什么东西。虽然我的方法是实验性的，但场景设置很寻常，地点就选在他们自己家里头，以便最好地捕捉动物的自然行为。为了有资格占据家里的主体地位，狗狗必须受到主人的拒绝——例如，主人指着一个要断舍离的物品并大声说“不!”时*——狗狗必须认识到要就此撂开爪，放下那个物品。

我不用昂贵的花瓶，我用非常受欢迎的零食——一块饼干，一片奶酪——它们不会被打碎，但含有禁止触碰的明确意味。鉴于当前要验证的观点是狗知道做出主人禁止的行为是错误的，我设计了这个实验来给狗狗提供“违法犯罪”的机会。这种情况下要求主人将狗狗的注意力引到零食上，然后明确告诉狗狗不要去吃。零食被放置在狗狗能碰到的位置，随后主人离开房间。

留在房间里的是狗、零食和一台静静观察着的摄像机。这是狗做错事的机会。狗狗此时的行为只是我们实验的初步数据。在大多数情况下，我们会假设如果有机会，狗狗的第一步就是去取零食。我们等着他这样做。然后主人回来了。这时候狗的行为如何？这是关键数据。

任何心理和生物学的实验都旨在控制一个或多个变量，同时保持世界的其余要素不变。变量可以是任何东西：药物的摄入，声音的接触，一组单词的呈现。内在逻辑很简单：如果这个变量很重要，主体的行为会在暴露于变量面前时发生变化。在我的实验中，有两个变量：狗是否吃零食（主人最感兴趣的一点）以及主人是否知道狗是否吃了它（我猜这是狗狗最感兴趣的点）。在几次实验中，我一次改变一个变量。首先，吃到零食的机会是变化着的：我要么在狗主人离开后拿走零食，要么直接给狗狗提供零食，要么让狗狗蹲在零食上方自我煎熬（最终变得不服从）。我们告诉主人，狗狗的行为也是多种多样的：在一次实验中，狗吃了零食，主人在回到房间时被告知了这一消息；在

* 命令因狗主人的不同而异——从“不!”到最近流行的“放下它!”每一声命令本质上都是一种否决：语法语气上尖锐的夸张。这否决可以同步应用于狗狗的任何行为，把他正接触的区域划定为禁区。

另一次实验中，摄像师偷偷地给了狗狗零食，主人被误导，以为狗狗已经服从了不吃东西的命令。

所有的狗狗都经受住了实验，看上去吃饱了，且有点儿不知所措。在许多实验中，这些狗狗堪称内疚表情的模型：他们压低视线，将耳朵向后压，身体下垂，怯生生地转过头。硕大的尾巴夹在腿中间以快速的节奏低低拍打着。有些狗狗为了平息“事端”举起爪子，又或紧张地吐舌头。但是，这些与内疚相关的行为在狗狗不服从实验中出现的频率并不比在服从实验中高。相反，当主人责骂狗时，无论狗狗是否有过不服从行为，都会露出更多的内疚表情。哪怕是拒绝了不允许品尝的美食，狗狗遭受的责骂也招致他露出了格外内疚的表情。

这表明狗狗已经将主人本身而非自己的行为与即将受到的谴责联系起来。这里发生了什么事？当身处某些物品周围，或者看到主人发出他可能生气了的微妙暗示时，狗狗心里便开始预期自己会受到惩罚。大家都知道，狗狗轻易就能学会注意事件之间的关联。食物是随着厨房大冰箱的打开而出现的，狗狗便会对那个大冷藏箱的打开保持警惕，为什么？这些关联可以通过他们制造的事件以及他们观察到的事件来建立。狗狗学到的大部分东西都是建立在内心深处的联想之上的：呜呜咽咽之后引来的是注意力，所以狗狗学会了通过呜咽来吸引注意力；抓垃圾桶会使它翻倒，里面的东西溢出，因此狗狗学会了靠抓挠获得桶里头的东西。有时，在制造某些混乱之后，主人会很晚才出现，主人的出现本身很快就伴随着主人的脸变红，大声说脏话，以及惩罚。这里的关键是，光是主人似乎在自己搞破坏现场的附近出现了，就足以让狗狗相信惩罚已迫在眉睫。与几个小时前主人清理狗狗的垃圾相比，此刻主人的到来与惩罚之间的联系要紧密得多。如果是这样的话，大多数狗狗在见到主人时都会摆出顺从的姿势——露出典型的内疚表情。

在这种情况下，关于狗狗是否知晓自己不当行为的看法很关键。狗狗可能并不认为自己的行为不对。内疚的表情与恐惧的表情、顺从的行为是非常相似的。因此，当我们看到要惩罚狗狗不良行为时如此多的狗主人沮丧、泄气，也就不足为奇了。狗狗清楚地知道，一旦主人带着不高兴的表情出现时，自己就等着被惩罚吧。狗不知道自己有罪，他只知道要小心对待你的一举一动。

缺乏内疚感并不意味着狗狗没做错任何事。他们不仅做了人为定义的许多错误的事情，而且有时似乎还拿着错误行为炫耀：叼着一只嚼了一半的鞋子到忙碌的主人跟前显摆；一只高高兴兴在污物里翻滚得筋疲力尽的狗狗跑来迎接你。当泰迪熊护卫犬被抓拍到自己与一堆泰迪熊残骸共处时，他看起来可是相当的骄傲。狗狗似乎确实在拿我们知道和不知道某事的事实给自己找乐子——为了引起我们注意（一般都是这样），又或许只是为了用自己掌握的知识自娱。这就像一个孩子坐在高脚椅上，把杯子抛坠到地上，以此来测试自己对物理世界理解的极限……接着再抛一次……又一次：他正在观察会发生什么。狗狗做这类事则吸引了自家主人不同的注意力状态、知晓程度、警觉性。通过这种方式，狗狗可以更多地了解人类知道些什么，之后他们将人类知识为自己所用。

特别要指出的是，狗狗非常有隐藏行为的能力，会采取行动转移人们对自己真实动机的注意力。既然我们知道狗狗是能理解人类想法的，他们自然完全有能力把人蒙骗过去。不过毕竟狗狗对人类想法只有初步的粗浅认识，所以狗狗的欺骗效果并不总是那么理想。狗狗的欺骗行为很幼稚，就像两岁孩子用手捂着眼睛向父母“隐藏”着什么：对隐藏只是一知半解，还没有完全理解“隐藏”的本质。狗狗既表现出了富有想象力的洞察能力，同时也展现了自身能力的不足之处。他们隐藏不了翻倒垃圾后撒了一地的“战利品”，也藏不住尽情翻滚后留下的凌乱草丛。但他们行事之中确实在隐藏自己真实的意图——来到一只正在玩珍贵玩具的狗狗旁边，无所事事地向前伸展——只是为了靠近玩具，直到足以抓住它。在游戏中被咬时过度剧烈地尖叫，从而在玩伴震惊地停下游戏时，消除掉自己暂时的劣势。这些行为可能是偶然发生的，而偶然的行为最终会产生令人愉快的结果。一旦注意到这当中的关联，狗狗便会一次又一次地这么做。现在只剩下实验者会为狗狗提供一个故意欺骗彼此的机会了——除非狗狗太过聪明，让人类识别不了他们的“计谋”露出的破绽。

狗龄、意外和死亡

随着年龄的增长，她越来越不爱用眼睛了；她越来越懒得看我一眼了。

随着年龄的增长，她宁愿站着也不愿走路，宁愿躺着也不愿站着——所以她睡在我旁边，把头夹在两腿之间，鼻子仍对微风中的气味保持着警觉。

随着年龄的增长，她变得更加固执，坚持在不依靠帮助的情况下爬上楼梯。

随着年龄的增长，白天和夜晚放大了她心情间的差异——白天她不愿走路，特别爱吸鼻子——晚上她拉着我出门，步履蹒跚，愿意不理会气味，在街区周围愉快地游览。

随着年龄的增长，我得到了一份礼物：“粗黑麦面包”存在的细节变得更加鲜活生动了。我开始看到她在附近检索气味形成的气味地理分布图；我感觉得到她等我多久了；我光是站着就能听到她特有的说话方式；当我怂恿她小跑着穿过马路时，能看到她努力地配合着。

每一只你取好名字、带回家的狗狗都会死去。这个残酷的事实是我们将狗引入我们生活后不可避免的组成部分。不太确定的是，我们的狗狗本身是否会对自己的死亡做出任何暗示？我检查过“粗黑麦面包”是否留有任何迹象表明她会注意到人行道上她那些“嗅友”的年纪；她是否会注意到那个耳朵下垂、眼睛混浊的老友在街区那头消失了；她是否会观察自己缓慢而僵硬的步态、灰白的皮毛、昏昏欲睡的状态？

正是我们对自身脆弱性的把握，使得我们对冒险的事业保持警惕，对自己还有所爱之人的安危保持警觉。人类对尘世的了解或许不会在一切行动中都可见，但在某些动作中，闪耀着理性的光芒：我们会从阳台的边缘退回去，从意图未知的动物身上缩手；我们会系好安全带，在过马路之前看看两边；我们不跳进老虎笼子里；我们不吃第三份油炸冰淇淋，我们甚至在饭后娱乐而不是游泳。如果狗知道死亡是怎么一回事，我们或许能从他们的举动中看出。

我宁愿狗狗不清楚关于死亡的事。一方面，当我遇到一只垂死的狗时，我希望自己能够为那只狗解释其此刻的处境——好像解释是一种安慰似的。另一方面，尽管许多主人习惯于向自己的狗解释下每个命令或每件事是怎么回事（告诉你吧，我经常在公园里不小心听到这样的话：我们必须得回家了，这样妈妈才能回去工作……），不过狗狗似乎并没有从解释中得到安慰。这种不因知道了自己生命的结局而受束缚的生活，是令人羡慕的生活。

有一些迹象表明，我们不应该太羡慕狗狗们。其中一条来自他们对阳台的厌恶：在大多数情况下，狗狗会本能地从真正的危险中撤退，无论是高高的窗台、湍急的河流，还是眼中闪烁着掠夺性光芒的动物。他们采取行动，以免一死。

但低等的草履虫也是如此。草履虫知道从掠食者、有毒物质前仓促撤退。本能的回避行为几乎在所有生物中都会以某种形式出现。从膝跳到眨眼这样的条件反射，都是不需要动物理解自己在做什么就有的本能，我们还没有准备好让草履虫了解死亡。动物的本能反射绝不是微不足道的：它可以引导出更复杂的理解力。

狗狗与草履虫有两大不同之处：首先，狗狗不仅知道要避免自己受伤，而且一旦受伤，狗狗的行为也有所不同。他们清楚自己是何时受了伤的。不管是受伤还是垂死，狗狗往往尽力离自己的家人远点，犬类也好人类也罢，会设法安顿下来，说不准最终死在安全的地方。

其次，狗狗会关注别人身处的危险。有意外情况发生了，人们不需要等待很长时间就能看到一则英雄狗的故事出现在当地新闻中。一个迷失在山里的孩子，靠着他身边狗狗的温暖陪伴而活了下来；从结冰的湖中掉下去的人，被沿着冰块边缘来到他身边的狗狗救了；狗吠声吸引了即将掉入蛇洞中的男孩的父母。英雄狗的故事比比皆是。我的朋友兼同事马克·贝科夫（Marc Bekoff）是一位研究动物 40 年的生物学家，他写道，一只名叫诺曼的失明拉布拉多猎犬被家里孩子的尖叫声唤醒，冲入汹涌的河流："乔伊已经设法到达了岸边，但他的妹妹丽莎正在挣扎，无法前进，非常痛苦。诺曼直接跳了进去，从丽莎后面游过去。当诺曼抵达她身边时，她抓住了他的尾巴，大家一起前往安全地带。"

每只狗狗的行为带来的最终结果都是明确的：有人得以又一次逃离死亡了。鉴于狗狗需要克服自我保护的本能去保护另一位“自我”，通常人们给予的解释是狗狗是出于英勇，而非出于无心充当了就义的演员。狗狗明白人类所面临的各种严峻困境，似乎是唯一的解释。

但狗狗的趣闻轶事带来的问题在于，人们并不了解所发生事情的全部内容，因为故事的讲述者受限于自身的感性世界和特定的感知力，必然只能看到自己所看到的。人们可以合情合理地质疑，也许诺曼并不是诚心打算拯救丽莎，比如说，诺曼只是按照丽莎哥哥的指示游到了她身边；或者丽莎看到她忠实的同伴靠近后，自己就能游到岸边了；又或者水流方向改变，把丽莎带到了岸边。没有录像带可以倒带供人们检查，仔细思考这当中发生的事情——或新闻所描述的任何救援行为。我们也不清楚狗狗长期存在的行为意味着什么。如果一只狗突然吠叫是为了提醒别人男孩有危险，自有一番道理。如果那狗日夜不停地吠叫，那就另当别论了。了解狗的生活史对于正确解释发生的事情也很重要。

最后，要是狗狗没有拯救溺水的孩子，也没搭救迷路的徒步旅行者，这些案例又会变成什么呢？“因狗狗找不到安全的地方把迷路者拖过去，这位迷路的女士死了！”报纸的头条新闻永远不会这般报道，如果英雄狗被用来代表一大物种，那么非英雄狗也应该被考虑在内。没有报道的非英雄主义狗狗的行为肯定比报道的英雄主义行为要多。

通过更仔细地观察狗狗的行为，怀疑论和英雄论可以被更强有力的解释取代。仔细研究以上关于狗狗的故事会发现这个要素在反复出现：狗狗往往向主人走过去，或者是靠近遇险的人。一只狗狗给予的温暖拯救了迷途中瑟瑟发抖的孩子；被结冰湖面困住的人可以抓住在冰上等待的狗狗。在某些情况下，这只狗也会引起骚动：吠叫、四处奔跑、引起人们对自己的注意——比如遇上毒蛇了。

种种元素——亲近主人、吸引注意力的行为——现在我们已很熟悉，知道是狗狗的特征，知道他们因这些特征成了人类的好伙伴。在上面的案例中，遭遇生命危险的人要活下来，狗狗这些特征发挥的作用是不可或缺的。那么狗狗真的是英雄吗？他们是的。但他们知道自己在做什么吗？没有证据表明他们知道。他们并不知道自己在展现英勇。狗狗当然有经过训练成为救援者的潜力。即使是未经训练的狗也可能会来帮助你——只是他不知道该怎么做。他们能成功救下你是因为他们知道在你身上发生了些什么，这让他们着急。如果狗狗能以一种能吸引别人（了解紧急情况的人）到现场的方式表达焦虑，或者让你利用冰上的洞发挥杠杆作用爬出来，那就太好了。

心理学家进行过一项聪明的实验，证实了这一结论。该实验对狗在紧急情况下是否表现出适当的行为感兴趣。在这项测试中，狗主人与研究人员合谋，在一群狗面前假装有紧急情况发生，观察狗狗们如何反应。在一个场景中，主人被训练出假装心脏病发作的样子，喘气、捂住胸口、剧烈不适。在另一个场景中，当刨花板制成的书柜落在两个人身上，似乎要将他们钉在地上时，主人大喊大叫。在这两种情况下，主人的狗狗们都在场，而且先前狗狗们已被介绍给了附近的旁观者——如果有紧急情况，旁观者可能是有力的助手。

在这些人为的场景设置中，狗狗的行为中充满了盎然的兴趣和奉献精神，但倒不表现得像是身处紧急情况之中。一些狗频繁地接近主人，有时用爪子或鼻子抚摸这些“受害者”，此刻主人沉默不语且反应迟钝（在心脏病发作的案例中），要么就是呼救着（在书柜倾倒的场景中）。不过，其余的狗狗则趁机在附近四处游荡，嗅闻草地、屋内的地板。只有极少数情况下狗狗会发出声音——发声兴许能引起某人的注意——或便于接触到可能会提供帮助的旁观者。唯一对接上旁观者的狗是一只玩具贵宾犬。贵宾犬跳到旁观者的腿上，坐下来打盹。

换句话说，没有一只狗狗做出任何可以远程帮助主人摆脱困境的事情来。从中人们不得不得出的结论是，狗狗根本不会自然地识别或应对紧急情况——有可能导致危险或死亡的那种紧急情况。

结论煞风景吗？并不。狗若是缺乏关于紧急情况、关于死亡的概念，并不会因此损害到名誉。不妨去问一只狗懂不懂自行车和捕鼠器，接着责备他以困惑的歪头做出回应。哪怕是人类，孩子对这些概念的看法也很幼稚：婴儿在打开电源插座时一定会尖叫；一个两岁的娃娃看到有人受伤可能只会哭泣。孩子经过教导方能理解关于紧急情况——进而关于死亡的概念。狗狗也是。一些狗受过训练后能够提醒失聪的同伴注意紧急设备——比如烟雾报警器的警报声。人们对孩子的教导是有明确指向的，带有些程序性的元素——比如，你一旦听到警报，就去找妈妈；对狗狗的训练则完全是施行强化程序。

狗狗似乎能搞懂什么时候发生了不寻常的情况。他们可是识别你与他共享的世界中平常事物的大师。你行事通常是真实可靠的：在自己家里，你从一个房间移动到另一个房间，长时间地坐在扶手椅上，或是长时间地在冰箱门前停顿；你会和狗狗说话，也和其他人交谈；你吃饭、睡觉、长时间地泡在浴室里，等等。环境也相当真实可信：既不太热也不太冷；除从前门进来的人以外，屋子里没有人了；客厅里没有积水；走廊里没有烟。从对平常世界的了解中，一些不寻常的事实发生时狗狗能予以确认，比如某人受伤时产生的奇怪行为，或者狗狗自身无法按照习惯的方式行事时，他自己心中有数。

不止一次，“粗黑麦面包”让自己陷入了困境。一次是被困在通往建筑物边缘的 T 台上；另一次，随着电梯厢开始移动，她的皮带卡在了电梯门里。我很惊讶她表现得如此淡定——尤其是比起我遇到紧急情况时的表现，她的反应就更显淡定了。让自己摆脱困境的从来不是她自己。我相信比起她对我健康的担心，我对她的健康要关切得多。尽管如此，我的身心健康、快乐感、幸福感大都依赖于她——倒不是她知道如何解决我生活中大大小小的困境，而是因为她给予了我不竭的欢乐和持续的陪伴。

II.
狗内心在想什么

在我们试图进入狗狗内心世界的过程中，收集了关于他们感官能力的细小事实，并建立起大量的推论。一个推论是关于身为狗的体验：成为狗狗真实的感觉是怎样的；一只狗对这个世界的体验是什么。当然，前提是不管狗狗心里把世界看作个什么东西，首先他得认可有世界这么个东西的存在。也许令人挺惊讶的，哲学和科学界对此存在一些争论。35 年前，哲学家托马斯・内格尔（Thomas Nagel）在科学和哲学领域开始了一场关于动物主观体验的长期对话，当时他抛出问题："成为一只蝙蝠是什么感觉？"他为头脑中的实验选择了一种动物，这种动物令人几乎难以想象的视觉系统最近才被发现：回声定位法。即发出高频段的声音然后倾听反射回来的声音的过程。声音反弹需要多长时间，以及它是如何变化的，为蝙蝠提供了一张地图，以了解一切物体在当地环境中的位置。要想粗略体验下这是什么样的一种感觉，不妨想象一下：晚上躺在一间黑暗的房间中的你想知道是否有人站在你的门口。当然，你可以通过打开灯来解决这个问题。或者，像蝙蝠一样，你往门口扔出去一只网球，看看（a）球是会回到你身边还是飞出房间，以及（b）能否在球到达门口时听到门槛处有咕噜声。如果你特别会蝙蝠的那套，也可以采用方法（c），看球反弹了多远，来确定外头这人是不是特别胖（此种情况下，球到达他腹部的瞬间便丧失了大部分速度）；球要是弹回得很远，这人大概有搓衣板一样的腹肌（能让球很好地反弹）。蝙蝠则使用（a）和（c）中的方法，只不过不是借助网球，而是靠超声波。当我们睁开眼睛，看到我们面前的视觉场景时，蝙蝠能不断地、迅速地“看”到这一切。

这实实在在地让内格尔感到困惑。他感到蝙蝠的视力，还有蝙蝠的生命，是如此的古怪，如此难以估量，以至于不可能摸清成为一只蝙蝠是什么感觉。他假设蝙蝠是体验着这个世界的，不过他相信这种体验从根本上来说是主观的：无论世界在蝙蝠的感受中是什么样的，它终究都只是这只蝙蝠的体验罢了。

内格尔所得结论存在的问题与我们确实每天都会飞驰的想象力有关。他将种间差异视为完全不同于种内差异的东西。然而我们非常乐意谈谈成为另一个人是什么样的“感觉”。我不知道另一个人经历中的种种细节，但我对于自己作为人是怎样的感觉了解得足够多了，多到我可以将自己的经历与他人经历相类比。我可以以自我感知为中心，通过将自己的感知移植到旁人身上做出推断，想象世界对他来说是什么样的。我掌握的关于那人的信息越多——身体状况、生活经历、行为习性——我就越有把握做出类比。

那么我们也可以把想象移植到狗狗身上吗？我们掌握的信息越多，结论就越到位。到目前为止，我们掌握了关于狗狗的物理信息（神经系统、感觉系统）、历史知识（他们的进化系统、从出生到成年的发展路径），以及越来越多关乎他们行为的语料库。总而言之，我们有狗狗周围世界的草图。我们收集到的大量科学事实使得我们见多识广，想象力能飞跃到狗狗体内一次——体验下成为一只狗是什么感觉，从狗的角度来看世界是什么样的。

我们已经知道，狗狗有一点点臭，被放养在人类中。更进一步思考后可以再补充上一条：狗狗离地面很近，伸出舌头就能舔到地。对狗狗来说，一样东西要么能放进嘴巴，要么放不进去。狗狗活在当下。狗狗身上满是细节。他爱呼啸着飞驰而过。他的喜怒哀乐都写在脸上。生而为狗的体验，大抵与我们生来是人的感觉完全不同。

从狗的身高看

要搭建一只狗的世界观，就要考虑他们最显著的一大特征，不过也是显而易见而又最易被忽视的一大特征——身高。如果你觉得一个普通直立人的身高和一只普通直立狗的身高（一到两英尺，差不多 30 到 60 厘米）之间的世界几乎没有区别，那真实的结果会让你大为讶异。即使暂时搁置下靠近地面的声音、气味上的差异，光是不同的身体高度就会产生深远的影响。

很少有狗狗能长到人类的高度。狗狗通常处在人类膝盖的高度。甚至可以说，狗狗经常钻到人脚面以下的高度去。我们的头脑在想象狗狗身高还不到我们一半这么个简单事实方面，可以说是非常迟钝的。我们理智上当然知道狗狗和我们不是一个高度，但既然我们和狗建立了互动，也就使得高度差异成为一个持续存在的问题。我们把东西放在狗狗“够不到”的地方，结果他们却因为试图去够却够不着感到沮丧。即使知道狗狗喜欢在同一视线水平上向我们打招呼，我们通常也不会为他们弯下腰。或者我们会把腰弯到他们一跃可跳到我们脸上的程度，然而当他们真的跳跃起来时，我们可能又生气了。狗狗之所以跳起来，是渴望触碰到一个需要跳起来才能够得着的东西的直接结果。

狗狗因为跳起的行为而被骂得够多了，所以他们非常高兴地发现自己脚下就藏着很多兴趣点。例如，地上有很多只脚。在狗狗的嗅觉里，脚，或者说臭脚丫子，是我们人类标志性气味的好源头。当我们背负着精神负担：压力大或精力集中时，往往走路间会出汗。脚丫子也是笨拙的：我们坐着可以晃动它们，不过是不甚灵巧地晃动。脚作为单独的单元存在，一颗颗脚趾只作为脚丫这个大单元上的一个个小地点存在，而在这些地方之间，狗狗的舌头可能会捕捉到额外的气味。

当然，如果脚闻起来很有趣，那么我们对待它们的方式一定非常令狗狗沮丧：鞋子这种东西真要命，隐匿了我们的气味。另一方面，人们留在身后的鞋子闻起来正如穿它的人一样，无论你在外面踩到什么东西，狗狗都对鞋格外感兴趣。袜子同样是我们气味的良好载体，因此床边的袜子上经常出现只大洞。经检查，每个洞都曾由一只嘴里叼着袜子的“粗黑麦面包”用门牙亲切地撕咬、戳破过。

在狗狗的高度看来，世界上除了脚丫子，到处都是长裙和裤腿，随着穿着者的每一步脚步而舞动。裤腿连贯的弯折与旋转在狗狗眼中一定很诱人。难怪人们会发现自己的裤子被皮带末端的狗狗咬住了，谁让他们拥有对运动的敏感性和爱探究的嘴巴呢。

更接近地面的世界是一个更臭的世界，因为气味在地面上徘徊、腐烂，而它们在空气中会分散开。声音沿着地面的传播方式也不同：所以鸟类在树的高处歌唱，而土壤里的动物居民则倾向于依赖泥土机械地交流。地板上风扇的振动可能会扰乱附近的狗；同样，地板上反弹的响声传到休息的狗狗耳朵中音量会更大。

艺术家嘉娜·斯特巴克（Jana Sterbak）尝试将摄像机安装在她的杰克罗素梗犬斯丹利佩戴的腰带上，以此捕捉狗狗的视角，并记录他沿着结冰的河流穿过"狗之城"、"公爵之城"威尼斯的行走过程。摄像呈现的是一幅令人眼花缭乱的景象——世界不稳定地晃动着，图像永不静止。在离地 14 英寸（30 多厘米）的地方，斯丹利的视觉世界是他嗅觉世界的浓缩：他的嗅觉兴趣是什么，便会用身体、视觉去捕捉什么。

但是通过为动物配上动物摄像头，我们主要了解到的是它们"雄踞"着世界中的哪块位置在看世界，而并非它们内心体验到的整个世界。对于大多数（如果不是全部）野生动物而言，只有掌握它们的据点，我们才能了解它们的世界。在和动物度过的日子里：我们无法像绑在背上的相机一样去跟上一只潜水的企鹅；只有一台不起眼的相机才能捕捉到鼹鼠光着身子在地下筑成的隧道。站在斯丹利背后的最佳观测位置观察这只狗狗，景象会让人惊讶。然而我们很容易感到拍下斯丹利一天的照片就足够供人类发挥想象了。其实，照片记录只是开始。

舔唇咂嘴

她躺在地上，头夹在爪子之间，注意到地板不远处有些东西似乎挺有意思的，约莫还能吃。她把头往前探探，鼻子——那只美丽、强壮、湿润的鼻子——几乎还没有粘住空气中微小的粒子。我看得出她的鼻孔正在努力识别这个小东西。她从湿漉漉的鼻子里发出了哼的一声，张开嘴巴协助侦察：她的头微微转动了一个角度，舌头伸到地板上。她舌头快速地轻扫着试图舔起它来，然后直起身子，摆出一个更严肃的姿势来一舔、二舔、三舔地板——用她的舌头长长地、充分地抚触。

对"粗黑麦面包"来说，几乎所有东西都是可舔的。地板上的一个点，她自己身上的一个点；从人的手、膝盖、脚趾、脸、耳朵到眼睛，树干、书架、汽车座椅、床单、地板、墙壁。一切。地面上无法辨认的东西特别适合让舌头贴上去。这让狗狗了解了有意思而又有意义的信息，因为舔的动作将地面上的分子带入了自己体内，而不仅仅是和物体保持着距离，采取安全姿势——舔，是一种极其亲密的姿态。尽管倒不是狗狗有意要同地面亲近一番。不过，无论狗狗是否有意，如此直接地与世界接触，便证明了自己对所处环境的定义与人类是不同的：狗狗从皮肤、毛皮边缘发现了自己与周围环境之间没有那么多障碍。难怪狗狗把头完全埋进泥坑里，兴奋地扭转仰卧着的身体闻地表臭味的场景并不罕见。

狗狗对个人空间的感受反映了他们与环境的亲密关系。所有动物都对舒适的社交距离有概念，打破这种距离感会引发冲突，影响他们伸展拳脚。虽然美国人对站在 50 厘米以内的陌生人会感到不适，但狗狗的个人空间大约才 0 到 2.5 厘米。这一秒，全国人行道上反复上演的场景展示了我们人类个人空间感的崩塌：看着两个狗主人相距 1.8 米，紧张地不让拴着绳的狗狗接触，而狗狗则拼命用力地互相触碰。让他们相互接触！狗狗们通过进入彼此的空间来迎接陌生人，而不是置身于对方的领地之外。让他们钻进对方的皮毛，深吸一口气，用嘴巴含住对方的毛打个招呼。安全距离对人类来说是握手的距离，对狗来说可不是。

由于我们所能容忍的与他人亲近的程度有限，自我感觉舒适的社交距离也有限度：也就形成了社交空间。坐的地方相距 1.5 米、1.8 米那么远谈话会让人不舒服。若是走在街道的两侧，则双方感觉不到是和对方走在一起。狗狗的社交空间更有弹性。有些狗狗快乐地和主人走成平行线，但与主人的距离很远，令主人痛苦。其他狗狗喜欢跟在你后面小跑。由散步时不同狗狗不同的舒适距离可延伸到在家休息时，狗狗对于如何与我们保持契合感有自己的感觉和判断。一本书大小切合地塞在盒子里，但又塞得不是太紧。狗狗有自己的一套办法享受像“书”一样紧凑地躺进盒子的乐趣。“粗黑麦面包”想坐下，这样她的身体就能被一把软垫小椅子包裹住。当我躺在床上时，她会填补进我弯曲着的双腿创造出的空间。别的狗狗将整个背部的长度贴上睡着的人身体的长度。光是这一项乐趣就足以使我乐意邀请一只狗狗爬上床来……

适合往嘴里塞

在我们人眼所见的无数周围物体中，只有极少数对狗狗来说是醒目的。琳琅满目的家具、书籍、小玩意儿，在狗狗眼里，这些家中的杂七杂八都被简化成更简单的分类。狗狗通过自身对世界作出反应的方式来定义世界。在这个框架内，事物按照它们的可操作方式（咀嚼、食用、移动、坐在上面、滚进去）进行分组。一颗球、一支笔、一头泰迪熊和一只鞋是等价的：都是可以用嘴巴叼起来的物品。同样，有些东西——刷子、毛巾、其他狗——狗狗也可以对他们作出反应。

我们所看到的物体承载的属性——典型的用途、功能——到了狗狗那就被废除了。一把枪不太会让狗狗感到所受的威胁，他对看看枪是否能放进嘴里更感兴趣。你对狗狗打出的手势所代表的意义也是打了折扣的：它们要么缩减成吓狗的意思，要么是逗弄的意思，要么是有教育意义的——还有毫无意义的意思。对一只狗来说，一个人举手招呼出租车发出的信号的和击掌或挥手告别的意思是一样的。房间里的狗狗和你过着平行世界的生活，他们拥有安静收集气味的区域，去闻墙壁、地板接缝处隐形碎屑的气味；壁橱、窗台这样物品丰富、气味浓烈的区域；以及舒适休闲区，在那里也许会找到你或你的香水味。在外头，他们不太注意建筑物：要么太大无法对它采取行动，要么看着没劲。但是大楼的一角，还有灯柱和消防栓塞，每次狗狗遇到时都印有新的身份标识——其他路过的狗狗在这里留下了消息。

对于人类来说，物品的样态、形状通常是其最显著的特征，我们依此识别出各种物品。相比之下，狗狗通常对自己所吃狗饼干的形状感到很矛盾：人类怎么就认为狗饼干应该是骨头形的。然而，物体的运动状态很容易被狗的视网膜检测到，狗狗眼里运动是物体身份的内在组成部分。奔跑中的松鼠和休闲中的松鼠可能在狗狗看来是两只不同的松鼠，玩滑板的孩子和拿着滑板的孩子也是不同的孩子。因为对于狗狗这样曾经被大自然设计成用来追逐移动猎物的动物来说，移动的东西比静止的东西更有趣。（当然，一旦狗狗知道松鼠经常自发地奔跑起来，鸟儿能自由地飞翔，便会去跟踪一动不动的松鼠和鸟了。）飞驰着、旋转着的滑板之上，小孩子很激动，值得狗狗冲着狂吠。滑板一停，运动也就停止了，狗狗便平静下来。

考虑到狗狗是通过动作、气味和嘴巴定义物体的，那么最直接接触狗狗的东西——你自己的手——对你的狗狗来说，体验感可能并不直接。用一只手拍拍狗头的感觉与一只手连续按压狗头带给狗狗的感觉是不同的。同样，一瞥，甚至若干偷偷摸摸的一瞥，是不同于凝视的。当狗狗体验到不同速度或强度的拍击时，一个单一的刺激——同样的一只手，同样的一双眼睛——可以变成两码事。即使对人类来说，一系列以足够快的洗牌般速度放映的静止图像也变成了连续的图像：仿佛图像发生了变化。一只普通的蜗牛对世界保持着警惕，走上一根缓慢轻拍着的枝叶是冒险的；但如果枝叶每秒晃动 4 下，蜗牛就会钻进去。有些狗狗会忍受头部被轻拍下，但不能忍受手搁在自己头上；对于有的狗狗来说，情况则正好相反。*

从观察狗狗与世界的互动中可以看出他们定义世界的方式。有些狗狗被人行道上的白点迷住了，有些狗狗“什么都没有”而能精神振奋，还有那些被灌木丛中隐藏的物品震撼到的狗狗——你看着他们像这样体验着自己感官的平行宇宙。随着年龄的增长，狗狗有能力“看到”更多为我们人类所熟悉的物体，意识到可以用嘴巴含住、舔舐、摩擦或让更多的东西滚进自己嘴里。狗狗也会逐渐理解那些看起来不同的物品是怎么一回事——熟食店里头的人，以及从熟食店里跑出来现身于大街上的人——是同一个人。但是无论我们认为自己看到了什么，无论我们认为就在一瞬间发生了什么，我们都非常确信：狗狗所看到的东西以及他们内心的思考，与我们是不同的。

关注细节

正常人类发展包括感官敏感性的细化：具体来说，能让我们注意到的东西多了去了，但我们要学习去精简地付出注意力。世界充斥着色彩、形态、空间、声音、质地、气味的细节，但如果这一切我们都同时去感知，我们人体这台机器就无法正常运转。所以我们的感官系

* 对于一匹马来说，释放身体的压力足以使自己感到愉悦，强化了之前接受的训练。也许狗狗会因一只手牢牢按在自己头上的感觉而吓一跳。

统为了人体能持续生存，会提高我们对自身生存至关重要的事情的关注。余下细节对我们来说都是小事，淡化掉了，或者完全略过了。

但世界仍然拥有这些细节。狗感知到的细节是不一样的。狗狗感官能力有很大的不同，足以让他注意到视觉世界中我们掩盖掉的那部分；比如我们无法察觉的气味元素；比如我们觉得无关紧要的声音。狗狗并没有看到或听到一切，但会注意到我们注意不到的。例如，由于无法看到多种颜色，狗狗对亮度之间的敏感度要高得多。我们可能会从他们不愿踏入反光的水池，害怕进入黑暗的房间中观察到这一点。* 对运动的敏感性提醒到狗狗去注意路边轻轻飘荡着的正在放气的气球。因为没有口头和书面语言，狗狗更能适应我们句子中的韵律，声音中的张力，感叹号中丰沛的感情和大写字母激烈的强调意味。他们对说话时突然产生的尖锐对比音保持警惕：一声喊叫，一个字，哪怕是长时间的沉默。

和感知我们的能力一样，狗狗的感觉系统也能适应新奇事物。我们的注意力会集中在一种新的气味、没听过的声音上；狗狗闻到的和听到的东西范围更广，似乎持续关注着什么。一只狗在街上小跑时睁大眼睛，就像人被什么惊天大消息轰炸的模样。而且，与我们大多数人不同的是，狗狗并没有立即习惯人类文化中的声音。结果呢，一座城市对狗狗来说可能是一个个小细节形成的爆炸团，在狗狗的脑海中升腾放大：我们已经学会忽略日常生活中的杂音，我们知道车门关上

---

* 因为坦普尔·格兰丁（Temple Grandin）指出了牛和猪身上类似的情况，于是肉类行业改变了动物进入屠宰场的路径。对于屠宰行业来说，坦普尔做出的工作有助于动物减少压力，从而成为具有更佳品质的肉类。对于动物来说，他们大概在旅行时免于了一些额外的焦虑——一只动物希望在走向死亡的路上可以无知无觉。

的声音是什么样的，除非专门去听那种声音，否则的话，城市居民往往甚至听不到街上播放的“关门交响乐”。然而，对于一只狗来说，每次关门声产生时，可能都是一种新的声音——甚至更有趣的是，有时一个人会随着关门声出现。

他们会关注我们眨眼的时间间隔里见不到的事物，把我们看不到的都看全了。有时这些倒不是看不见的东西，而是些我们希望他们不要加以注意的东西，比如我们的腹股沟，或者我们喜欢放在口袋里的吱吱作响的玩具，又或者是街上踧行着的孤独的人。我们也可以看到这些东西，但我们把目光移开了。我们忽略的人类习惯——敲击自己的手指，掰开脚踝，礼貌地咳嗽，移动我们的重心——这些狗狗都会注意到。在座位上一阵挪动——可能预示着座椅上升！椅子上的人向前挪了挪——肯定有什么事情发生了！还有人类的抓痒、摇头：俗世生活是带电的——一个未知的信号发射出来，便有一股电流流过。这些手势对于狗狗来说并不像对我们一样——对我们而言它们是文化世界的一部分。当日常的注意力不把各种细节吞噬时，它们将变得更有意义。

随着时间的推移，狗狗向我们身上付出的关注可能会使他们适应这些声音，与此相伴的人类文化也灌输进他们的脑袋中。看看书店里的一只狗，一天的时光中都被人包围着：他已经习惯了路过的各色陌生人翻阅书页时站得离自己很近；习惯了有人往自己头上抓抓挠挠，习惯了人们经过时的气味还有永远存在的脚步声。要是你每天敲上 10 次指关节，附近的狗狗便学会了忽略这种习惯；要是换作一只不熟悉人类习惯的狗狗，人类世界的每个微小细节都会使他充满警觉：对于一只被拴着看守房子的狗狗来说，大概看屋子最让他兴奋也最可怕的一点就是，屋子确实需要他看守！看门狗可能极其偶尔才能看到一个陌生人走过，嗅到空气中新的气味或是捕捉到新的声音，更不用说任何指关节发出的猖獗敲击声了。

我们可以尝试用会使我们的感觉系统大吃一惊的方式，来弥补人类在理解狗狗感官世界方面的不足。例如，我们为摆脱觉得每天看到的东西颜色都大致相同的坏习惯，可以把自己暴露在一间只有一种颜色（比如窄范围辐射波长形成的黄色）的房间里。在这样的光线下，物体的颜色被冲洗掉了：你自己双手内跳动着生命活力的鲜红血色不见了；粉红的连衣裙变成暗淡的白色；脸上的胡茬就像一碗牛奶中的一把胡椒一样突出。熟悉的，变成了陌生的。然而在上文的黄色光芒中，你所看到的颜色更接近于狗狗感知到的颜色。

活在当下

具有讽刺意味的是，狗狗对细节的关注可能会妨碍他们从细节中进行概括的能力。一棵棵地把树闻过去，狗狗就觉察不出森林了。你要是想在公路旅行途中让你的狗平静下来，特殊的地点与特定的物品相结合会很管用：你可以带上他最喜欢的枕头，达到安抚他的效果。曾经令狗狗心生恐惧的物品或是人被放到一个新环境后，有时可以重生，变得让狗不害怕了。

这一特殊性同样可能表明狗狗无法抽象地思考不存在于他们面前的东西。有影响力的分析哲学家路德维希·维特根斯坦（Ludwig Wittgenstein）提出，虽然狗狗有能力判断出你就在门的另一边，但我们无法感知狗狗是否会去思考两天后你还将再次出现吗？这样，让我们偷听下那只狗狗的动静。自从你离开后，他就在房子里慢慢地走来走去。他跑遍了房间里所有吸引他的、他还没咬过的平面。他参观了很久以前曾经摆放过无人看管的食物的扶手椅，以及洒落着昨晚食物的沙发。他小睡了6次，去了喝水碗3趟，吠叫时两次抬头看向远方。这会他听到你拖着脚步靠近门，迅速用鼻子确认是你。他记得每次听到你、闻到你时，你都会出现在他的视线中。

总之，他确信你在那里。他不可能不知道你的存在。维特根斯坦的疑惑倒不是狗狗是否具备判断能力。狗狗有自己的偏好，会做出判断，能区分，做决定，懂克制：他们是思考着的。维特根斯坦的疑问是，是否你到达之前，狗狗就已经在期待你的到来：思考你要来的事。狗狗对当前没有发生的事情有预判吗？这点值得怀疑。

缺乏提炼能力的生活，意味着任由当地环境消磨掉自身的经历、体验：面对的每个事件、每个对象都是孤立的。这大致就是活在当下的意思——不加反思地过着生活。果真如此，那么可以说狗狗是不具备反思性的。虽然他们体验了一番这个世界，但他们并不会去想自己的经历。在思考的时候，他们也不会考量自己的想法：思考自己的思考。

狗狗会慢慢习得一天的节奏。但是要知道，当嗅觉是你的主要感觉时，片刻的本质——或者说片刻的体验——是不同的。动物拥有的感官世界不同于人类，一瞬间带给人的感觉可能就像是一系列瞬间带给动物的体验那样。甚至我们的“时刻”也比几秒钟还短；时刻对我们是明显可感的一个个瞬间持续形成的时间，也许是我们通常体验世界的最小可区分时间单位了。有人认为时刻是可测量的：18秒为一刻，在我们意识到视觉刺激之前，18秒是必须呈现的时间长度。因此，眨眼的工夫是1/10秒，我们几乎注意不到的。按照这个逻辑，闪烁融合率越高，狗狗的视觉时刻也就越短、越快。在狗狗的时间中，每一刻持续的时间较人类的更短，或者，换句话说，狗狗会比人类更快地迎来下一个时刻的发生。狗狗的“现在”、“此刻”，发生在我们的不知不觉中。

倍速模式的狗世界

对狗狗来说，嗅觉中某种程度上藏着“看”物品的视角、“看”到的物品与实际物品的缩放比例、自己距离物品的远近。但嗅觉发挥的作用是转瞬即逝的：它存在于不一样的时间尺度中。气味对我们的影响不会像（正常条件下的）光对我们眼睛的影响一样均匀。这意味着狗狗在气味“视觉”中所见事物的速度与我们所见的不同。

气味即是时间。减弱了、变质了或被掩盖了的气味代表着过去的时光。随着时间的流逝，气味会减弱，因此气味的浓烈度涵盖着气味主人是新生狗儿还是虚弱、上了年纪狗儿的信息。你迎面走去的方向吹来微风，于这风带来的空气中，狗狗闻到了未来的气息。相比之下，我们视觉生物似乎基本只看得到当下。狗狗嗅觉所覆盖的“当下”的跨度比我们视觉上看到的“当下”要长，狗狗所嗅不仅包括当前正在发生的场景，还包括刚刚发生的事情以及未来的事情。“现在”既有过去的影子，也有未来的光环。

这么说来，嗅觉也是时间的操纵者，因为当一系列气味代表着时间时，时间便发生了变化。气味是有生命周期的：它会移动，会过期。对于一只狗来说，世界是不断变化的：气味在他的鼻子前波动、闪烁。他必须不断地嗅探——就好像我们必须反复观察、关注这个世界一样，只有这样我们才能在视网膜和脑海中留下一个不变的形象——狗狗要不停地去嗅，以让这个世界对自己持续可见。这就解释了狗狗为人们所熟悉的许多行为：其一是你的狗狗不住地闻嗅着，* 也许还解释了他嗅这嗅那之间为何注意力看似分散：只要物品散发出气味，自己吸入

---

* 对狗狗来说，要把他从热切的嗅探中拖拽出来，就像你刚一睁眼看到一幅景象，就要被人拽走一样。

了气味，便证明物品继续存在着。虽然我们可以站在一个定点看世界，但狗狗必须做更多的运动才能吸收这一切信息。难怪他们似乎不专注：他们的“当下”在不断变化。

因此，物体的气味包含了过去几分钟到几小时之间的数据。既然气味记录着小时记录着日子，狗狗也就可以通过气味记录季节。我们有时会注意到一个季节的流逝：流逝的标志有盛开的花朵、腐烂的树叶、即将下雨的空气。不过，大多数情况下，我们会感觉到、会看到季节：冬日里，我们苍白的皮肤会感受照耀的阳光欢迎着自己；我们在明媚的春日瞥一眼窗外，只是从不评论出声：多么美妙的新气味啊！狗狗的鼻子就像是我们的视力、我们皮肤的感觉。春天，空气中散发出的每一种气味都与冬天空气里的截然不同：无论是春日里的湿气还是热气，无论是腐烂了的死亡的气息还是绽放生命的气息，无论是搭乘空中的微风旅行而来的气息，还是土地散发出来的气息。

狗狗透过他们扩大版的“当下”之窗，探索人类时间中的世界，狗狗的反应比我们迅疾些。他们异常敏感，反应速度快得不是一点点。这解释了他们何以能有技巧地在空中接球，他们何以有些方面似乎与我们不同步，我们为什么无法让狗狗做到一些我们想要他们做的事情。如果狗狗不“服从”命令或是难以学习我们想让他们学习的东西，通常是因为我们没有很好地阅读他们：他们的行为已经产生了，我们却觉察不到。* 他们向未来迈出的步伐，比我们要快上一步。

---

* 响片训练试图解决我们与狗狗之间拥有不同“时刻”的这种不和谐，也试图弥合我们对于狗狗任意时刻“正在做什么”的不同感觉。培训师手持一台小型设备，当狗做出了训练师期望的行为，期待得到近在眼前的奖励时，设备便会发出清晰的咔哒声。这声咔哒声有助于向狗狗凸显下，这一刻是属于人的时刻；若是任由狗狗用自己的时刻设备，狗狗便会以不同的方式装点自己的生活。

喜怒形于色

这是她挂着微笑。那是她摆出的一张气喘吁吁的脸。不是每一张气喘吁吁的脸都在微笑，但每一个微笑背后都是一张哼哧哼哧的脸。她的嘴唇微微皱起——要是放在人脸上，则是个酒窝——增加了几分笑容。她的眼睛可以是茶碟的形状（意味着专注），也可以是半开的狭缝（意味着满足）。她的眉毛和睫毛会说话，会呼喊。

狗狗很天真。哪怕他们有时会哄骗或欺骗我们，他们的身体也是不会的。相反，狗狗的身体似乎直接映射他内心的状态。当你回到家或是接近他们时，他们的喜悦直接通过尾巴来表达。若是眉毛抬起，则说明他们在思索。“粗黑麦面包”的微笑并不是真正的笑容，而是深深地收缩双唇，让我们瞥见她的牙齿。这行为是与我们交流的一部分，一种仪式化的方式。

观察狗狗是如何抬起头来的，可以了解到很多关于他的信息。狗狗头抬起的高度、耳朵的摆放还有眼睛的光芒中，都闪烁着大写的兴趣和注意力。想象一只狗在其他狗面前昂首阔步，带着心爱的甚至是偷来的玩具在那只狗面前蹦蹦跳跳：考虑到狗狗之间通常相互协商的方式，这明显是狗狗有意摆出的姿态——一种类似于自豪感的姿态。年轻的狼也可能在年长的动物面前厚着脸皮炫耀食物。狗狗在与世界的互动中，头部通常对准自己要去的方向。如果一只狗把头转向一边，那只是一时的——确定下那里是否有值得追寻的东西。这与我们人类不同，我们可能会转过头去沉思，为了摆出个姿势或是为了达到某种效果。狗狗从不伪装，这点令人耳目一新。

关于狗狗的意图，脑袋没说完的地方，尾巴会做补充。狗狗的一头一尾是镜子，作为人类经典的对照组，在与人类世界平行的媒介中传达着相同的信息。不过头和尾巴也可以像是真正的双头骆马一般，两端的敏感度不同。不愿在脸上嗅闻的狗狗可能会在臀部进行检查，反之亦然。狗狗要么会用尾巴，要么会用头告诉你他心里装着什么。

对于狗狗内心到底是什么样的这个问题，要是我能完全理解正确，反而会比我理解得完全错误更让我惊讶。要弄清狗狗的内心，更多的是要着手锻炼同理心、有见地的想象力和换位思考能力，而不是找出拍板式的结论。内格尔提出，要想对其他物种的经历做出客观的解释是永远不现实的。狗狗个体想法的隐私性一直呵护得完好。不过不妨试着想象一下狗狗是如何看待世界的——我们自己不要把狗狗拟人化，而要走进狗狗的内心世界。如果我们足够仔细地观察，足够巧妙地想象，那么，我们对狗狗内心世界极高的了解程度，可能会让自己的狗狗都感到惊异。

一见钟情

我走进门去，到来声唤醒了“粗黑麦面包”。我先是听到了她的声音：尾巴砰砰地撞在地板上；当她重重地站起来时，脚指头在地上抓挠着；当她尾巴顺着身长垂下向外摆动时，狗衣领标签叮叮当当地响。然后我看到了她：她的耳朵向后压，她的眼睛变得柔和；她似笑不笑。她向我小跑，头微微低下，耳朵竖起，尾巴摆动。当我向前伸手时，她轻声打了个招呼；我“哼”了一声。她湿润的鼻子刚好碰到我，她的胡须扫过我的脸。我在家了。

直到最近，狗狗才成为严肃的科学研究对象。有没有一种可能的解释：当你感性上已经知道答案时，便不会再去问问题了。我每天与“粗黑麦面包”重聚上两三次，这是一种平凡的喜悦。没有什么比这些简单的互动更自然的了：日常互动给人以舒心的感受，但也难怪就不迫切需要对此进行科学检验了。不妨细想一下我的右肘：它一直只是我身体的一部分，巧妙地介于我上臂和前臂之间发挥作用，这点我从不感到困惑，也不会去思考以后它可能长成啥样。

好吧，我应该重新考量下自己的肘部。因为在某些圈子中被称为“狗与人的纽带”的性质是特殊的。等待我回来的不仅仅是随便一只动物，也不仅仅是随便一只狗。他是一种非常特殊的动物——一种被驯化了的动物——也是一种特殊的狗——我与之建立了一种共生关系。

我们的互动形成了一曲只有我们知道特定步伐的舞蹈。两大要素——驯化和发展——使舞蹈成为可能。驯化奠定了共舞的基础，仪式则由人狗一起创造。不知不觉中我们就已经联系在一起了：在我们反思、分析人狗关系之前。

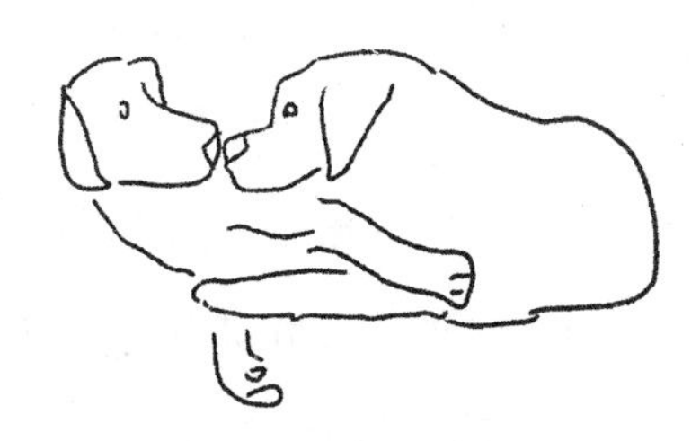

人类与狗狗的纽带本质上是动物间的纽带：因为一只个体动物与另一只交往并最终建立起了联系，动物生活得以成功。最初，动物之间的联系可能只维持了一次做爱那么久。但某个时刻，动物间的纽带遇上解剖学后，便向无数方向发展了：变成以抚养孩子为中心的长期配对；相互关联、生活在一起的个体组成的群体；为保护或陪伴或两者兼而有之的同性非交配动物的结合；甚至合作“邻国”之间的联盟。经典的“配对纽带”是对两只交配动物之间形成的关联的描述。即使是一个天真的观察者也可能认出结合在一起的动物：大多数结合在一起的动物会一起外出游荡。他们彼此关心，重逢时兴奋地互相打招呼。

结成对子的行为似乎不足为奇。毕竟我们人类花了很多时间在结成对子上，在维持和谈论当前结成的对子上，又或者试图从不明智的结对中解脱出来。但从进化的角度来看，人类与他人的联系并不明显。我们基因的目标是自我繁殖：正如社会生物学家所观察到的那样，这是一个生来自私的目标。干嘛费力和别人一块儿呢？关于自私的基因何以会愿意去在乎、去问候别的基因形式，其解释也被证明了是出于自私的目的：有性生殖增加了有益突变发生的机会。一个人自私的基因也会确保自我的性伴侣足够健康，能够承载住、培育出新的婴儿的基因。

听起来很牵强？人们已经发现了支持配偶融合的生物学机制。人类与伴侣互动时会释放两种激素，催产素和加压素（前者在生殖方面发挥作用，后者可平衡、调节体内水分）。两大激素在神经系统中发挥作用，大脑涉及快乐和奖励的区域中会发生变化。神经系统中的变化导致行为的变化：正因为与伴侣交往产生的感觉很好，人类也就大受鼓励。在研究人员研究的类似老鼠的小型草原田鼠中，加压素似乎对多巴胺系统是起作用的，这就使得雄性田鼠非常关心他的配偶。因此，草原田鼠是一夫一妻制的，形成了持久的夫妻关系，父母双方都参与年幼田鼠的抚育。

不过以上配对发生在同一物种的成员之间，是种内配对。是什么使生物开始了跨物种的结合，导致我们现在和狗一起生活，和狗一起睡觉，为狗狗穿上毛衣？康拉德·洛伦茨是第一个描述此种人狗关系的人。19 世纪 60 年代，远在当前的神经科学时代到来之前，远在人类与宠物关系研讨会召开之前，他就简单地介绍了自己称之为“纽带”的东西。他将人与狗狗的联系用科学的语言定义为“客观可证明的相互依恋的行为模式”。换句话说，他重新定义了动物与动物之间的联系，不是通过互动的目标——比如交配（Konrad Lorenz）而是通过过程——比如同居，比如问候。互动可能是为了交配，但也可能是出于生存、工作的目的，可能是为了满足自己的同理心或是快乐。

康拉德·洛伦茨对人狗关系的重新聚焦，为人们把物种交配以外的结对视为真正纽带打开了大门——不管是同一物种的成员间还是两个物种之间。在犬类中，工作犬就是一个典型案例。比方说牧羊犬。牧羊犬在生命早期就与人类为他们制定的工作主题联系在了一起：牧羊。事实上，为了成为一位有用的“牧民”，牧羊犬必须在最初的几个月里与羊建立起联系。他们住在羊群里，羊进食的时候他们跟着吃，在羊睡的地方睡下。很小的时候，牧羊犬大脑就快速发育着；如果那一阶段没有遇到羊，他们就无法成为优秀的牧羊犬。所有的狼和狗，无论需不需要工作，都会经历社会发展的敏感时期。在幼犬期，他们会表现出对照顾者的偏好，寻找她，回应她的方式也与对其他人的方式不同，会以特殊的方式问候自己的照顾者。* 年幼动物这么做，是适应性的回应。

然而，在基于发展和基于陪伴建立的关系之间仍然存在很大的空隙。鉴于人类既不需要与狗交配，也不需要依赖狗狗活着，那么我们为什么要与狗狗建立纽带呢？

人狗相依

共同向彼此作出回应的感觉是怎样的呢？就是每次我们中的一个走近或看向另一个时，双方的行为都起了变化——彼此之间会产生一些反应。我会微笑着，看着她把目光转向我或是游离开；她尾巴扑哧扑哧地捶打着，我可以看到她耳朵和眼睛的轻微肌肉运动，那表示她

---

* 对于一只幼犬来说，这似乎是与新主人见面的好时机。令人惊讶的是，关于介绍狗狗与主人相见的时机应是何时，几乎没有什么好的科学依据。人类在决定何时收养狗狗时，往往会把一切因素考虑进来，唯独不考虑小狗与人见面的最佳年龄。许多州颁布了法律，禁止出售 8 周之前的幼犬，以防止身体上未成熟的动物被售出。饲养员在出售幼犬时则会盘算自己的利益。但是狗狗社会认知能力的形成需要他们具备生活经验。两周到四个月大的这段时间，狗狗特别愿意了解他者（任何物种）。在断奶之前（可能需要 6 到 10 周），则不应将狗狗从母亲身边带走，不过狗狗应与人类以及同窝出生的幼崽接触。

正付出注意力，且心情很愉悦。

我们不需要像羊一样被放牧；我们也不是天生要去牧羊的物种。正如我们之前所见，我们也不是天生的群体动物。那么，什么能够解释我们与狗狗的关系呢？狗狗的诸多特征使他们成为我们愿与之建立联系的理想“人”选。狗狗是昼行动物，当能被我们带着外出时，他们便做好了要醒过来的准备；当无法被我们带出去时，他们就睡着了。值得注意的是，土豚和獾虽然也是夜间活动动物，作为宠物就很少见了。狗狗的体型很好，不同品种之间有足够大的差异，以适应不同的规范：体型小的小到人可以把他从地上捡起，大的大到可以作为个体被认真对待。狗狗的身体也是人类所熟悉的，他们有与我们人类相匹配的部位——眼睛、腹部、腿——即便是和人类有差异的部位，大多也能映射到与我们相匹配的地方——狗狗的前肢就像是我们的手臂，狗狗的嘴以及鼻子就类似于我们的手。*（尾巴是和我们人体不对等的部位，不过尾巴本身的存在就令人愉悦。）狗狗也是在或多或少地以我们人类移动的方式走动（假如人类移动速度更快些的话）：比起后退，他们更擅长前进；他们步伐放松，奔跑起来十分优雅。他们易于操控：我们可以让他们自己待很长一段时间；喂养狗狗并不复杂；狗狗是可接受训练的。狗狗试图读懂我们，而且他们自身具有可读性（即使我

---

* 我们通常会被至少某些方面看起来像我们的生物吸引。值得注意的是，并非所有动物都会被注入人的特质，都会吸收人的习性或是具有拟人化的特征：猴子和狗往往像是人一样，但鳗鱼和蝠鲼很少如此。人们从不说“那只藤壶就是喜欢同我还有我的船一起出去玩”这样拟人化藤壶的话。我们愿意拟人化猴子，而不拟人化藤壶，部分原因是进化学上来说猴子更贴近人类，部分原因是猴子之间的互动让我们想起了人类互动，一只小猴子用一只手拽着母亲的手指，很容易唤起人类对母亲和婴儿之间同样打动人的场景的记忆。相比之下，无论年轻的鳗鱼在滑向母亲时多么渴望接触，受制于没有四肢，我们没法将这一场景称为“感人”的一幕——甚至我们没法声称鳗鱼是在有意地这么做。

们经常误读他们）。狗狗有韧性，并且很可靠。他们的一生与我们的一生相合拍：他们将目睹我们一生的漫长弧线，也许从童年一直通往成年。一只宠物老鼠可能只活上 1 年——太短了，灰鹦鹉则是 60 年——又太长了；狗狗处在中间地带。

最后一点是，狗狗的可爱程度十分强烈。我这里“十分强烈”的意思，就是字面上的十分强烈：我们的身体本能地会对着小狗咕咕咕咕。我们在看到一只脑袋大大的，四肢小小的蠢萌小肉团时会本能地软化，我们宠爱塌塌的鼻子、毛茸茸的尾巴。有人提出，人类习惯于被具有夸张特征的生物所吸引——其中最典型的例子是人类婴儿。成人身体的各组成部分在婴儿身上得到了滑稽的扭曲：硕大的脑袋，矮矮胖胖、缩短的四肢，小小的手指和脚趾。我们大概已经进化到对婴儿有一种本能的兴趣并愿意帮助他们的程度了：没有年长之人的帮助，任何婴儿都无法独立生存。他们看上去如此无助，这种无助充满可爱。因此，那些具有新生儿（类似婴儿）特征的非人类动物可能会引起我们的注意和关心，因为这些是人类婴幼年的特征。狗狗一不小心符合了这点要求。他们的可爱是一半在于毛皮，一半在于幼稚，他们充分拥有这两者：头相于狗狗的身体来说太大了；耳朵又与它附着的头部大小不成比例；亮晶晶的圆眼睛十分饱满；鼻子要么过小要么过大，从不是正常鼻子的大小。

所有这些特征都关乎我们何以被狗狗吸引，不过这些特征并不能完全解释为什么我们会和狗狗连结在一起。这种连结是随着时间的推移而形成的——人狗连结不仅仅体现在两者外表上的相似处，还体现在我们的互动中。最宽泛的解释很简单：伍迪·艾伦（Woody Allen）在电影《安妮·霍尔》中饰演的角色说，“大夫，我哥们完了，自认是鸡。可医好了他，我可就没蛋吃了。”正如人物所言，我们需要鸡蛋。

电影中的哥们非常离谱，居然觉得自己是只鸡。当然，家人可以让他纠正这种错觉，不过他们对他精神疾病带来的富含蛋白质的战利品太满意了。换句话说，答案就是没有答案：结合是我们的天性。* 在我们人类当中进化起来的狗狗也是如此。

放到更科学的层面来看狗狗和人类之间的结合是如何形成的这一问题，可以以两种方式回答：在行为学中分别被称为“近因”解释和“终极因”解释。“终极因”的解释是从进化的角度出发：为什么像与他人建立联系这样的行为会发生？最佳答案是，我们和狗狗（包括狗的祖先）都是社会性动物，我们是社会性的，因为事实证明社会性给我们带来了好处。例如，一种流行的理论是，人类的社会性允许角色分配，使他们能够更有效地狩猎。我们的祖先在狩猎方面的成功使他们生存下来、繁荣壮大，而那些靠自己坚持下去的可怜的尼安德特人却没有。对于狼来说，留在社会家庭群体中也便于合作捕捉大型猎物，便于同伴侣交配，在饲养幼崽方面也能提供帮助。

我们有可能与任何其他的社会性动物进行社交；但值得注意的是，我们不会与猫鼬、蚂蚁或海狸建立联系。为了解释我们对狗的特殊选择，我们必须看得更贴近。一种“近因”解释着眼于局部：行为产生了什么样的直接影响，这一影响如何强化行为本身，或者如何奖励了行为产生者。对于动物来说，强化、奖励，可以是狩猎之后的一顿餐食，也可以是热情洋溢、精力充沛地求偶后的一场交配。

---

* 爱德华·威尔逊（Edward Wilson）是一位对人类种群做出惊为天人的详细研究的博物学家、社会生物学家。他提出我们有一种与生俱来的、物种典型具备的与其他动物交往的倾向：这就是所谓的“亲生物假设”。这个概念很有吸引力，也引发了很多争论。值得注意的是，要反驳这样的假设是很困难的。无论如何，我认为这是科学家在从科学的角度阐发伍迪·艾伦的行为。

正是在这方面，狗狗将自己与别的社会动物区分开来。我们通过三种基本的行为方式来维持与狗的联系，并从中获得回报。首先是接触：动物的接触远远超出了皮肤神经的单纯刺激。第二是问候仪式：这种相遇时的庆祝是对彼此的一种承认、认可。第三是掌握时机：我们彼此间互动进展的快慢是决定互动成功还是失败的因素之一。这三大要素结合在一起，将我们和狗狗不可逆转地结合在一起。

亲切触摸

我俩倒不是真的感到舒服，但我们都没有动。他在我的膝头，在我大腿上趴着。他的腿已有点长了，垂在椅子边上。他把下巴靠在我右臂的肘弯处，头猛地向上倾斜，就为了和我保持肢体接触。要想打字，我就必须用力将被狗狗困住的手臂挪到桌面上方的键盘上。只有我的手指能够自由移动，身体都摇摇晃晃地倾斜着。我们都在努力抓着彼此不放，不让我们那层相互接触的薄纱掉落。薄纱诉说着我们的命运将会交织在一起——或者，它们已经交织在一起了。

我们给他起名叫芬尼根。他是我们在当地的一家避难所里找到的，在几十个笼子中的一个笼子里，在十几间房间中的一间房间里。所有房间都装满了我们可以轻易带回家的狗狗。我记得自己心下明白即将把芬尼根带回去的那一瞬间。他偏转过身体。在他笼子的外面，在允许携带细菌的人与生病的狗狗接触的台面上，他摇着尾巴，耳朵贴在小脸上嗡嗡作响，他一阵长时间地咳嗽，处在桌子的高度，靠着我胸膛咳嗽，把脸塞进我的胳肢窝。嗯，好啊，就是你了。

通常是人与动物间的接触吸引着我们去亲近动物。我们的触觉是机械的、物质与物质之间的：触觉与我们其他感官能力不同，可以说它更大程度地依赖于主观体验。人类的触觉取决于环境和刺激，皮肤中游离的神经末梢接收到的刺激可能意味着搔痒、爱抚、痛苦、无法忍受或者是压根没被注意到的感觉。要是我们分心了，原本会觉得烧伤般的痛苦可能就成了一种微不足道的刺激。如果抚摸你的是一只你不想被其抚摸的手，那这种抚摸就从爱抚变成了猥亵。

然而，在我们当前的语境中，“触摸”或“接触”只是擦除了分隔物体的间隙。宠物动物园的出现是为了满足人类与围栏另一边动物互动的冲动。人类不仅想通过看的方式与它们互动，还想通过触摸与它们互动。如果动物也回应起我们的接触那就更好了——比如它们用温暖的舌头或是磨损的牙齿抓住你伸出的双手中的食物。当我带着我的狗狗走路时，街上向我走来的孩子甚至成年人都没有纯粹看狗的意愿，他们不想看她摇晃尾巴，也不想对着狗狗冥想——他们想抚摸我的狗：触摸她。事实上，哪怕是粗略地摩擦两下，许多人就对这种互动十分满意了。即使是短暂的触摸，也足以放大自己与狗狗已建立起联系了的感觉。

偶尔你会察觉到自己裸露在床尾的脚趾被舔舐着……

狗和人类都有这种与生俱来的接触冲动。母婴之间的接触是自然的：出于对食物的需求，婴儿被妈妈的乳房吸引。从那时起，被妈妈抱着就是天然的安慰。一个缺乏照顾者的孩子，无论男孩还是女孩，都会发育异常。要是以实验方式测试这种异常就不人道了。不管是否不人道，19 世纪 50 年代一位名叫哈里・哈洛（Harry Harlow）的心理学家已设计过现已臭名昭著的一系列实验，测试母体接触的重要性。他把刚出生的恒河猴从母亲身边带走，孤立出来抚养。一些猴子在围栏里有两个“代育母亲”可供选择：一个是用布盖着、铁丝制成框架、塞满填充物并用灯泡加热着的猴子大小的玩偶；另一只是带着瓶牛奶、裸露着铁丝的猴子大小的玩偶。哈洛首先发现的是，小猴子几乎所有的时间都挤在布娃娃妈妈身边，不时冲向实际由铁丝制成的妈妈要她喂食。当小猴子被暴露于可怕的物品——哈洛放在笼中制造恶魔般噪声的机器人装置时，猴子们会撕扯起布妈妈。他们迫切希望与一个温暖的身体接触——被从她身边移走了的那具温暖身体的接触。*

哈洛长期研究后发现，这些被孤立了的猴子在身体发育上相对正常，但在社交上却异常。他们不能与别的猴子很好地互动：当另一只小猴子被关进笼子时，它们会极度害怕，蜷缩进角落里。社交互动和个体接触不单单是一种需求，还是正常发展所必需的。几个月后，哈洛试图让那些早期孤立致畸的猴子康复。他发现最好的治疗方法是让被孤立的猴子定期与年轻的正常猴子接触，他称之为“治疗猴”。“治疗猴”帮助被孤立的一些猴子恢复成了更正常的社会角色。

当我们看着视力有限、行动不便的婴儿试图依偎在他母亲身上，脑袋四处摇晃着寻找触摸，我们所看到的，正是新生幼犬的样子。狗狗生来就处在又聋又瞎的状态，天生就有与母亲和兄弟姐妹，甚至是附近任何固体物挤在一起的本能。行为学家迈克尔·福克斯（Michael Fox）将小狗的头部描述为“热触觉传感器”，它会作半圆形的晃动，直到接触到某物。通过接触，狗狗开启了欣然接受触摸、享受触摸的社会行为生活。据估计，狼每小时至少会互相接触 6 次。它们舔对方

---

* 在对幼犬的研究中，研究人员发现，如果给他们一条毛巾或一只毛绒玩具（如一只塞了填充物的蓝色小羊），那些因与母亲和同窝幼崽分离而感到痛苦的崽崽发出的声音会有所减少。如果从这当中能获取什么知识，那就是熟悉的柔软物体可以发挥药膏的功效（因此，在儿童中泰迪熊很有力量）；事实上，这样的物品可能会减少狗狗独自留在家里时可能表现出的些许不安。

的皮毛、生殖器、嘴巴和伤口。鼻子去接触对方的鼻子、身体或尾巴；它们也会用鼻子蹭枪口或是毛皮。即使在激烈的活动中，它们也倾向于相互触摸，这与许多其他物种不同。其他物种涉及的接触通常是：推、上嘴按住对方，咬身体或腿，用嘴抓住对方的口鼻或头。

为了靠近我们，狗狗幼时的本能化作了一种驱动力。他会把头埋到我们熟睡的身体下，或者把脑袋靠在我们身上。我们走路时推挤我们一把；轻咬我们，或把我们身上舔干。我们似乎会并不偶然地见到狗狗全速冲向附近观察着他的主人。他对这种竞速比赛乐此不疲，将主人用作划定自己运动场的活保险杠。反过来，狗狗也会被我们抚摸。这是他们无限的功劳。我们发现狗狗是可触摸的：就在悬垂的指尖下，他们毛茸茸的，软软的，常常一副萌态，于是就显得非常可爱。然而，人类触摸带给狗狗的体验可能并非我们想象的那样。孩子也许会用力揉狗狗的肚子；而我们伸手去拍狗狗的头——也不知道他们是想被狠狠地揉还是被拍拍头。事实上，几乎可以肯定的是，他们对周遭环境触觉上的体验与我们不同。

首先，知觉在一个人身体上的分布是不均匀的。皮肤不同位置的触觉分辨率不一样。我们可以在颈背处检测到相距 1 厘米的两根手指，但是如果将手指向下移动到背部，我们会感觉它们仿佛正在触摸身上的同一个点。动物的触摸分辨率也可能类似于人类：我们以为的轻柔地拍对他们来说可能几乎无法察觉，又可能很痛苦。

其次，狗狗的体细胞图与我们的体细胞图不一样：人身体上最敏感或者说最有意义的部位放到狗狗身上是不一样的。正如从前面提到的许多夹杂侵犯意味的接触动作中所见，若是抓住狗狗的头或口鼻——这是天真的爱狗者往往会伸手去抓的第一个部位——狗狗可能会觉得这举动具有攻击性。这类似于母亲对不守规矩的幼崽所做的事情，或者一只年长的首领狼对他的狼群中的成员所做的事情。还有狗狗的胡须（触须），如同所有毛发一样，狗的胡须末端有对压力敏感的感受器。胡须受体在检测面部周围的移动或是附近气流的运动中扮演着尤为重要的角色。如果你靠狗狗足够近，近到能看见狗狗嘴角的胡须，那么一旦狗狗感受到攻击性，你可能会注意到他的须发在发亮（在这种情况下，离得太近可能是不可取的）。拉尾巴对狗狗而言是一种挑衅，不过通常是为了玩耍，而不是侵略性质的挑衅——除非你拽着不放手。触摸狗狗下腹部可能会促使他们感到性快感。要是另一只狗狗骑在他背上，那所做的可就不仅仅是让他露出肚子这么简单了：狗狗让狗妈妈为自己清洁生殖器时，会采取相同的姿势。要是太用力地揉搓对方肚皮，你可能会发现自己被狗狗尿了一身。

最后，就像我们有高度敏感的区域——舌尖和手指一样——狗狗也有这些区域。有物种层面的原因——没有人喜欢有人用手指戳进自己眼睛里——还有个体层面的原因——我可能脚板底很怕痒，而你脚板底一点也不敏感。你可以轻松地进行触觉测量，绘制出自己狗狗的身体。不同的狗狗不仅喜欢和禁止你触摸的地方不同，你与他接触的方式也需要注意。在狗狗的世界里，反复的触摸不同于持续的压力。由于触摸是用来传达信息的，因此将一只手放在狗身上的同一地方可以传达同样的信息。同时，一些狗狗喜欢全身接触，尤其是幼犬，尤其是当他自己是接触的发起者时。狗狗经常找个好最大限度地保持彼此身体接触的地方躺下，躺着对狗狗来说可能是一种安全的姿势，尤其是完全依赖他人照顾的小狗。你在全身感到舒适的轻微挤压时，会确信自己身体是健康的。

很难想象我们明明认识这只狗却不去触碰他，也不被他触碰。狗狗用鼻子轻推你，你会感到一种无与伦比的乐趣。

初见

我在与“粗黑麦面包”的早期生活中，得到了一份全职工作，而她“收获”了典型的分离焦虑病症。早晨，当我散完步准备离开家时，她便开始呜咽，从一个房间到另一个房间地跟着我，最后，还呕吐了。我咨询过动物培训师，他们给了我非常合理的指导，以减轻她在分离时感到的压力。我遵循了所有已知的常识性程序，不久之后，“粗黑麦面包”便恢复了健康的身心状态。但是有一句格言我没有遵循。他们建议不要将主人的离开和后来的回归仪式化；即不要庆祝你和狗狗的重逢。我拒绝了。她抽着鼻子，拖着鼻音同我打招呼，我俩摊在地板上庆祝团聚，真是太美妙了，我们没法对彼此放手。

洛伦茨将动物分别后重逢的问候称为“重定向的绥靖仪式”。在自己的巢穴或领地中突然看到其他人时感到些许紧张的兴奋，这兴奋可能会导致两种不同的结果：对潜在陌生人的攻击，或者将兴奋重定向到问候中。洛伦茨认为在攻击和问候这两者之间只是细微地改变或是增加了些许要素，差别几乎可以忽略不计。他广泛研究的鸟类中有一种叫做野鸭。两只鸭子相遇时会进行有节奏的“仪式性的来回运动”，这行为可能会发展成攻击，不过当中叫德雷克的雄性野鸭，抬起头，扭到一边去了。这一系列举动引发了野鸭间相互“搔首弄姿”一番的仪式，仪式结束它们相互间的问候也就完成了：又一场战斗被压制住了。

人类之间的问候也同样被仪式化。我们看着对方的眼睛，互相挥手，拥抱或亲吻上一次、两次或三次——取决于这人来自哪个国家。这些都可能是看到别人时那种不确定感的重新定向。更重要的是，我们可能会微笑或轻笑。洛伦茨提出，没有什么比笑声更能让人安心的了。这种突发的噪声最普遍的情况下肯定是在表达喜悦，但它也可能是典型的受到惊吓爆发出来的声音，人们把惊吓的感觉重新定向为高兴或惊讶（与狗狗在粗暴的游戏情境中发出的笑声并无不同）。

以洛伦茨的方式将兴奋转化为问候仪式之后，人和动物可能会在问候语中添加其他成分。狼和狗就会。狼与狼、狗与狗之间的问候，以及所有社交犬科动物之间的问候，都是相似的。在野外，当父母回到巢穴时，幼崽会"围攻"他们，疯狂扑向他们的嘴巴，希望父母能把吃掉的猎物吐出来。幼崽舔舐爸爸妈妈的嘴唇、胡须和嘴巴，摆出顺从的姿势，疯狂地摇晃着尾巴。

正如我们所看到的，许多主人会兴高采烈地把"舔脸"形容为"亲吻"。其实你的狗狗只是在企图让你反刍。如果狗狗的"亲吻"实际上能促使你吐出自己的午餐，那他永远不会不高兴这么做。要是缺少激动人心的"问候"方式和持续的、充满活力的接触，狗狗对你的问候便是不完整的。狗狗会在听到你的到来时竖起耳朵，平放在头上，以顺从的姿态略微下垂。狗狗会把嘴唇往后拉，垂下眼睑：要是放到人类中，这可是真正的微笑的标志。狗狗剧烈地摇晃着，或者用尾巴的尖尖抵住地面，疯狂地发出节奏。两种摇摆都包含着狗狗抑制住所有兴奋，为了靠近你而跑动的能量。他可能会高兴地嘟嘟囔囔或者尖叫。成年狼则每天嚎叫：在狼群中，齐声嚎叫可能有助于协调他们的团体旅行，加强他们彼此间的依恋。同样，如果你用尖叫声和语言上打招呼来迎接狗狗，你的狗可能会以大叫回报你。他一举一动间都在尽情呼吸着，都在流露对你的认可。

如果只是单纯的问候和接触，我们可能会期待一群猴子与狼互动，兔子与土拨鼠同居。它们在婴儿期都需要与其他生命接触。甚至蚂蚁也会欢迎回家的蚂蚁到巢穴里来。我想，抛开动物间产生掠夺的问题（这是个很大的问题），以上情景是有可能存在的。一只名叫扣扣的大猩猩，在人类家庭中被教导使用手语交流。它逐渐长大，还拥有了自己的宠物小猫。我们不再像少数动物那样凭本能行事。但是还有一个方面使人与狗的结合变得独特：时机的把控。把人和狗放在一起行动，效果非常好。

与狗共舞

一次长途步行中，“粗黑麦面包”待在我附近，不过倒不会靠得过于近。如果我叫她过来，她就会开足马达扑过来，之后停在我身边。她喜欢与我间隔一步之遥。然而，当我们共同走在小路上，而她位于我前面时，她便会不断检查我还在不在——隔一会就回头看看我在哪儿。她只需要把头稍微转过来就可以看到我，把脑袋从常规的向下观察地面的投射中抬起。如果我落后了，她会一路转身，竖起耳朵，一心一意地等我。哦，我喜欢她摆出这种召唤我的姿势：当我靠近她时，我可能会提一丢丢速，以提示她做出鞠躬的动作或者旋转下后腿，摆出自己是在小跑着带领我俩走路的模样。

第二天，她学会了猛然地咬上一口。我来回抓拍她的身影。

狗狗虽然不会合作狩猎，但他们具备合作性。看看城市街道上拴着狗的“双人组”便知。尽管狗与人个别小小的转向不同，但他们整体以精湛的同步舞蹈一起旅行着。工作犬接受训练，以此提升对这一舞蹈的敏感性。盲人和导盲犬轮流移动，互相成就。

狗狗按照我们的速度生活，这对人狗间的契合帮助很大。一只家鼠在休息时每分钟心跳400次，也就总是匆匆忙忙；一只蜱虫可以在假死状态中待上1个月、1年或18年，才会散发出丁酸的气味；狗狗的身体机能更符合我们的节奏。虽然我们比狗狗长寿，但狗狗以自己的生命历程陪伴家里的一代人。他们行动的速度与我们足够接近——就算比我们快也只快上了那么一丁点——我们能够辨别他们的动作，想象他们的意图。他们敏捷地响应我们的行动，同我们共舞。

一只小狗最初对皮带感到迟疑不决，不休不饶地拉扯它，或者压根意识不到皮带被拴在了自己的身上。当他把皮带拉向人行道上飘扬着的那份非常吸引自己的报纸时，也意识不到皮带的另一端还连着主人你呢。然而，在很短的时间内，幼犬就学会了成为一名具有高度合作性的步行伙伴，以与人类大致相同的速度行走，并且经常与主人同步。他们去匹配主人的行为，几乎是在模仿我们。反过来，我们无意识地模仿我们的模仿者。在行为学中，这被称为“等位基因行为”，它与动物之间良好社会关系的发展和维持有关。更重要的是，小狗已经了解了你重复迈步行为的顺序，这些行为构成了散步。他会去期待这一系列行为。不久之后，他就摸清了步行的一系列步骤、通往公园的路线上的拐角、皮带松开处、抛出球的地方。他预见了长途跋涉的转弯点以及短途的转弯点；并且知道如何闪避后者。似乎有些狗甚至确切地知道皮带的参数——他们明白皮带可从我们的手伸出多远，而后他们就在这范围内“飞”来“飞”去，抓住一根树枝或嗅嗅一只路过的狗，而我们的步伐则没有中断。

一旦我们把他们从皮带上解下来，他们的舞蹈就会继续。我对完美步行的构想，偶尔会实现：让狗狗脱离牵引绳而不是被固定在自己身边，环绕着我大圈地跑动。我们在几英里内的平均前进速度或多或少是相同的。理想情况下，我们会遇上十来只其他狗。没有什么比看两只狗在一场喧闹“斗殴”中充分玩耍更能放松精神了：这将使我们在轮番行动的比赛中获得的乐趣扩展到充满活力的高速竞技的快乐。游戏规则包含信号、时机两大要素——类似于我们的会话规则。因此，我们可以与自己的狗狗进行游戏中的对话。

我开始了游戏。我靠近她躺着的地方，把“手”放在她的爪子上。她拉开了我的手——接着把她的爪子放到我的手里。我再次把手放在她的爪子上；这次更快了。她模仿起我来。我们像这样交换着放“爪”，放了若干次：我笑着打破了放爪的“咒语”，她向前伸出爪子，咧着嘴几乎要绽出笑容，舔起我的脸。让“粗黑麦面包”把“手”放在我的手上，给了我一种特殊的亲密感——她爪子的重量，手掌垫的摩擦，每一次抓挠我的感觉，都传递进我的掌心。“粗黑麦面包”和我的交流基本是基于这么个现实情况：她的爪子是她本身的附属物——我不会把她的爪子视为独立于手臂的手，除非她把自己的爪子当作一只同我的人手相对应的狗“手”。

让游戏变得有趣的元素很难确定，就像一个好笑的笑话拆分下来就没整体那么有意思了。尝试着让个机器人和你一起玩，你会感到它们似乎总是缺乏某种……逗弄你的感觉。几年前索尼开发了一款机械宠物“爱博”，它从设计上看像是一只狗——4 只爪子、尾巴、特有的头部形状等都具备狗的特征——表现得也像狗——会摇尾巴、吠叫、像是训练有素的狗一样执行简单的任务。要像狗一样玩耍是“爱博”做不到的。设计师希望它能够与人进行更有趣的互动。考虑到这一点，我研究了狗和人类是如何一起玩耍的：我研究他们是如何摔跤、追逐、投掷，还有取回球、树枝、绳索的。我观看着，给他们录像，然后将每个参与者的所有行为转录。接着我寻找在这场成功的跨物种游戏回合中贯穿始终的元素。我希望找到的是清晰的游戏和程序，可以在像“爱博”这样的狗玩具中建模的那种。我的发现更加简单有力：在每一场比赛中，玩家的行动很大程度上都取决于、基于、关联于对方的行为。彼此的行为为玩耍定好了节奏。

甚至在人类早期的社会交往中也很容易看到这种偶然性。两个月时，婴儿会配合母亲做出简单的动作，比如模仿妈妈的面部表情。在比赛中也会有运动协调反应，例如接球手要接住离开投球手之手的球。而投球这一瞬间只发生在录像的 5 帧（大约 1/6 秒）内。还有镜像反应——例如在被猛扑后做出反扑在比赛中是很普遍的。对时机的把控至关重要：狗狗要在另一个人可能做出反应的时间范围内对我们的动作做出反应。

例如，简简单单的抓球游戏就是一支召唤和响应的舞蹈。狗时刻准备着给予我们的行为回应，因此我们喜欢这个游戏。相比之下，猫咪根本不是有趣的玩伴。因为虽然实际上猫咪可能会给你拿东西过来，但它们只在自己有空的时候会这样，而不是在你规定的时间里为你拿东西。狗狗则会围着球与自己的主人进行一种交流，每只狗都是以两人对话的速度在做出反应：几秒钟就给反应，而不是几小时。狗狗的行为就像是非常具有合作性的人类行为。另一款人狗游戏就是简简单单地平行着进行一项活动：一起跑。在狗与狗之间的游戏中，常见到二狗平行。两只狗可能会模仿彼此张开嘴巴来回摆动的样子。通常一只狗会观察然后匹配另一只此前全神贯注做着的事情：挖洞、嚼树枝、叼球。狗狗这种与他人一起行动、主动匹配对方行为的能力可能来自他们的祖先狼，因为狼会一起合作捕猎。当一只狗狗突然跟上了你玩耍的节奏，会让你感觉自己突然与另一个物种产生了交流。

狗狗的反应在我们的体验中，是在表达人与狗之间的一种相互理解：我们一起散步、一起玩耍。研究人员研究了我们和狗狗互动的时程分配，发现它类似于一群异性陌生人之间调情，又类似于一场球赛中球员之间的互动：足球赛中的球员在球场上分别移动，感觉就像是在上演一场伟大的团队合作真人秀。隐藏的成对行为序列在人狗互动中重复着：一只狗狗在拿起一根棍子之前要看着主人的脸，一个人向外指，狗狗便会跟随这人指向的东西。这些序列是重复的，也是可靠的，所以我们开始产生这么一种感觉：随着时间的推移，我们共同履行起互动的契约。任意一个成对行为序列本身都不是深刻的，然而也不是随机的，累积到一起去，就形成了人狗之间的互动。

哪天工作日抽个午餐时间沿着曼哈顿中城的第五大道走，你会体验到作为人类一员既有挫败感又有乐趣。人行道上挤满了四处游荡、目瞪口呆的游客。上班族要么急着去吃午饭，争取在回公司前闲荡一把；一心要做生意的小贩摆脱执法人员蜂拥到街头。这景象令人敬畏，虽然你可能没兴趣加入他们。不过，在大多数的日子里，你可以以任何你想要的速度，轻轻松松地穿过人群。据推测，集体行走的人不会撞到彼此，因为我们的下一个步子即时就可预测且容易被预测。只需一眼就可以计算出迎面而来的人何时会到达自己身前。你不知不觉地巧妙转向以避开对方；对方对你也做了同样的事。这与鱼群没有什么不同（不过倒也没有像鱼群做得那么成功）。鱼群会突然一心一意地转身折回它来时的地方。我们是社会性动物，而社会性动物会协调下彼此之间的行动。狗所做的就是跨越物种的界线与我们相协调。拿起附近随便哪只狗的皮带，你会发现突然间你们就像老朋友一样地一起散起步来。

狗狗身上的三个元素：合作性、互动性、协调性消失时，人类所产生的各种感觉——轻微的背叛感、暂时断绝关系的感受，证实了这三大元素的重要地位。当主人想要触碰到狗狗而她将脑袋避开拒绝接触时，主人的疏远、分离之感油然而生。当游戏中轮到狗狗配合她却不干了，主人的挫败感是立马可见的：狗狗拒绝把球带回来，不去看主人抛出的球，不去追逐已经看到的抛出的球。当下达简单的命令“来！”后看不到狗狗跑过来，主人就会感到被背叛了。若是向你的狗狗靠近却看不到对方摇摆尾巴、耳朵平滑地贴着头部、露出肚子来等你抓挠，你会感到心都碎了。我们所认为顽固或不听话的狗是蔑视以上需求的狗。不过这些需求不管是对狗狗还是对我们来说都是自然的而非刻意的：一只不听话的狗与其说是蔑视规则，更有可能是根本没有意识到他正在被要求遵守某个规则。

纽带效应

我们与狗狗的纽带通过接触、同步行动增强，还有用问候仪式标记彼此的重聚来加强。我们也因这种纽带而强化了彼此之间的联系。简单地抚摸狗狗两下可以分分钟降低过度活跃的交感神经系统的兴奋性：缓解心跳加速、血压升高、出汗情况。当我们和狗狗在一起时，内啡肽（让我们感觉良好的激素）、催产素和催乳素（与社会依恋有关的激素）水平会上升。皮质醇（压力荷尔蒙）水平下降。有充分的理由相信，与狗狗一起生活提供了与降低各种疾病风险相关的社交支持，无论是心血管疾病、糖尿病还是肺炎，哪怕本已患上了这些疾病，我们也确实能拥有更高的康复率。在许多情况下，狗狗也会收到几乎相同的效果。人类的陪伴可以降低狗狗的皮质醇水平；抚摸可以让一颗疯狂跳动的心平静下来。对我们俩来说，人狗相伴是一种安慰剂，并不是说它不真实，而是在没有引起变化的已知媒介的情况下，诱发了我们身上的变化。与宠物建立联系可以达到长期服用处方药或接受认知行为疗法所产生的效果。当然，人宠纽带也可能出错：分离焦虑便是狗狗体会到强烈依恋以至于无法忍受片刻分离的结果。

人狗纽带带来的其他结果是什么？我们已经看到了他们对我们的了解——我们的气味，我们的健康，我们的情绪——不仅因为他们敏锐的感官，还因为他们对我们纯粹的熟悉。他们熟悉起我们通常的举止、气味，查看起我们日常生活的程序。当生活出现偏差的时候，他们能够以我们无法做到的方式多次注意到。纽带效应之所以有效，是因为狗狗尽他们所能充当着卓越的社交互动者。他们反应灵敏，而且至关重要的是，他们关注我们。

狗狗与我们的这种联系很深很深。正如狗狗和打哈欠的人类组成的简单实验所表明的那样，狗狗与我们的联系是出于本能的——基于反射作用形成。狗狗会打哈欠。就像人类之间那样，当受试的狗狗看到人类打哈欠，便会在接下来的几分钟内不受控制地打起哈欠来。黑猩猩是我们知道的唯一一种会传染哈欠的物种。花几分钟朝你自己的狗打哈欠（尽量不要冲狗狗瞪眼、傻笑或屈服于狗狗最终克制不住的抱怨），你就会亲眼看到人和狗之间根深蒂固的联系。

抛开狗狗打哈欠的奥秘不谈，科学也是有局限的，有解释不出的地方。科学界有意不去关注人与狗之间的关系带来的感觉，可对狗主人来说这可是人犬关系中最大的亮点。这种感觉是由人狗之间日常的确认和手势、协调完成的活动、共同的沉默组成的。科学这把钝黄油刀某种程度上可以将它解构，但它不能在实验环境中得到复制：重要的是这种感觉是非实验性的。实验者经常使用所谓的双盲程序来确保其数据的有效性。受试者总是看不到实验意图的，而在双盲实验中，实验者也对他正在分析的受试者的数据（来自实验组或对照组的数据）视而不见。通过这种方式，人们可以避免无意中将受试者的行为与测试假设更加紧密地联系在一起。

相比之下，狗与人的互动是愉快的。我们有一种感觉：确切地知道狗狗在做什么的感觉；狗狗也是。我们认为我们看到的不是什么优秀的科学层面的东西，而是有回报的互动层面的东西。

人狗纽带改变了我们。最根本的是，它几乎使得我们立刻成为了能与动物交流的人——与这只动物、这只狗。我们对狗狗的依恋很大一部分是因为我们喜欢被他们看见。狗狗的脑海里对我们有印象；他们的眼睛里映射着我们，他们的鼻子闻着我们的气味。他们了解我们，并深深地依附于我们。哲学家雅克·德里达（Jacques Derrida）认真思索了猫看到他赤身裸体后自己的心情：当时他既震惊又尴尬。对德里达来说，令他震惊的是从这只动物身上他看到了反射回来的自己的形象。当德里达看到他的猫时，他看到的是他的猫在看着赤裸裸的自己。

一日之计在于晨

“粗黑麦面包”改变了我的内心世界。和她一起走遍世界，看着她的反应，我开始想象起她的体验如何。我喜欢走在阴凉森林里狭窄的蜿蜒小径上，低矮的灌木和草丛点缀在两侧。一部分原因是我目睹了“粗黑麦面包”有多么享受走在上面：她当然喜欢树荫的凉爽，同时也喜欢这样的小道：一路上她可以不受限制地凑上去探索各种未知的领地，单纯冲着两侧散发出的香味停下。

我现在看到了城市街区、街区中的人行道以及建筑物，头脑中考虑着闻闻嗅嗅调查它们一番的可能性：不设栅栏、没有树木或缺乏景色变化的成片墙壁旁的人行道，被我划归为永远不想穿过的区域。我选择坐在公园的哪个位置——哪条长凳、哪块岩石上——取决于我身边的狗狗在哪个点可以获得最佳的全景嗅觉体验。“粗黑麦面包”喜欢开阔的大草坪——扑通扑通地钻进去，反复翻滚，无休止地嗅闻——以及高高的草丛或灌木丛——她会庄严地穿过其中。我开始喜欢起大片开阔的草坪和高高的草堆，期待她尽情享受其间。（尽管我依然难以琢磨透，她何以有这么大兴趣投身于看不见摸不着的气味中……）

我会更多地去闻这个世界。凉爽的天气里，我爱坐在外头。

我一天中的重要时段是早晨。一直以来早晨的重要性在于，如果我起得足够早，我和“粗黑麦面包”就可以在相对人烟稀少的公园或海滩上一起悠闲地散步。我仍然难以睡懒觉。

我意识到，她已然深深地内化成了我的一部分，甚至从她在我身边的那天算起的一年多以后，她依然陪在我身旁，把下巴搁在地上，最后一次愿意忍受下巴下方浓密卷发里头的痒痒。这些让我感到小小的欣慰。

把一只狗放我腿上坐着时，我觉得自己已经接近于完全成为狗了，鉴于我们对狗狗能力、经验和感知的了解。还有，现在我的身上已覆盖满了狗毛。

即使没有披上狗狗的皮毛，关于狗狗的科学知识也使我们更接近于理解、欣赏狗狗的行为：狗狗是如何从犬科动物的祖先身份中，从驯养过程中，从他们感官的灵敏度以及从对我们的敏感性中诞生。运气好的话，狗狗会进入你皮肤的深层，你会以狗狗的角度看狗狗。在此过程中有无数想法依托狗狗的内心世界产生，是它们与你的狗狗相关，解释了你狗狗的行为，让你在生活中对狗狗上心。

来一场“气味之旅”

我们大多数人会同意，我们和狗狗一起散步是为了狗狗。为了“粗黑麦面包”，我每个清晨都起得很早，抓住允许不拴狗皮带的机会去公园里享受一次散步；为了她，我白天回趟家和她一起绕着街区走；为了她，我在睡觉前给自己穿上了鞋，还梦游了，而且梦中游走时还以为自己是在同她散步。然而，遛狗通常不是为狗着想，而是奇奇怪怪地演绎了人类对散步的定义。我们想要享受时光，想要保持轻快的步伐，想往返邮局。人们拉着狗狗，扯动他们的皮带让狗鼻子远离气味，把自家狗狗从一旁有诱惑力的狗狗身边拖走，继续散步。

被拉扯的狗狗并不在乎是否能赶上时间。你反而要想一下你的狗狗想要的是怎样的散步。“粗黑麦面包”和我有多种散步形式。我们还有气味主题的散步，尽管在这个散步中我们毫无进展，但她吸入了数不清的迷人的紫色分子。有由“粗黑麦面包”选择路线的散步，我让她决定我们在每个十字路口走哪条路。还有蛇形的散步，我克制着自己，而不是她。她在皮带一端从我的左边转到右边，然后再转回来。在她年幼些的时候，当我偶尔同意停下来围着她转，就像她围着一只有趣的狗转一样，她就默许和我一起去跑步。当她长大后，甚至和我有了不用步行的“散步”：她躺在那里，纯粹地待在原地，直到准备好继续前进。

孺“狗”可教

用狗狗能理解的方式教给他你要他明白的东西：要明确你想他去做什么，你提问的内容也好方式也好要保持一致，他做对了的时候告诉他（直接地、经常地奖励他）。良好的训练源于对狗狗思想的理解——他如何感知，激励他的因素是什么。

要避免抱有经典观念的那些人常犯的错误：他们认为狗狗应做的就是坐下、保持住、服从。你的狗狗并不是生来就知道你到这里是干嘛来了。你必须明确地教给他，按小步骤来，当他真正弄明白了的时候奖励他。狗狗会适应来自你的微小暗示，当你叫他过来的时候以及你说“走开”时，你语气还有身体姿势传递的暗示可能是一样的。至于你要做出怎样具体而独特的要求，这取决于你。

训练狗狗可能需要很长时间，要有耐心。即使是“训练有素”的狗也会有叫不来的时候，此时人们往往会追赶着惩罚他——人们忘了，从狗的角度来看，惩罚与你的到来相关，而不是与他之前的不服从有关。这样的惩罚快速而有效地造成了这么个局面：你再呼唤他时，他可永远不过来了。

在狗狗学会了来到你这里后，可以抛出一个很好的观点，即普通狗需要掌握的命令很少。如果你们俩都享受你向他施教的过程，不妨教他更多。狗狗最需要学习的，是你的重要性——这是他生来就知道的。不能按命令“握手”的狗只不过更像是一只狗狗罢了。让狗狗弄清你不喜欢哪些行为，并做到始终不去强化他的这些行为就好。走近一只狗时，很少有人会称赞朝自己扑过来的狗狗——然而是我们自己心里头设定了这么个前提：保持住社交距离后可以和狗狗达成相互理解。是我们让自己（包括我们的身体和脸）离狗狗远远的，使他难以忍受的。

容许他的狗性

过阵子就让他偶尔地滚进管它什么东西的东西一次。忍受几段同他穿过泥坑的路程。如果可以的话，丢开皮带和他一起散步。不能不拴皮带遛狗时，也请永远别拉着他的脖子拖拽他。学会区分他的含住和咬住。准许互相靠近的狗狗互闻对方臀部。

抚狗思源

他为什么这样做？这个问题我几乎每天都被问到。很多时候或许我唯一的答案是，并非狗狗的每一个行为背后都有其解释。有时，当一只狗突然扑倒在地上看着你时，他只是躺着看——仅此而已。并不是每一个行为都一定意味着什么。至于那些有意义的行为，应该通过思考你狗狗的自然史来做出解释——狗狗作为一只动物、一只犬科动物、一个特定品种的历史。

狗狗的品种，很要紧：会去盯着不可见的猎物或是慢慢跟踪其他狗的狗狗，可能会向牧民表现出非常好的“侦察”行为能力。当一个人离开房间时会感到委屈的狗狗，又或者当遇到人在走廊上徘徊时咬住对方脚后跟的狗狗，也是其特定的品种在发挥作用。有的狗狗在灌木丛中行进时会突然冻结住，你不得不减缓步行速度，这其实是非常好的指向性行为。接不到任务的育种狗可能会出现激动、不安、紧张的情绪：他成了一个漂泊者，没有明确地被驱使做出任何行动。给他一些事儿做吧。这就是“抛球”游戏背后的伟大科学：一只猎犬单纯地因为这么做而高兴，不厌其烦，一遍又一遍。他正在发挥他的能力。另一方面，如果你的狗狗鼻子短而且呼吸困难，就不要以为他可以和你一起跑动。同样是这只狗，由于他近中心视力的缘故，可能对抓取游戏并不感冒，然而具有宽广视野的视觉型猎犬可能只关心抓取游戏。为你的狗狗创设情境让他发挥出与生俱来的倾向——让不时盯着灌木丛的他纵情一把。

狗狗的动物性，很要紧：你要适应你狗狗的能力，而不是简单地期望他适应我们头脑中“狗狗应该如何做一只狗”的奇怪观念。我们希望自己的狗狗跟着自己——我见到过狗主人在他们的狗狗不跟从自己时变得愤怒——可是狗狗可能或多或少地倾向于靠近自己的社交伙伴，与他们步调一致。猎犬就会这样，运动品种的狗狗可能不会（不过两者都会密切关注你这个狗主人就是了）。此外，大多数狗会有惯用

“手”——惯用爪——所以，正如一切训练班让我们所做的那样，当我们把他们分流到左边时，有的狗狗可能比其他狗狗蒙受更大的困扰（因为狗狗心中的好气味都在右边，走在左侧不可避免地使他感到挫败）。我们根本不知道狗狗的本性，而在非必要的情况下惩罚一只狗，这行径是可耻的。并非每只狗都需要以同样的方式训练他尾随你：训练的要义一是安全，二是可控。

狗狗的本真，很要紧：你的狗狗是一种社交动物，所以在他一生的大部分时间里，不要让狗狗一个人待着。

别让他闷坏了

了解你狗狗能力和兴趣的最佳方法之一，就是提供许多他可能与之互动的事物。顺着地面，在狗鼻子前摆动一根绳子；把零食藏在鞋盒里；或投资市场上的多种创意狗玩具。让狗狗拥有丰富的物品库，去挖洞、闻嗅、咀嚼、摆动、摇晃、追逐或是观察，这样不但会让你的狗狗兴趣盎然——还能阻止他从你的财产中找到自己可挖洞、可咀嚼的物品。到了外头，敏捷性训练或者一些模拟障碍课程靶向明确——可吸引众多更加精力充沛而又动力十足的狗狗。其实，只要编织出一条充满气味的小路，或是田野里还未触及的领域，就可以激发狗狗的兴趣了。

狗狗既喜欢熟悉的事物，也热爱新的事物。在安全的、自己熟悉的地方收到新玩具、新零食，狗狗产生的幸福感是新奇的。新事物也可以治愈无聊：因为它需要狗狗付出注意力，展开“寻宝”游戏。把食物藏起来紧接着搜寻一番就是例子：狗狗定要四处移动着探索空间，鼻子、爪子和嘴巴并用。你只需要看着一只敏捷的狗狗全程是多么兴高采烈，就知道这个新奇玩意儿有多好了。

和他玩耍

在年轻的时候，甚至在他们的一生中，狗狗都在不断地了解这个世界，就像正在发育的孩子一样。能让孩子们心灵为之狂欢的游戏对狗狗来说也一样。当狗狗正学习着隐形位移的概念，明白了你再也看不到的物体仍然存在着时，躲猫猫——躲在拐角处或毯子下面，而不是躲在自己手背后面，尤其有趣。在将事物进行联系的能力上，狗狗感知能力敏锐，基于这点你可以玩一玩晚餐前按铃的游戏。曾获诺贝尔奖的俄罗斯生理学家伊万·巴甫洛夫（Ivan Pavlov）发现，晚餐前按下铃，狗狗便会期待起晚餐。你可以把铃铛——或喇叭、口哨、口琴、福音音乐（基督教音乐中的一种流派），几乎一切声响——不仅可与食物联系起来，还可与尚未到达的人、主人洗澡时间联系在一起。你大可串起一根关于事物间关联的琴弦，并将狗狗的行为视为这一根琴弦上添置的装饰物。玩一玩模仿游戏，模仿你狗狗的行为：在床上跳、大叫、用爪子在空气中一通抓。注意下你狗狗目前的技能，并尝试扩展他的技能。如果狗狗好像能区分“走”和“球”了。那就开始使用发音上差异更为微妙的词：“寻气味的走”和“蓝色的球”、“夜晚气味游”和“蓝色咯吱球”。无论你的狗狗多大年龄，都可以像狗一般地同你的狗狗玩耍。选好你的游戏开始信号——将手拍在地上，凑近他的脸模仿他喘气，然后跑开，回头看他——接着开始游戏。狗狗如何用自己的嘴，你就如何用你的手。抓头、抓腿、抓尾巴、抓小腹，给他一个好玩儿的玩具让他抓着或者让他咬。注意哈，跟着狗狗玩耍，你自己可能也长出尾巴来，一同摇摆起来了。

审视他

留意到你家狗狗看似隐形其实有形的特征可以带来很多乐趣：我们通常所看到的狗狗的特质正展现在我们面前。注意到你的狗拿来吸引你注意力的各种创造性方法后，这一刻我们明白了狗狗对人们、对我们的注意力有多么上心。他吠叫吗，还是嘶叫？他是惆怅地看着你，还是大声叹气？他是不是在你和门之间来回走动？把他的头放在你的腿上？从中找出你喜欢的他们对待你的方式，给予回应；至于其余的，随它们自然消失就好。

留神你的狗狗是如何使用眼睛的；他的鼻子如何发狂；他的耳朵又是如何向后折叠、竖起，然后转动着朝向远处的犬吠声。注意他发出的一切声音，以及他注意到的所有声音。甚至狗狗的移动方式这么个如此熟悉的动作，亦可使他在远处就能被认出来。及至近处，你可对他转换为更仔细的观察：他用的是什么步态？中型犬能够迈着经典的大步子向前，身体一侧的后脚慢慢地追着前脚着地，呈对角线的爪子几乎同步移动。他稍微快点小跑着，对角线的腿现在并排了，偶尔觉察到自己四只爪子里头只有一只是完全着地的。短腿狗狗的步态处于小跑和步行之间：斗牛犬是典例，前重脚轻，站姿宽阔，走路时后端滚动着。

长腿狗在疾驰方面表现得更出色。格力犬的两只后脚可先于两只前脚接触地面，狗身在伸展、空中升降和回弹之间交替切换。在奔跑中，大多数狗狗前腿的第 5 个脚趾状指头——悬爪（退化的狼爪）——起到稳定和杠杆作用。狗狗在疾驰过后，你可能会发现通常干净的悬爪下面沾着一团泥。玩具尺寸的狗狗半弯着腰，两条后腿同时向前，不过前脚跟分开。其他狗则踱步，左腿向前移动，一下子落下，右腿紧随其后。你试图追踪狗狗步态的复杂性，深深沉醉其中。

偷看他

要了解在你不在家的日子里狗狗是什么样子的，请务必将其录下来。我从“粗黑麦面包”身上获得的独特乐趣之一是看她在没有我的情况下表演。虽然录有她几个小时的视频，但我很少打开相机正对着她。我只是在她没指望我这号人出现的时候——比如一个朋友正带她出去，我不宣而回——我才能看到她在没有我的情况下继续好好地生活着。

你不在的日子里，狗狗的日常景象蔚为壮观。若是要离开上一天，你可以在家中放好录像带，重现这种奇观。我推荐这种“窥听窥视”的方式不是因为它可靠地展示了狗狗创造的奇观——并没有——而是因为，它可以让你在自己不在的情况下看看你家狗狗的生活。通过一分钟一分钟地观看一天中稍后发生的片段，你将更充分地了解狗狗的一天可能是什么样的。

于“窥听窥视”中，我目睹了“粗黑麦面包”的独立性，不仅摆脱了“粗黑麦面包”回头找我核实的麻烦，而且省掉了把她所有行为审查一遍的麻烦。她在没有我的情况下也能活得很好。我在书店里磨磨蹭蹭几个小时，跑了一段超长的路程，去别处吃晚饭，然后又到另一个地方喝酒。“粗黑麦面包”的表现既让我感到放心，又让我心怀谦逊。我很高兴她一个人度过了这一天，但有时我会感到困惑，我竟曾完完全全地离开过她。

大多数狗狗整天都是单独待着，无事可做，期望我们回来，接着按照我们的意愿行事。所以当我们不在的情况下，他们实际做出什么来时，让我们感到惊讶又恐惧！狗狗忍受着人狗分离（以及更糟糕的，来自人类的误解和忽视），这几乎内化成了他们身体里中的一部分。我们可以，并且确实是在逃离该受到的谴责。可是狗狗是活生生的个体啊，正是由于这个原因，他们需要——也值得——人类更多地关注他们的环境，他们的经历，他们的意见。

不天天洗澡

但凡你能忍受，就让狗狗闻起来像狗好了。有些狗狗甚至会因经常洗澡而出现皮肤溃疡，疼痛不已。没有狗愿意自己闻起来像是里头泡了只狗的浴缸。

听懂狗诉说

就像扑克牌新手玩家一样，狗狗会通过一举一动来做出所谓的“暗示”——他们的意图，他们“手里的牌”——你只要去看，就能看出来。狗狗面部、头部、身体和尾部的配置都是有意义的，除去狗狗尾巴可以摇、嘴巴会叫之外，还有更多的原因，那就是狗一次可以表达不止一件事。一只在用尾巴扇动天空的吠犬并不是要“即刻发出攻击”，而更多的是好奇、警觉、不确定——且感兴趣。你熟悉的狗狗看护球时咆哮声展示出的侵略性，则会被其尾巴在低处的疯狂摇晃中和掉。鉴于对所有的犬科动物来说，目光接触、凝视都有着显著地位，所以，你可以从狗狗的眼睛中获得一只未知狗狗的很多信息。持续的目光接触可能具有威胁性：不要通过不停地凝视来接近狗，他可能会当作你是在盯着他看。如果他正盯着你看，你可以稍微转过身去，转移他的视线，中断眼神交流。当他们感到紧张时，他们也会这样做的：把头转向一边，或者打哈欠，或突然对地面上的气味产生兴趣，来分散自己的注意力。如果你认为自己收到了狗狗威胁性的目光，可以通过寻找他身体上伴随着目光发生的变化来确认这点：狗狗是否竖起了毛、耳朵、尾巴，是否身体冻结住了。若是舌头往外舔，仰头向空中凝视，那比起攻击性，更多的是可爱。

友好地抚触

虽然他们看上去几乎都可以被抚摸，但并不是每只狗都喜欢被抚摸。要留意这点不仅是出于礼貌，有时也是必要的：一只害怕的或正生着病的狗可能会对触摸做出攻击性的反应。狗狗对抚摸的敏感度存在很大的个体差异，他们当前是否有兴趣接受抚摸，会于健康状况、幸福状态和过去的经历中发生改变。

人类正确的触摸带给大多数狗狗一种平静、亲密的体验。轻触能微微刺激到狗狗，使其兴奋；有力的手会让狗狗感到放松；过于有力的手则可能就带给狗狗压迫感了。他们，还有你，可以通过从头部到臀部的稳定、连续的抚摸，或者通过有效的深层肌肉按摩来让身体平静下来。观察你狗狗的反应，找到他喜欢被触摸的区域。也让他反过来触碰你。

混种狗 vs 纯种狗，孰优孰劣？

如果你还没有养狗狗，或者正准备再养一只狗狗，那我只为你准备一个品种的狗：无品种狗，也就是，混种狗。有关收容所的狗，尤其是混种狗会不如纯种狗好又或混种狗不太可靠的说法，不仅是错误的，而且完全是落后的：混种狗比纯种狗要更健康，更不焦虑，寿命更长。当你购买一只人工繁育的狗时，不管饲养员跟你说什么，总之你根本就不是在购买一只一成不变、可保证以某种方式行动的物品。你可能会得到一只固执地有着压倒一切癖好的狗，他天生就是要接受培养，获得一种技能，哪怕他和你一起生活时可能永远没机会派上用场（尽管如此，他看起来仍然非常像狗）。另一方面，混种狗的繁育特征是被稀释过的，最终他们会有很多潜在的能力，躁狂也较少。

你中有我，我中有你

散步时，“粗黑麦面包”从不满足于站在道路的这一侧或那一侧：她反复无常地来回穿梭。用皮带牵着她的这一路我得不断调整我的手。有时我会坚持让她待在我身边，她向我叹了口气，而我们都故意瞥了一眼另一边还没被她嗅过气味的宝地。

即使是对狗狗发表科学上的看法，我们也会发现自己使用的是拟人化的词语。诸如：我们的狗狗——我的狗狗——交朋友，内疚，玩得开心，嫉妒；懂我们的意思，思考问题，更深地了解；伤心了，开心，害怕；他们想要怎样，爱怎样，希望如何如何。

以这种方式描绘狗很简单，有时也很有用，但它也是一个更宏大、更值得抗议的现象的一部分。当我们用人类的眼光重塑狗狗生命的每一刻时，我们已开始完全失去与他们身上动物性的联系。当人们给一只狗洗好头、穿上衣服，为他庆祝生日时，他不再是一只独一无二、原汁原味的狗狗了。这样对待狗似乎是善意的，但也是激进地给狗狗去动物化的一部分。我们很少会在狗狗出生时现身，许多人也会选择不在自己的狗死亡时出现。我们在很大程度上消除了狗狗的性行为：我们给狗狗做绝育，并且我们不鼓励狗狗臀部发出最轻微的“淫荡”的推力。我们用碗装着消了毒的食物去喂食他们；很大程度上，他们被限制在距我们脚后跟一条皮带长度的距离内活动。在城市里，他们的排泄物会被包起来扔掉。（幸运的是，我们尚且没有教他们上厕所……虽然我们知道狗狗会上厕所将为人类生活带来便利。）人们描述起狗狗品种的类型来就像是描述具有特定特征的产品。似乎我们正试图摆脱狗狗动物性的那一部分。

如果我们已经将狗狗的动物性因素减少至零了，就会遇到一些让人并不愉快的“惊喜”。狗狗的行为并不总是同我们认为他们应做的一致。他们可能会坐下、躺下和翻身——但随后又完美地恢复原样。兴许他们突然蹲在屋子里小起便来，咬你的手，嗅你的胯部，跳到一个陌生人身上，在草丛里吃一些粗糙的东西，当你呼唤他们时不过来，而去粗暴地对付一只小得多的狗。这样一来，我们从狗狗身上收获的挫败感往往源于我们将其极端拟人化，忽视了狗狗的动物性。复杂的动物是不能被简简单单诠释的。

替代拟人化的方法不仅仅是将动物视为非人类的物种那么简单。我们现在有了工具可以更仔细地观察狗狗的行为：把他们的内心世界以及他们的感知和认知能力考虑进来。我们也不需要对动物采取不动感情的立场。科学家也是会将狗狗拟人化的……在家的时候。他们为自己的宠物命名，并从一只被命了名的狗狗向上转动的目光中看到了爱意。研究中是禁止使用狗名的：虽然名字可能有助于区分动物，但并没有什么好作用。一位杰出的野外生物学家指出，给野生动物命名“会为人自此以后对它的思考蒙上一层色调”。当你给观察的对象命名时，会引入明显的观察偏差。众所周知，珍·古道尔违反了这条格言，给自己最爱的黑猩猩取名叫“灰胡子”。“灰胡子”变得举世闻名。可对我来说，“灰胡子”意味着一位聪明的老人：因此，我更可能将“灰胡子”的行为视为他智慧的象征，而不是视作愚蠢。所以，为了区分个体动物，大多数动物行为学家使用标记识别法（用腿带、标签或用染料标记动物的毛皮或羽毛），或者从动物的习惯行为、社会组织或自然身体特征中明确其身份。*

给狗狗起名字即是为了让他变得人格化——从而成为一个拟人化的生物。不过我们必须这么做。给狗狗起名字是为了表达人类有兴趣了解狗狗的属性；不给狗起名字似乎标志着人类对他的兴趣低到了谷底。狗被叫做“狗”使我很伤心：狗狗已然被定义为主人生活中的一

---

* 在某些情况下，以上方法都不能让人满意。存在这么个著名的斑胸草雀案例：研究人员在观察它们的交配策略时，抓捕了它们，以不伤害它们的方式给它们绑上了腿带，以便区分。瞧！他们发现的唯一可预示雄草雀成功繁殖的特征是其腿带的颜色。雌性斑胸草雀显然对身上绑着红色带子的家伙神魂颠倒（而雄性则更喜欢绑着黑色带子的雌草雀）。

个玩家。他没有自己的名字，只是分类里的一个亚种。他永远不会被视为一个个体。人们为狗狗命名，是让他了解自身要发展出什么样的个性。在试着叫出我们为狗狗取的名字时，我们会对着她大声喊叫——“豆豆！”“贝拉！”“波罗！”——看看有没有激起狗狗什么反应，我有一种感觉，觉得我是在寻找“她的名字”：那个本就属于她的名字。有了名字，人类和动物之间的联系——出于理解而非自我心理投射生成的联系——便开始形成了。

去看看你的狗狗。去找他！想象一下他的内心世界——让他的内心世界，改变你自己的。

后记：我和我的狗狗

有时，我会从她的照片中深刻地认识到，照片上我无法把她的眼睛同她深色的皮毛区分开来。对我来说，“粗黑麦面包”的眼睛意味着她的存在对我来说总是有些神秘：成为“粗黑麦面包”是什么样的感觉？她从来没有把自己内心的感觉暴露在外面过。她有自己的隐私。我很荣幸，自己被允许进入她的那方私密地带。

1990 年 8 月，“粗黑麦面包”摇晃着尾巴进入了我的生活。我们几乎每天都在一起。直到 2006 年 11 月她最后一次呼吸为止。我仍然每天都和她在一起。

“粗黑麦面包”对我来说是一个完完全全的惊喜。我没想到自己在本质上会被一只狗狗改变。不过很快我就明显意识到，“一只狗”这句简短的描述并不能囊括“粗黑麦面包”惊人的丰富面孔、她经历的深度以及你与她相处一生的过程中对她可能产生的认识。不久，光是“粗黑麦面包”的陪伴就足以使我高兴，观看她的表演我感到自豪。她可以是精神抖擞的、耐心的、任性恣意的，她这只毛茸茸的大鼓包让我的各种火气烟消云散了。她对自己的想法充满底气（不同找茬的狗打交道），对新事物又持开放态度（就像对待偶尔放在我这儿寄养的猫一样——尽管他们互相对对方都毫不动摇地不感兴趣）。她热情洋溢，她反应灵敏，她很有趣。

“粗黑麦面包”并不是我研究的对象（至少，不是我有意要研究的对象）。不过，我外出观察狗的时候还是带着她。她常常是我进入狗公园、养狗圈的那把钥匙：若是没有狗伴侣，进入的人可能会受到其他狗还有他们主人的怀疑。结果是，她在我若干记录着比赛回合的视频中漫游，在镜头里跑进跑出，因为我的摄像机是安在我那不知情的研究对象身上，而不是在我的“粗黑麦面包”身上。如今我后悔自己的相机冷漠地忽视了她。虽然我捕捉到了我想要的狗狗的社交互动，并且最终在对互动者的行为大量审视和分析之后，得以发现狗狗一些惊人的能力，但我错过了发生在我自己狗狗身上的一些时刻。

我猜，每个狗主人都会赞成我这么个观点：自己的狗是特殊的。从理性的角度出发，每个这么觉得的人都一定是错的：因为根据“特殊”一词的定义，并不是每只狗都可以成为特殊的狗——果真如此的话，特殊的狗就成了普通的狗。其实理性用在这里也不对：狗狗的特别之处在于，每一只狗的主人，都和狗狗共同创造了生活，也都了解自家狗狗的故事。即使从科学的角度来看，我也不能免于这种感觉：研究狗狗的行为科学方法，远远取代不了狗狗的故事，科学方法只是建立在狗主人单一的理解之上，也就是每位狗主人所掌握的自己狗狗的专业知识之上。

当“粗黑麦面包”快要走到生命尽头之时，无可否认，她已经老了。她体重减轻了，嘴巴变灰了。有时她会放慢脚步，停一会再走路。我看到了她的挫败感，她对命运安排的听从，她追求又或是放弃的冲动；我看到了她的深思熟虑，她的控制力，她的冷静。但是当我看着她的脸，看着她的眼睛时，她又变成了一只小奶狗。我瞥见了那只还没起名字的狗崽，如此配合地让我们在她脖子上套上一个大大的项圈，然后把她带出收容所，走过30个街区上家里头去。从那以后，我们走过的，是万水千山。

在认识了“粗黑麦面包”，又失去了“粗黑麦面包”以后，我遇到了芬尼根。我对这位新角色太熟悉了：腿瘦瘦的，会偷球，还会给人捂热大腿。他与“粗黑麦面包”完全不一样。可是，是“粗黑麦面包”生前教给我的东西，使得我与芬尼根在一起的每一刻都变得无限丰富而芳醇。

她抬起头转向我，脑袋随着呼吸微微颤动。她的黑鼻子湿漉漉的，眼神平静。她舔舐起来，前腿、地板上，都留下了她深长的舔吻。她衣领的标签在木地板上叮当作响。她的耳朵平躺着，耳朵根微微卷曲，就像一片在阳光下晒干了的毡叶。那些日子里，她的前脚趾略微张开，爪子有点像是呈鸟兽爪子的形态，好像准备扑上来一样。不过她没有扑上来。她打了个哈欠。这是一个漫长而慵懒的午后的哈欠，她舌头懒洋洋地检查着空气。脑袋埋在双腿之间，她呼出一种哼哼声，闭上了眼睛。

致　谢

我致以以下狗狗谢意：

我想，认识“粗黑麦面包”的人都不会惊讶于我要向她表示最热烈的感谢。感谢她在收容所选择了我们，与她相识是我莫大的幸运。我无数次向“粗黑麦面包”表达过谢谢，言语表达不了的时候，就用奶酪。感谢芬尼根，谢谢他坚持做自己，狗味十足。他疯狂朝我跑来的日子里，每一天都在变得越来越好。感谢昔日和我相伴的狗狗们：感谢艾蓝，他包容着童年那个愚笨的我，还教会了我如何不那么愚笨；谢谢切西特，他可是一只能一边咧嘴笑一边发出咆哮声的狗狗；谢谢已故的贝克特和海蒂，他们于死亡中给我留下了弥足珍贵的东西；还有猫咪巴纳比，有了他猫性的对照，狗性是怎样的便更加突出了。

我致以以下人类谢意：

听说书是很难写的。果真如此，那《狗心思》不是一本书，哈哈。因为写作于我是一种乐趣，我和狗待在一起，观察狗，每时每刻思索着狗的心思，写成了此书。更令我高兴的是，后来我把这本书交给了斯克里伯纳（Scribner）出版社的人，他们十分可靠，将我一麻袋的想法变成了一本真正的书。我要感谢科林·哈里森（Colin Harrison），他不知疲倦地阅读草稿，而且对一切事物都怀抱开放的胸怀。我要是写的不是一本关于狗，而是关于猫的书，我想科林也会赞成的……只要它仍然是一本好书。非常感谢苏珊·莫尔道（Susan Moldow）从我创作之初就表现出的热忱。

在我找到图书经纪人之前，我浏览着其他作者的致谢页，看看大家致谢了什么好的经纪人，说不定我也要去请来做代理。说到这里要先对我的经纪人克里斯·达尔（Kris Dahl）说声抱歉。克里斯正是一位你会希望能代理你和你的书的人；我对她心怀谢意。

我研究生期间的学术顾问雪莉·斯特鲁姆（Shirley Strum）和导师杰夫·埃尔曼（Jeff Elman）愿意考虑这么一种可能性：通过观察狗解决关于狗狗认知的深奥理论问题，他们改进了相应的理论和实践。我那时很感激他们，现在也依然感激。感谢阿伦·西库雷尔（Aaron Cicourel），正如他所说，他也是那些尝试以艰辛的方式“锯穿木头”的人之一。马克·贝科夫（Marc Bekoff）是认为狗狗的玩耍具有生物学意义的第一批人之一，正是他与热切敏锐的认知哲学家科林·阿伦（Colin Allen）合作的著作以及后来他给我的建议，他对科学的奉献投入，他与我的情谊牵引着我展开了自己的研究。

我要感谢达蒙·霍罗威茨（Damon Horowitz），我与他一起策划了这本书的写作。他似乎相信写作此书是一个明智、可实现的想法。他对一切事物有着完美的怀疑精神，不过但凡我看重的东西，他都给予无条件的支持，这种支持精神平衡了他的怀疑精神。我得到的一切皆要归功于我的父母，伊丽莎白（Elizabeth）和杰伊（Jay）。我想最先把这本书拿去给他们看——我有一切正当的理由这么做。至于你，阿默·西亚（Ammon Shea）：是你让我拥有了更美妙的表达，让我更擅长和狗狗打交道，是你让我这个人变得更好。